U0394382

陕西出版资金资助项目

西电学术文库图书

陕西出版资金资助项目
西电学术文库图书

混合信号专用集成电路设计

主编　来新泉
参编　王松林　叶　强　史凌峰
　　　李先锐　邵丽丽

西安电子科技大学出版社

内 容 简 介

本书系统地介绍了混合信号集成电路的基本知识和设计方法，重点是数字集成电路、音频集成电路和光电传感器芯片设计，兼顾了基础理论和实践，工程举例都是作者最新科研成果和集成电路投片(Tape out)结果。

全书共分十章，分别为：概述；集成电路的基本制造工艺，包括双极、CMOS、BiCMOS和BCD工艺；数字集成电路后端设计，包括逻辑综合、版图设计、形式验证、静态时序分析、DRC原理验证和LVS原理；数字I/O接口设计，包括状态机、I²C接口、UART接口和SPI接口；音频处理器芯片的数字系统设计；一款兼容MCS-51指令的8位微控制器设计；GPIB控制芯片设计；光传感芯片系统的设计；数字集成电路软件的使用，包括ModelSim、Quartus Ⅱ、DC、PrimeTime和Encounter；集成电路设计实例。

本书可作为高等院校电子信息及微电子技术等专业研究生的教材，也可作为高年级本科生学习数字集成电路设计的教材。对数字集成电路设计领域的工程技术人员来说，本书更是一本非常有益的参考书。

本书若与西安电子科技大学出版社前期出版的《专用集成电路设计实践》配套使用，效果更好。

前　言

　　笔者自 1983 年开始集成电路设计的学习，至今，一直从事集成电路的教学、科研及工程实践工作。在这 30 年间，IC 技术的发展日新月异，从方方面面改变和优化着社会产业架构。自行设计专用电路，尤其是数字集成电路已经成为了学术界和工业界的一致需求。作为教师和设计人员，我们在备感欣慰与自豪的同时，也愈发觉得肩上责任之重：很有必要将现有的工程实践结合理论基础系统地总结出来，以引导和启发更多有潜力和有热情的年轻人参与到混合信号集成电路的设计中来。这正是我们编写本书的初衷。

　　无理论基础会造成内里空虚，而缺乏实践则是纸上谈兵。集成电路设计是一门涉及多项学科的实践性技术，在掌握扎实的电路电子学、微电子学、系统知识、计算机语言的同时，辅以大量具体设计实例练习和上机验证，才能真正学到设计商品 IC 而非样品 IC 的技术精华。因此，本书中给出了大量翔实的电路实例，这些设计实例均来自作者科研团队近年来的科研项目和探索项目。通过这些项目实例，我们希望能够系统化、理论化和合理化地介绍混合信号专用集成电路设计技术及设计流程。

　　我们团队先后设计了通信 SDH 芯片、CMOS、Sensor、小数分频器、照相机专用 IC、摄像机专用 IC、清纱机专用 IC；电源管理与电池管理系列 IC，如 LDO、DC - DC、AC - DC、DC - AC、Charge、Battery Management、Charge Pump、Class AB 和 Class D 音频处理芯片；IED Driver、LED Control；Light Sensor 光传感芯片、红外接收 IC、光电耦合 IC；G-Sensor 和各类专用接口电路等，涵盖了 Bipolar、CMOS、BiCMOS、CDMOS、BCD、GeSi 等工艺，工作电压从 1 V 到 700 V，以上这些工作基本都是数模混合专用集成电路设计。正是这些 IC 设计工程实例为本书的撰写奠定了基础。

　　在教学和科研方面，我们培养了集成电路设计方向博士研究生 30 多名，硕士研究生 500 多名；申报国内外发明专利 110 余项，发表 SCI/EI 检索文章超过 180 篇。

我们依次走过从学术到工程实践，再到学术研究，再到工程和学术并举的道路；也依次走过纯数字、纯模拟、模拟为主数字为辅和数字为主模拟为辅的专用集成电路设计之路；我们同时也依次承载了集成电路性能越来越高、功耗越来越低、芯片面积越来越小、线条越来越细、规模越来越大的巨大压力；承受了集成电路设计周期从 1~2 年压缩至 1 个月，甚至一周的极限挑战；见证了服务器数据从 100 MB 到 10 TB 的发展。这一路走来我们方知什么是百炼钢化为绕指柔。

在科研与教学的同时，我们团队先后已出版了五本专用集成电路方面的系列书籍，均受到了广大读者的认同。这五本书依次为：软件与 CAD 方面的《电子系统及专用集成电路 CAD 技术》，系统集成基础方面的《电子系统集成设计导论》，系统集成设计方面的《电子系统集成设计技术》，模拟电路集成基础方面的《专用集成电路设计基础教程》，模拟电路集成实践方面的《专用集成电路设计实践》。本书是第六本，主要介绍混合信号（数模混合）集成电路设计，偏重实践和实用性，理论与实践结合，不仅可用做研究生教材，也可供工程技术人员学习、参考。其内容讲解浅显易懂、循序渐进，但由于篇幅所限，书中对很多大型电路的工程实践步骤做了相应删减，阅读起来稍感跨越较大。

本书的编写过程中，来新泉教授规划了基本框架和主要内容，提供了全书的科研素材及工程设计实例。来新泉教授、王松林教授、叶强、史凌峰、李先锐、邵丽丽等老师参与了全书的编写。李祖贺、姚土生、侯晴、王学德、孔德立、刘宁、李敬华、陈建龙、申瑞和郭希训等参与了书稿的录入、插图的绘制和校对工作。在此对同事们的大力协助与支持表示感谢。

限于编者水平，书中难免有不妥和疏漏之处，敬请广大读者批评赐教。来信请寄西安电子科技大学电路 CAD 研究所 376 信箱（邮编 710071），或通过以下邮箱或网址联系我们：

王松林：slwang@mail.xidian.edu.cn

来新泉：xqlai@mail.xidian.edu.cn

网　址：http://see.xidian.edu.cn/iecad

来新泉

2013 年 12 月

目　录

第一章 概 述

1.1 集成电路的发展过程

1.1.1 重大的技术突破

近 100 年来，在微电子技术的发展历程中实现了几次重大的技术突破，这些突破加快了微电子技术的发展速度。

1. 从真空到固体

20 世纪初(1905 年)世界上第一个真空电子管的发明，标志着人类社会进入了电子化时代，电子技术实现了第一次重大的技术突破。这是通过控制电子在真空中的运动规律和特性而产生的技术成果。从此产生了无线电通信、雷达、导航、广播、电视和各种真空管电子仪器及系统。第二次世界大战后，人们发现真空管存在许多问题，如仪器设备的体积大、重量大、耗电大、可靠性和寿命受限制等。因此，研究新型电子管的迫切需求被提了出来。正是在这种情况下，1946 年 1 月，基于多年利用量子力学对固体性质和晶体探测器的研究以及对纯净晶体生长和掺杂技术的掌握，贝尔(Bell)实验室正式成立了固体物理研究小组和冶金研究小组，其中固体物理小组由肖克莱(W. Schokley)领导，成员包括理论物理学家巴丁(J. Bardeen)和实验物理学家布拉顿(W. H. Bratain)等人。该研究小组的主要工作是组织固体物理研究项目，"寻找物理和化学方法控制构成固体的原子和电子的排列及行为，以产生新的有用的性质"。在系统的研究过程中，肖克莱发展了威尔逊的工作，预言通过场效应可以实现放大器；巴丁成功地提出了表面态理论，开辟了新的研究思路，兼之他对电子运动规律的不断探索，经过无数次实验，第一个点接触型晶体管终于在 1947 年 12 月诞生。一个月后被誉为电子时代先驱的科学家肖克莱发表了晶体管的理论基础——PN 理论。此后，结型晶体管研制成功，晶体管进入实用阶段。晶体管的发明为微电子技术揭开了序幕。为表彰三位科学家的重大贡献，他们共同获得 1956 年的诺贝尔物理学奖。

2. 从锗到硅

晶体管发展初期是利用锗单晶材料进行研制的。实验发现，用锗单晶制作的晶体管漏电流大，工作电压低，表面性能不稳定，随温度的升高性能下降，可靠性和寿命不佳。科学家通过大量的实验分析，发现半导体硅比锗有更多的优点。在锗晶体管中所表现出来的缺点,利用硅单晶材料将会产生不同程度的改进,硅晶体管的性能有了很大的提高。特别是硅表面可以形成稳定性好、结构致密、电学性能好的二氧化硅保护层,这不仅使硅晶体管比锗晶体管更加稳定,性能更加优越,而且更重要的是在技术上也大大前进了一步,即发明了晶体管平面工艺,为 20 世纪 50 年代末集成电路的问世准备了可靠的基础,这是微电子技术的第二次重大的技术突破。

3. 从小规模到大规模

微电子技术发展过程中最令人惊奇的是从 1958 年到 1987 年近 30 年间集成电路的集成度从 10 多个元件的数量提高到 10 万个元件,这是微电子技术的第三次重大的技术突破。

4. 从成群电子到单个电子

美国电话电报公司的贝尔实验室于 1988 年成功研制出隧道三极管。这种新型电子器件的基本原理是在两个半导体之间形成一层很薄的绝缘体,其厚度在 $1\sim10$ nm 之间,此时电子会有一定的概率穿越绝缘层。这就是量子隧道效应。由于巧妙地利用了量子隧道效应,所以器件的尺寸比当时的集成电路小得多(约为 1/100),而运算速度提高了 $1000\sim 10\,000$ 倍,功率损耗只有传统晶体管的 $1/1000\sim1/10\,000$。显然,体积小、速度快、功耗低的崭新器件,对超越集成电路的物理限制具有重要的意义,是微电子技术的第四次重大技术突破。随着研究工作的深入发展,近年已成功研制出单电子晶体管,只要控制单个电子就可以完成特定的功能。

1.1.2 集成电路的分类

集成电路(Integrated Circuit, IC)是指通过一系列特定的加工工艺,将多个晶体管、二极管等有源器件和电阻、电容等无源器件,按照一定的电路连接集成在一块半导体单晶片(如硅或 GaAs 等)或陶瓷等基片上,作为一个不可分割的整体执行某一特定功能的电路组件。

根据集成电路中有源器件的结构类型和工艺技术可以将集成电路分为三类,它们分别为双极型、MOS 型和双极-MOS 混合型(即 BiCMOS)集成电路。

1. 双极型集成电路

这种结构的集成电路是半导体集成电路中最早出现的电路形式,1958 年制造出的世界上第一块集成电路就是双极型集成电路。这种电路采用的有源器件是双极型晶体管,这正是取名为双极型集成电路的原因。双极型晶体管则是由于它的工作机制依赖于电子和空穴两种类型的载流子而得名。在双极型集成电路中,又可以根据双极型晶体管的类型不同而将它细分为 NPN 和 PNP 型双极型集成电路。

双极型集成电路的优点是速度高,驱动能力强;缺点是功耗较大,集成度相对较低。

2. 金属-氧化物-半导体(MOS)集成电路

这种电路中所用的晶体管为 MOS 晶体管,故取名为 MOS 集成电路。MOS 晶体管是由金属-氧化物-半导体结构组成的场效应晶体管,它主要靠半导体表面电场感应产生的导电沟道工作。在 MOS 晶体管中，起主导作用的只有一种载流子(电子或空穴)，因此有时为了与双极型晶体管对应，也称它为单极型晶体管。根据 MOS 晶体管类型的不同，MOS 集成电路又可以分为 NMOS、PMOS 和 CMOS(互补 MOS)集成电路。

与双极型集成电路相比，MOS 集成电路的主要优点是：输入阻抗高，抗干扰能力强，功耗小(约为双极型集成电路的 $1/10\sim1/100$)，集成度高(适合于大规模集成)。因此，进入超大规模集成电路时代以后，MOS，特别是 CMOS 集成电路已经成为集成电路的主流。

3. 双极-MOS(BiCMOS)集成电路

同时包括双极和 MOS 晶体管的集成电路被称为 BiCMOS 集成电路。根据前面的分析，双极型集成电路具有速度高、驱动能力强等优势，MOS 集成电路则具有功耗低、抗干扰能力强、集成度高等优势。BiCMOS 集成电路则综合了双极型和 MOS 器件两者的优点，但这种电路具有制作工艺复杂的缺点。同时，随着 CMOS 集成电路中器件特征尺寸的减小，CMOS 集成电路的速度越来越高，已经接近双极型集成电路，因此，目前集成电路的主流技术仍然是 CMOS 技术。

1.1.3　集成电路的发展历史

晶体管发明以后不到 5 年，即 1952 年 5 月，英国皇家研究所的达默(G. W. A. Dummer)就在美国工程师协会举办的座谈会上发表的论文中第一次提出了集成电路的设想。文中说到："可以想象，随着晶体管和半导体工业的发展，电子设备可以在一个固体块上实现，而不需要外部的连接线。这块电路将由绝缘层、导体和具有整流放大作用的半导体等材料组成。"之后，经过几年的实践和工艺技术水平的提高，1958 年以德克萨斯仪器公司的科学家基尔比(C. Kilby)为首的研究小组研制出了世界上第一块集成电路，并于 1959 年公布了该结果。该集成电路是在锗衬底上制作的相移振荡和触发器，共有 12 个器件；器件之间的隔离采用的是介质隔离，即将制作器件的区域用黑蜡保护起来，之后通过在每个器件周围腐蚀出沟槽，形成多个互不连通的"小岛"，在每个"小岛"上制作一个晶体管；器件之间互连采用的是引线焊接方法。

集成电路与由分立元器件组成的电路相比较，有体积小、重量轻、功耗低、速度高、可靠性强和成本低等优点，即性能价格比大幅度提高，因而引起学术界和工业界的极大兴趣和关注。从此，逐步形成新兴工业技术，成为整个电子工业技术的重要组成部分。微电子技术作为现代高新技术的重要支柱，经历了若干发展阶段。20 世纪 50 年代末发展起来的小规模集成电路(SSI)，集成度在 100 个元器件；60 年代发展了中规模集成电路(MSI)，集成度在 1000 个元器件；70 年代又发展了大规模集成电路(LSI)，集成度大于 1000 个元器件；紧接着 70 年代末进一步发展了超大规模集成电路(VLSI)，集成度在 10^5 个元器件以上；80 年代更进一步发展了特大规模集成电路(ULSI)，集成度又比 VLSI 提高了两个数量级，达到 10^7 个元器件以上。随着集成电路集成度的提高，版图设计的线宽不断减小。1985

年，1 兆位特大集成电路的集成度达到 200 万个元器件，要求线宽为 $1~\mu m$；1992 年，16 兆位芯片的集成度达到 3200 万个元器件，线宽减到 $0.5~\mu m$，即 500 nm；1995 年，64 兆位的集成电路，其线宽已达 $0.3~\mu m$，即 300 nm；1998 年，256 兆位集成电路的线宽为 $0.25~\mu m$，即 250 nm。进入 21 世纪，集成电路的性能更加优越，其线宽更细，集成度更大，在计算机记忆芯片上可集成数十亿个晶体管。

目前，不同国家划分集成电路规模采用的标准并不一致，表 1-1 给出的是通常采用的标准。

表 1-1　集成电路规模的划分标准

类别（以规模分）	数字集成电路（晶体管个数）		模拟集成电路（晶体管个数）
	MOS IC	双极 IC	
SSI	<100	<100	<30
MSI	$10^2 \sim 10^4$	$100 \sim 500$	$30 \sim 100$
LSI	$10^3 \sim 10^5$	$500 \sim 2000$	$100 \sim 300$
VLSI	$10^5 \sim 10^7$	>2000	>300
ULSI	$10^7 \sim 10^9$	—	—
GSI	$>10^9$		

1.1.4　集成电路发展展望

2000 年以来，在国务院[2000]18 号文件精神的鼓舞下，我国半导体产业坚持"以 IC 设计业为突破口，以芯片制造业为主体"的战略方针，抓住世界产业转移的机遇，迎难而上，取得了举世瞩目的成绩。中国内地正在成为全球半导体产业发展最快的地区之一。

IC 设计开发应面向四个方面：首先是移动通信市场，包括 2.5G 和 3G 芯片等；其次是数字和平板高清电视市场以及信息家电；第三是功率电子市场；还有信息安全系统方面的应用。新一代的电子设备采用越来越多的半导体，以便能提供更多的特色应用功能，支持消费类电子产品的数字化，并符合世界各地的节能新规范。

微电子技术是目前蓬勃发展的高新技术之一。作为信息技术的基础，它推动着计算机、通信和消费电子产品的不断更新换代。在过去几十年中，以半导体为代表的电子科学技术的蓬勃发展将世界带进了信息时代，彻底改变了人类的生活方式和思维模式。

人类带着信息时代的特征跨入 21 世纪，在强劲的市场推动下，特大规模集成电路（ULSI）技术的发展一直遵循着"摩尔定律"，即每个芯片上集成的元件数每 18 个月提高一倍。硅基 CMOS IC 的特征线宽已达到 $0.13~\mu m$，并向 $0.1~\mu m$ 和亚 $0.1~\mu m$ 推进，即所谓深亚微米和超深亚微米芯片，批量生产时采用的晶圆片直径也已达到 305 mm。

为满足高速移动通信、宽带数据传输的需求和信息家电、多媒体系统智能处理的需求,高频 IC 和系统级芯片(SOC)技术正在迅速发展,在整个微电子集成电路技术领域,包括集成器件新结构、芯片微加工技术、集成电路设计技术、测试及封装技术等各个方面每年都有大量的创新成果出现,推动着集成电路技术和产业的迅猛发展。

特征尺寸将继续等比例缩小(scaling down),包括新结构、新工艺、新材料的器件设计与制备技术以及光刻技术、互连技术将迅速发展;基于特征尺寸继续等比例缩小,系统芯片(SOC)将取代目前的集成电路(IC)最终成为主流产品。

1.1.5 发展重点和关键技术

集成电路产品是所有技术的最终载体,是一切研究成果的最终体现,是检验技术转化为生产力的最终标志。在未来一段时期,集成电路的发展重点和需要开发研究的关键技术包括:

(1) 亚 100 nm 可重构 SOC 创新开发平台与设计工具研究。当前,集成电路加工已进入亚 100 nm 阶段,与其对应的设计工具尚无成熟产品推向市场,而我国 EDA 工具产品虽与世界先进水平存有较大差距,但也具备了 20 多年的技术储备和经验积累,开发亚 100 nm 可重构 SOC 创新开发平台与设计工具是实现我国集成电路产业跨越式发展的重要机遇。

这方面的主要研究内容包括:基于亚 100 nm 工艺的集成电路设计方法学研究与设计工具开发、可重构 SOC 创新开发平台技术与 IP 测评技术研究、数模混合与射频电路设计技术研究与设计工具开发等。

(2) SOC 设计平台与 SIP 重用技术。基于平台的 SOC 设计技术和硅知识产权(SIP)的重用技术是 SOC 产品开发的核心技术,是未来世界集成电路技术的制高点。

该项技术的主要研究内容包括:嵌入式 CPU、DSP、存储器、可编程器件及内部总线的 SOC 设计平台;集成电路 IP 的标准、接口、评测、交易及管理技术;嵌入式 CPU 主频达 1 GHz,并有相应的协处理器;在信息安全、音视频处理上有 10～12 种平台;集成电路 IP 数量达 100 种以上等。

(3) 新兴及热门集成电路产品开发。其主要研究内容包括:64 位通用 CPU 以及相关产品群、3G 多功能融合的移动终端芯片组开发(802.11 协议)、网络通信产品开发、数字信息产品开发、平面显示器配套集成电路开发等。

(4) 10 nm 1012 Hz 的 CMOS 研究。研究对象是特征宽度为 10 nm 的 CMOS 器件,其主要研究内容有:Silicon on Insulator(SOI)技术,双栅介质结构(Double Gate Structure)技术,应变硅(Strained Si)衬底技术,高介电常数(High-k)栅介质技术,金属电极(Metal Gate)技术,超浅结(Ultra Shallow Junction)形成技术,低介电常数(Low-k)介质材料的选择、制备及集成,铜互连技术的完善,CMP 技术,清洗技术等。

(5) 12 英寸 90/65 nm 微型生产线。其主要研究内容有:等离子体氮化栅(SiON)薄膜

(等效膜厚＜1.5 nm)的形成工艺；Hf02、Zr02 等新型高介电常数(High-k)栅介质的制备方法、High-k/Si 界面质量控制、High-k 栅介质的稳定性和可靠性，探索金属栅新结构的制备工艺，获得适用于 65 nm CMOS 制造的新型栅叠层(Gate Stack)结构技术；超浅结形成技术、Co-Ni 系自对准金属硅化物接触互连技术结合 Si/SiGe 选择外延技术，探索提升源漏新结构的制备方法，形成超低接触电阻率金属半接触体系，获得适用于 nm 级 CMOS 制造的新型超浅结和自对准金属硅化物技术；多晶 SiGe 电极的形成方法，获得低耗尽多晶栅电极、低阻抗的栅电极形成技术；研究铜/低介电常数介质(Cu/Low-k)制备方法、Low-k 的稳定性及可加工性、Cu/Low-k 界面可靠性和质量控制，获得适用于 nm 级 CMOS 器件的后端互连技术等。

(6) 高密度集成电路封装的工业化技术。其主要研究内容包括：系统集成封装技术、50 μm 以下的超薄背面减薄技术、圆片级封装技术、无铅化产品技术等。

(7) SOC 关键测试技术研究。其主要研究内容包括：通过 5～10 年，在国内建立若干个支持千万门级、1 GHz、1024Pin 的 SOC 设计验证平台和生产测试平台；SOC 设计—测试自动链接技术研究；DFT 的测试实现和相关工具开发；高频、高精度测试适配器自主设计技术，测试程序设计方法及建库技术；关键测试技术研究；SOC 产业化测试关键技术研究等。

(8) 直径为 450 mm 的硅单晶及抛光片制备技术。根据国际半导体发展指南预测，直径为 450 mm 的硅单晶及抛光片将有可能在 2016 年左右投入应用，成为 300 mm 之后大规模应用的硅片。预计届时 DRAM 的线宽将达到 22 nm，对硅抛光片的质量将达到前所未有的高度，比如，硅片的局部平整度要小于等于 22 nm，每片大于 11 nm 的表面颗粒要小于等于 95 个，晶体缺陷密度小于等于 0.2 个/cm²。这些都将对现有硅片加工技术提出挑战，需要研发大量的创新性技术，从而将带动整个精细加工技术的发展和进步，而 450 mm 硅片的开发和应用将带动整个微电子领域的跨越式发展。以每个 DRAM 芯片预计面积 238 mm² 计，每片硅片上将可以生产 500 个以上的芯片，这将大大提高生产效率，其应用范围将十分广泛。

(9) 应变硅材料制备技术。应变硅的电子和空穴迁移率明显高于普通的无应变硅材料，其中以电子迁移率提高尤为明显。以 Si0.8Ge0.2 层上的应变硅为例，其电子迁移率可以提高 50% 以上，这大大提高了 NMOS 器件的性能，对高速高频器件来说有至关重要的作用。对现有的许多集成电路生产线而言，如果采用应变硅材料，则可以在基本不增加投资的情况下使生产的 IC 性能得到明显改善，还可以大大延长花费巨额投资建成的 IC 生产线的使用年限。

(10) 60 nm 节点刻蚀设备(介质刻蚀机)。其主要研究内容包括：要求各向异性刻蚀，刻出符合 CD 偏差要求的线条；刻蚀剖面(Etch Profile)接近 90°；大面积片子上要保持均匀的密集线条与孤立线条的刻蚀速率一致，即要求小的微负载效应；在栅刻蚀中避免将栅刻穿,可选择比较大的刻蚀速率材料;为了保持各向异性刻蚀的剖面,刻蚀过程中要形成侧壁钝化,并要考虑刻蚀后的清除;要提高刻蚀成品率必须设法降低缺陷密度和缺陷尺寸;要解决所谓天线效应造成的 Plasma 电荷积累损伤;对刻蚀残留物要解决自清洗问题,以提高二次清洗间的平均间隔时间(MTBC)和缩短清洗及恢复平均时间(MTTCR)等一系列新问题。而对于大生产设备而言,还要解决生产率、重复性、成品率、耐久性、可靠性、安全环保和较大的工艺窗口等诸多问题。

(11) 60 nm 节点曝光设备(F2 准分子激光曝光机)。F2 准分子激光步进扫描机将从 70 nm 介入,可引伸到 50 nm,因此它涵盖了 60 nm 技术节点,与上一代曝光设备(NGL)相比,它最为重要的特点是可在大气下工作,而 NGL 都要在真空中进行。据 SEMATECH 机构比较,157 nm 机的成本比曝光机(EUV)的成本低,而产量比 EUV 的高,该机是光学曝光技术平台的延伸,更能为用户接受,157 nm 机的研发可借用很多 193 nm 机的部件,其成本约为 2000 万美元/台。现在 ASML 公司和 SVGL 公司合并后与 Carl Zeiss、AMD、Motorola、Philips、TSMC 等公司 2003 年推出生产型 157 nm 曝光机,分辨率为 70 nm。157 nm 的设备根据 SVGL 设计共 18 个部件,其中需要 6 个新部件,它们是曝光光源、光束传输系统、照明光学系统、剂量/曝光量控制部件、投影光学系统和环境控制系统。从材料上讲,用 CaF_2 材料制作分束器立方体的单晶是十分关键的问题,SVGL 已发展出了 15 寸 CaF_2 大单晶键。此外窄带宽激光器、折/反射光学系统等关键技术问题均有待突破。

系统集成芯片(SOC)是 21 世纪集成电路的发展方向,它以 IP 核复用技术、超深亚微米工艺技术和软硬件协同设计技术为支撑,是系统集成和微电子设计领域的一场革命。随着网络和多媒体技术的迅速发展及大量便携系统的涌现,传统芯片在速度、性能、功耗、体积上已不能完全满足需要,尤其是芯片加工能力的进一步提高,在一块芯片上实现完整的系统功能已成为可能。系统集成芯片 SOC 的出现和发展已势在必行。SOC 的应用领域主要包括:移动电话及其基础设施、存储设备、便携式数字音视频设备和游戏机、数字电视与媒体播放器、个人电脑用主板、宽带接入设备等。SOC 已成为集成电路发展的趋势和主流技术之一。为了适应科技发展和市场竞争的需要,系统设计者不断寻求更短的上市时间、更高的性能和更低的成本,所有这些都是推动 SOC 发展的主要动力。

SOC 从整个系统的角度出发,把处理机制、模型算法、软件(特别是芯片上的嵌入式操作系统)、芯片体系结构、各层次电路直至器件的设计紧密结合起来,在单个芯片上完成整个系统的功能。SOC 是 ASIC 的更高发展,在单一芯片上实现信号采集、转换、存储、处理和 I/O 接口等全部系统功能,如移动电话芯片包括微处理器、数字信号处理器、控制及存储等功能部件;数字相机芯片包括传感器、成像、显示、存储、处理、控制等功能。SOC 不但集成度高,更重要的是具有应用系统的行为和功能特征,系统的知识含量高。

微电子技术所引起的世界性的技术革命比历史上任何一次技术革命对社会经济、政治、国防、文化等领域产生的冲击都更为巨大。电子信息产业将成为世界第一大产业,人类社会将进入信息化社会。微电子技术是信息社会的核心技术，正以其巨大的动力推动人类社会的更大进步。

1.2　专用集成电路的发展过程

1.2.1　专用集成电路的概念及发展概况

当半导体技术从分立器件跨入集成电路的初期，元件产品几乎没有改变其通用的属性。电子系统设计师从集成电路制造厂商提供的系列化产品目录上了解集成电路产品的电学和物理设计与用集成电路构成整机或系统功能的设计是两个相互独立的过程。集成电路技术和计算机辅助设计(CAD)技术的发展促成了专用集成电路的出现。尽管在集成电路发展初期就已着手探索以阵列方式排布门电路或改变母片上互连引线来获得不同功能的集成电路产品，但是，直到 20 世纪 80 年代初期，集成电路技术和 CAD 技术日趋成熟时，专用集成电路(ASIC)产品才开始步入市场。通常认为，20 世纪 60 年代出现的标准半导体单元电路如 TTL 电路、运算放大器等为第一代集成电路，20 世纪 70 年代的微处理器及存储器则为第二代，而 ASIC 是第三代半导体集成电路产品。

市场需求的增加推动了 ASIC 的飞速发展。据美国半导体协会公布，1996 年 ASIC 的增长率为 84%，2003 年为 74%，2007 年为 69%，ASIC 一直都保持高速增长。中、小规模集成电路品种可以在不同的电子系统中获得应用，因而具有较长的市场生命周期。但是，除存储器外的大规模集成电路(LSI)或超大规模集成电路(VLSI)产品的更新换代都与电子系统产品的市场更迭密切相关。

顾名思义，专用集成电路是指按照预定用途，被设计成能够执行在设计任务书中所载明的各种功能的集成电路，它以其专门的用途区别于通用的标准集成电路。一片专用集成电路可以代替几十片标准集成电路、若干微处理器和存储器。

最早的 ASIC 确实是完全量身打造的，过程中要设计每一个 PN 界面、每一条绕径布线，此种做法的工程耗时费力并且运行程序过大，运行时间太长，但芯片的性能效益也最好，不过这对于快速且高度发展的数字逻辑电路来说却是缓不济急，因此除非是真有必要，否则数字芯片已完全扬弃此种设计方式，而所谓的必要是真的无法以更高层次的设计方式来达到目标与要求时，才局部使用更具体、低阶的设计手法。

一个专用集成电路是指即使对半导体物理和半导体工艺不是很了解的工程师也能设计、使用的一种芯片。ASIC 的销售商已经创建了元件和功能库，设计者可以在不需要准确知道这些功能如何在硅片上实现的情况下而使用这些库。ASIC 的销售商也提供各自的软件工具，这些工具能对上述过程自动进行综合和电路的布局布线。ASIC 供应商甚至还提供专门的工程师帮助 ASIC 设计者完成设计工作，并协助完成芯片布线、制造光刻板及流片。

ASIC 技术的发展使得一个电子部件甚至一个系统可以集成在一个半导体芯片上，这导致了部件（系统）的功能设计和芯片的物理设计就越来越难以分离。就半导体集成电路工艺技术而言，ASIC 似乎没有引入任何新的原理或新的概念，然而 ASIC 却造成了电子系统和集成电路设计概念上的根本变革。可以说，ASIC 的设计涉及从电子系统到集成电路制造的整个过程，用 ASIC 实现电子系统的同时隐含着知识的集成。

ASIC 的设计师应当具有逻辑抽象、电路技术、器件物理、加工工艺等方面的综合知识。一般而言，电子系统设计师和集成电路工程师在先进的 CAD 工具协助下实现合作，是克服知识缺陷、实现高质量 ASIC 设计的关键。通常系统设计师（ASIC 的用户）可以利用 CAD 工具在逻辑级以上的层次进行 ASIC 的独立设计，以充分发挥他的知识优势和设计风格。逻辑级以下层次的设计，可以由集成电路工程师给予不同程度的协助，最后阶段的设计工作则往往由集成电路工程师来完成。

就像一个电路板工程师不需要对他设置在电路板上的集成电路有本质的了解一样，ASIC 的设计师也不需要对他在 ASIC 设计中使用到的每一个单元完全了解。但这并不意味着不需要任何知识。就像一个印刷电路板工程师需要知道电容性负载和连线电阻这样的表面特性一样，ASIC 设计者需要明白 ASIC 销售商提供给他的那些他在设计中要使用到的元件和功能库的说明书。

商品市场的激烈竞争对多品种、小批量生产和低成本、短周期开发集成电路产品提出了更苛刻的要求。市场和技术的综合因素促成了过去十多年来 ASIC 蓬勃发展的态势。目前 ASIC 产品在逻辑电路领域内已占有超过 50% 的市场销售量。

1.2.2　专用集成电路的分类

从用户角度看，专用集成电路可分成两大类：半定制电路和全定制电路。从技术和工艺的角度看，专用集成电路有四大类型，即可编程序逻辑器件、预扩散阵列电路、标准单元电路和用户全定制电路。

1. 可编程序逻辑器件（PLT）

PLT 简称可编程电路，是单片存储器公司（MMI）和飞利浦的子公司 SINETICS 于 20 世纪 70 年代末率先推出的产品。其后，这种技术很快得到发展，形成一种系列。这种电路是由两个分别实现"与"和"或"功能的逻辑门矩阵构成的。常见的这类电路有可编程逻辑阵列（PAL）、EPLT、LCA 或 EEPAL 等。其复杂度限于 1 万门左右，专用功能的实现极其方便，只需通过微熔丝技术或类似于 EPROM 的电写方法切断或接通门与门之间的内部联系即可，花费很少，并且完全可以由用户自行操作。一个受过培训的操作员利用一台简单的微机，参照有关电路手册，就足以实现复杂的逻辑功能。用户只用一种电路就可以实现一定的电路规模，同时保留适时修改逻辑阵列功能的自由。因此，选择这种电路，对于相对较简单、需要量不大的应用具有双重效益，不失为一种较好的解决方案。

2. 预扩散阵列电路

该类电路是专用集成电路中目前最常采用的技术，通常由规则排列的四位一组的晶体管构成。这些晶体管组很容易组合成双端输入逻辑门，其专用功能的实现是在生产工序的最后阶段，借助 1～3 块符合用户要求的、定制的引线掩膜板，对硅片上的逻辑门阵列进行互连来完成的。此种电路虽不如可编程逻辑阵列灵活，但更适于大批量生产。预扩散阵列技术中近年出现的所谓"门海"电路或称为连续阵列，完全免除了互连问题，集成度可达十万门以上，大大超过其他预扩散阵列技术能达到的范围。

3. 标准单元电路

这类电路又称为预赋特性电路，可以说是一种十足的"标准化"产品。目前，这种电路的年增长率很高，达 65％。利用这种技术设计专用集成电路的步骤是：按照用户的设计任务书，将预先设计好并存储在计算机数据库中的标准单元电路图形通过适当的软件调用并置在硅片上，即所谓"布局"，然后将这些并置的标准单元恰当地互连，即再通过所谓的"布线"来完成电路的设计。所谓标准单元，是指一系列为人熟知的标准逻辑功能模块电路。从已知的、充分掌握了的基本单元电路出发，实际上可以设计出任何种类的数字电路、模拟电路或混合电路。这类专用电路在制造时所需的全部掩膜均应定做。为获得生产用的掩膜，必须经过 10～12 次连续的处理过程，时间较长，采用传统的制造工艺，大约需要几个月产品才能从生产线上脱胎而出。

4. 用户全定制电路

用户全定制电路的复杂度通常在 3 万门以上，是专用集成电路中最复杂的一类。其研制过程包括设计、制造及样片测试等，所需费用最高，时间最长。全部研制过程是针对用户的要求进行的。

实际上，可编程逻辑阵列和预扩散阵列都属于预扩散电路型。它们都是由大量的逻辑门构成的，均适于大批量生产，仅在形成专用功能的方式上有所不同。它们已经相当于一种工业标准出现在专用集成电路市场上。

1.2.3 专用集成电路的优点

全世界电子工业中，专用集成电路所取得的不断增长的重要性是很明显的。尽管它不能完全替代集成电路的前两代产品，但是从市场增长情况来看，未来数年中，它将显示出最高的增长率。将近 1/2 的专用集成电路用于信息处理领域，如信号处理、图像处理、家务自动化、综合业务数字网等。尽管其主要应用领域仍是信息与电信，但是绝大部分工业部门，特别是大众电子、军事应用、空间、仪表仪器、汽车等工业部门都受到它的影响。电子表、单放机、摄像机等都是由于利用了专用集成电路而获得成功的应用范例。专用集成电路的优势在于：

（1）对于生产制造者而言，在设计上带来便利性，特别是因为有了计算机辅助设计技术和新的信息处理工具，如个人微机工作站、模拟及测试软件等。

（2）对于使用者而言，相对于采用标准电路的传统解决方案在电路布线上则更加简便；相对于程序逻辑在执行任务方面更快速，成本更低廉，更安全可靠，可防止仿造。

专用集成电路的发展带来的最有意义的进步之一在于用户有了自行定义自己所需要的集成电路的可能性。用户自行设计甚至自己制造专用集成电路是一个重要的发展趋势，也是专用集成电路能够得以迅速发展的一个重要原因。一个全新的集成电路品种的设计周期一向是需要以年来计算的，当要求设计时间短（一至几个月）、生产批量小、成本低、集成度较高时，专用集成电路就显示了其优越性。事实上，专用集成电路的飞跃发展应归功于各种合适的软、硬件信息处理工具市场的迅速发展。今后，对集成电路的掌握和控制将是芯片制造商和用户共同的事情。一台 IP 机或兼容机再配以适当的软件工具，有了这些，任何公司都足以自己开发一种数千门的专用集成电路，并在几周之内得到首批样片。如果拥有一个较高级的 CAD 工作站，就能进行更复杂的单片电路设计工作。运用各种复杂而完善的模拟、验证手段，如逻辑模拟、电气模拟、工艺模拟、设计规则检查等，能在电路投产之前找出设计中可能存在的问题，从而保证设计工作的正确性。在很多情况下，集成电路验证程序直接来自于电路的设计文件。这里，计算机辅助设计技术也使生产成本降低。

依靠大批量生产来获得尽可能低的成本，从而实现具有竞争能力的性能价格比，这是通用集成电路生产者取得市场成功的关键。而 ASIC 生产者必须把产品的快周期开发放在首要位置，力求适时地将产品推入市场以取得优势。不能因执意追求最佳性能价格比而延误时机。ASIC 产品还衍生出了全新的集成电路生产和市场经营观念，新的 ASIC 产品的数目可能有大幅度下降，但其销售额仍然相当高，尤其是在亚太区。此外，采用混合式方法，如结构化 ASIC，也为该技术注入了新的活力。

ASIC 的发展向电子系统设计者和集成电路制造者提出了挑战，也给他们提供了大展宏图的机遇。大企业已不再可能简单地凭借以雄厚财力为基础的大规模生产垄断 IC 市场。许多有志于涉足 IC 的小公司凭借智力的优势在短期内也可以为自己开辟出收益颇丰的园地。

1.3　IP技术概述

IP（Intellectual Property）即知识产权，在集成电路设计中，IP 指可以重复使用的具有自主知识产权功能的集成电路设计模块。这些模块具有性能高、功耗低、技术密集度高、知识产权集中、商业价值昂贵等特点，是集成电路设计产业最关键的产业要素，是最能体现产生竞争力的产业要素。集成电路是整个信息产业的"芯"，而 IP 又是这个"芯"的"核"，这就是所谓的 IP 核。

IP 核通常以三种形态出现，分别是软核 IP（Soft IP core）、固核 IP（Firm IP core）和硬

核 IP(Hard IP core)。软核 IP 是用某种高级语言来描述功能块的行为的，并不涉及具体的工艺和电路元件；固核 IP 在软核 IP 的所有设计以外完成门电路的综合和时序仿真等环节；硬核 IP 则在固核 IP 的基础上完成了版图设计，并经过了工艺验证，具有可保证的性能。IP 核可以集成于设计流程的不同级并且可重复使用，因而可以缩短产品的上市时间并降低总设计成本。

固核 IP 和硬核 IP 需要用户做的工作虽然不多，但是由于已经映射到相关工艺，因此可重用性和灵活性相对较差，而软核 IP 由于与工艺无关，为后续的设计工作留有较大的发挥空间，故其应用最为灵活。

1. IP 技术发展背景

20 世纪 90 年代初，由于集成电路制造技术和 EDA 工具的快速发展，芯片设计规模和设计复杂度急剧提高，出现了一批以专门为第三方公司提供可复用的集成电路模块为主营业务的 IP 供应商。

IP 供应商的出现，促进了集成电路设计业的发展。集成电路设计步入 SoC(片上系统，System on Chip)时代后，设计变得日益复杂，为了加快产品上市时间，基于 IP 复用的 SoC 软硬件平台的设计方法已成为世界 IC 产品开发的主流技术，IP 在 IC 设计与开发工作中已是不可或缺的要素。随着芯片性能越来越强，规模越来越大，开发周期越来越长，设计质量越来越难以控制，芯片设计成本也越来越趋于高昂。因此设计工业界认为，解决当今芯片所面临的难题最有前途的方案就是根植于软件业面向设计模式的 IP 技术。

大力发展高性能、可重用的 IP 技术具有非常重大和深远的意义，一方面我们可以建立自己的 IP 资源库，这是微电子设计公司和技术人员的技术积累，在积累的基础上才能更快、更好地实现更高级的设计；另一方面，只有当我们有能力设计高性能 IP 核时，我们才掌握了电子产品的核心技术，我们的公司，甚至国家才不需要投入大量的资金购买国外的 IP 核。

2. IP 标准

我国对 SoC/IP 产业非常重视，科技部于 2000 年启动了"十五"国家"863"计划——超大规模集成电路 SoC 专项计划，在此专项计划中支持了 50 多个 IP 核的开发，同时支持了 SoC 软硬件协同设计、IP 核复用和超深亚微米集成电路设计的关键技术研究。此外，信息产业部于 2002 年批准成立了"信息产业部集成电路 IP 核标准工作组(IPCG)"，负责制定我国的 IP 核技术标准，中国集成电路 IP 核及相关的 11 项标准已先后出台。国家成立的"信息产业部软件与集成电路促进中心(CSIP)"和"上海硅知识产权交易中心(SSIPEX)"，使我国的 IP 交易基础设施已经逐步建立起来，为 IP 标准的应用和推广奠定了基础。

3. IP 应用领域

根据国内 IC 设计公司的调查，主要的 IP 应用领域集中在以下几个范围：数字音视频、移动通信和无线通信、汽车电子、信息家电、信息安全和 3C 融合。IP 交易领域主要集中在三个方面：一是开发难度较大和应用复杂的高端 CPU 和 DSP；二是标准的接口 IP（例如 USB 接口、PCI Express 等）；三是模拟 IP（如 PLL，ADC 等）。

4. IP 发展现状

目前，由于"中国心"、"专利门"、"山寨机"等不同名词的出现，我国 IC 设计业的机遇与挑战都不断加大。今后几年将是国内 IC 设计企业发展的关键时刻。目前中国 IP 核产业的瓶颈主要有以下几个：

（1）IP 评估和验证方法不完善，IP 的质量和可靠性得不到保障；

（2）IP 标准和应用推广力度不够，致使不同 IP 的整合、复用和集成性能难以满足高端产品的需要；

（3）IP 的价格过高，造成 IC 产品开发成本高，影响了企业应用 IP 的积极性；

（4）缺乏技术支撑平台，在推动 IP 核标准化、IP 核复用的进程中，技术支撑平台是非常必要的。

从目前国际集成电路发展趋势来看，IP 核已经成为集成电路设计企业的一种重要的知识产权，其复用技术前景广阔，受到集成电路设计企业的重视。集成电路设计企业可以通过 IP 核交易加快产品研发进程、提升产品质量。

相对于美国、日本和韩国等发达国家，中国集成电路产业起步晚、基础薄弱、知识产权保有量低，在集成电路设计业、制造业方面都很难与对手抗衡，尤其是在集成电路装备制造业方面，与国际先进水平相去甚远，单纯依靠原始创新实现产业跨越式发展非常困难。但是，中国拥有众多的集成电路加工企业，为推广国家 IP 核标准和复用提供了资源保证，中国集成电路设计企业可以依托国际先进的 IP 核技术，实现引进、吸收、再创新和集成创新，实现大规模、复杂化的集成电路设计。利用商业化 IP 核来设计大规模的复杂系统成为中国芯片设计业实现跨越式发展的一种机遇。抓住 IP 核设计这一难得的发展机遇，以集成电路设计为突破口，可以实现集成电路产业的技术跨越和产业升级。

1.4 集成电路的设计方法与设计流程

1.4.1 CAD 技术发展的必然趋势——EDA

近几年，随着电子计算机技术的快速发展，计算机辅助设计已经渗透到人类生活的各个方面，与人类生活密切联系的电子产品的设计、开发以及生产销售同样离不开 CAD 技术。电子产品的设计方法根据 CAD 技术的介入程度可以分为三种：

（1）人工设计方法。这是最传统的设计方法，从设计方案的提出、实现到验证、修改均由人工完成，也就是系统的每一个电路模块均为手工搭建。这种方法具有明显的缺点：效率低，出错率高，花费大，制造周期长。随着电子系统规模的不断扩大，这种全人工设计的方法已经退出了舞台。

（2）人和计算机共同完成电子系统设计的方法。这是早期的 CAD 设计方法。人们可以借助计算机完成电子系统设计的部分工作，从而可以设计较大规模的电子系统，但是设计的很多工作仍然需要人工来完成，仍然没有完全解决全人工设计的不足。

（3）电子设计自动化（Electronic Design Automation，EDA）。这种方法中，电子系统的整个设计过程的绝大部分由计算机来完成，数字系统设计的各个流程均通过计算机进行辅助设计。以数字集成电路设计为例，从系统的架构、算法的设计与验证，到 RTL 级描述以及验证，再到综合成门级网表，最后到布局布线和生成版图，每一步都需要与计算机紧密结合在一起，因此 EDA 是 CAD 发展的必然趋势，是 CAD 技术的高级阶段。

1.4.2 数字系统设计方法的发展

传统的设计方法是自底向上（bottom-up）的，即首先确定底层可以用的元件，然后利用这些元件进行逻辑设计并完成模块设计，再对各模块进行连接，最后形成一个系统，而后对系统进行调试与测试，保证系统达到规定的性能指标。但是这种设计方法有不足之处：

（1）受到设计者的经验以及市场器件情况等因素限制。

（2）由于系统测试是在系统硬件完成后进行的，因此如果发现系统设计需要修改，则需要重新从底层设计，并需要重新选择器件，使得整个修改过程耗费大量的时间与成本。

（3）该方法一般采用原理图设计方式，而原理图设计方式在设计较复杂的电路时更复杂且容易出错，可读性差，修改更困难，因此很难适应大规模系统的设计。

由于自底向上设计方法的不足，基于 EDA 技术的自顶向下（top-down）的设计方法得到迅猛发展。这是一种从系统的概念出发，最终到系统的物理实现，从抽象到具体，逐步细化的层次化设计方法。自顶向下设计方法的特点表现在如下几个方面：

（1）有众多强大的 EDA 工具支持。

（2）采用层次化设计，可以采用逐层仿真技术，以便尽早发现问题，解决问题，发现越早，修改越方便。

（3）采用结构化开发手段，可以实现多人多任务的并行工作方式，使得复杂数字系统的设计规模和效率大幅度提高。

（4）由于抽象层级的提高，高层次设计必须要考虑底层器件因素，使得设计成果的再利用得到保证。对于以往成功设计的模块或者系统稍作修改、组合后就能投入新的系统中，同时还能以 IP 核的方式进行存档，缩短了系统开发的周期。

1.4.3 数字集成电路层次化设计方法

自顶向下的设计方法是逐步求精的层次化设计方法。一个完整的集成电子系统从概念的提出到最后的物理实现，可以分为如下几个设计层次，即系统级、行为级、寄存器传输级、逻辑门级和版图级。

系统级是描述集成电路系统的最高层级，在这一层级往往是通过一些性能指标（计算机总线宽度、每秒执行指令的次数、数据的传输速率等）来描述系统行为的。

系统级之下的层级是行为级。行为级又称为算法级，这一层次的描述是抽象的算法模型或者控制流图和数据流图。

行为级之下是寄存器传输级（Register Transfer Level，RTL），这一层级的描述较之行为级则更为具体。在 RTL 级设计中，大量采用触发器、寄存器、多路选择器、计数器、算术逻辑单元等功能模块，这些功能模块为宏单元，RTL 级结构描述是基于宏单元的互连的。RTL 级的实现大都利用硬件描述语言，根据行为级模型对系统进行建模。

再往下是逻辑门级，简称门级。门级设计中的基本单元是与门、或门、非门、与或门、三态门等各种门电路，以及多种类型的触发器。RTL 级到门级的转化是利用综合工具进行的，例如 Synopsys 公司的 Design Compile。

门级之下是版图级，这是集成电路描述的最低层次。在这一层级，以几何图形来描述晶体管、MOS 管、电阻、连线、二极管等。版图级系统的特性不仅与器件的互连方式相关，而且与器件的加工工艺密切相关。门级到版图级的转换也是利用高级 EDA 工具来实现的，例如 Cadence 公司的 Soc Encounter，可实现从自动布局布线、布时钟树到时序分析等多种功能。

1.4.4 数字系统设计规划

整个系统设计规划如图 1-1 所示，主要分为功能定义、算法验证、芯片的设计验证和系统验证平台设计。每一步的具体工作如下所述。

（1）功能定义：完成整个芯片的功能定义、具体子模块的功能定义、参数指标的制定。

（2）算法验证：根据功能定义中定义的功能，编写相应的 MATLAB 程序，对功能和算法进行验证，对相应参数指标进行验证和调整。

（3）芯片的设计验证：主要完成两部分工作。一是进行芯片的设计，给出芯片整体功能框图，大致定义各个框图内子模块的连接关系。对 TOP 模块和子模块的输入/输出信号做命名、功能定义，对定义的子模块进行 Verilog 编码设计。二是进行芯片的验证，这部分验证分为子模块验证和芯片整体验证。子模块验证是根据已定义的子模块规范对已经设计好的子模块进行大量的测试，防止内部隐藏 bug；对于芯片的整体验证，是根据指标中定义的芯片功能，编写相应的测试平台，对芯片进行全面测试验证。

（4）系统验证平台设计：完成芯片的原型验证测试，主要包括了硬件平台和软件平台开发两部分。其中硬件平台主要包括芯片的 RTL 验证和系统版图与 PC 的接口硬件；软件平台主要包括激励数据的转化发送、处理后的数据二次处理分析显示。

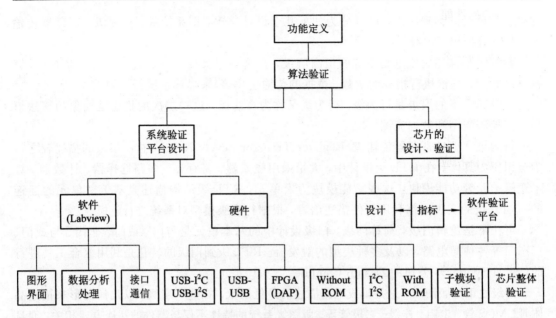

图 1-1　数字系统设计规划

1.4.5　数字集成电路设计流程

集成电路发展之初，数字电路的设计主要是由底层的器件搭建而成，随着设计人员的不断研究探索，电子设计自动化(EDA)的概念被提出并快速发展。如今，数字电路的设计已经有一个比较完整的体系。对于设计流程的理解虽然众说纷纭，但主要划分为系统架构、RTL 级设计、综合优化、自动布局布线、版图设计等几个环节，如图 1-2 所示。

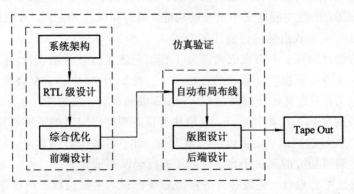

图 1-2　数字集成电路设计流程

（1）系统架构。系统架构是整个设计过程中最基础的环节。在这一环节中，需要确定整个系统的架构，需要对模块进行划分，需要规定各个模块的功能，还需要定义接口，并对整个系统的性能进行评估。在系统验证阶段，通常对整个系统进行行为级的描述，并对其进行仿真验证，用以判断整个架构的合理性，若涉及算法，也可验证算法的可行性。这是至关重要的一个环节，一个好的系统架构通常会给整个设计带来极大的便利。

（2）RTL级设计。RTL级设计是数字电路设计中的核心环节。在这一阶段，通过使用相应的语言将电路描述出来，并进行功能上的验证，同时，在设计过程之中，需要保证相应的描述能够被综合工具综合成预想的电路。

（3）综合优化。综合优化的目的是将相应的RTL描述转换成硬件电路。这一环节需要工艺厂商提供相应的工艺信息，综合工具会根据工艺信息选取相应的基准单元，并搭建出电路。在综合过程中，设计人员需要对综合环境进行相应的约束，综合工具会根据该约束进行综合，生成能够实现HDL所描述功能的电路。综合的结果是一个门级描述的网表，该网表应该跟RTL描述的功能保持一致。

（4）自动布局布线。相比于模拟电路，数字电路layout的生成比较智能。一般芯片制造方会提供一个基准单元库，基准单元库里包含了各个单元的逻辑功能信息、延时信息以及版图信息。很多EDA软件可以根据相应约束、门级网表以及相应的工艺信息进行自动布局布线，尤其是对于大规模的数字系统的设计，相应的EDA软件给设计人员带来了极大的方便。

（5）版图设计。布局布线完成后，能够生成一个描述了电路布局布线后版图信息的文件，结合工艺厂商提供的基准单元，即可生成具体的版图。然后进行DRC、LVS，通过验证后即可认为设计完成，可以交付工厂以加工制造芯片。

一般来说，数字电路的设计会划分为前端设计和后端设计，综合优化完成前的设计统称前端设计，综合优化完成后的设计被称做后端设计。在整个数字电路的设计中，前、后端设计一般分别由不同的部门来完成。

第二章　集成电路的基本制造工艺

距今半个多世纪前的 1947 年贝尔实验室发明了晶体管；1949 年 Schockley 发明了双极（Bipolar）晶体管；1962 年仙童公司首家推出 TTL（Transistor-Transistor Logic）系列器件；1974 年 ECL（Emitter-Coupled Logic）系列问世。双极系列速度快，但其缺点是功耗大，难以实现大规模集成。

20 世纪 70 年代初期，MOSFET（Metal-Oxide-Semiconductor Field-Effect Transistor）晶体管异军突起。现在，CMOS（Complementary MOS）已经无以替代地占据统治地位，对其不断的改进，包括采用硅栅、多层铜连线等，使得其速度和规模都已达到相当高度，然而功耗又重新变成 CMOS 设计中的重大难题，人们在不断地寻求突破性进展。

GaAs（Gallium Arsenide，砷化钾）工艺仍然是目前最快的半导体工艺，可以工作在几个 GHz 的频率上，但功耗较大，单级门功耗可达几个毫瓦。其他还有 SiGe（Silicon-Germanium，锗化硅）工艺，情况也基本相当。

除此之外，还有崭露头角的超导（Superconducting）工艺等。

1. ASIC 主要工艺及选择依据

目前适用于 ASIC 的工艺主要有下述五种：

（1）CMOS 工艺。该工艺属单极工艺，主要靠少数载流子工作。其特点是功耗低，集成度高。

（2）TTL/ECL 工艺。该工艺属双极工艺，多子和少子均参与导电。其突出的优点是工作速度快，但是工艺相对复杂。

（3）BiCMOS 工艺。这是一种同时兼容双极和 CMOS 的工艺，适用于工作速度和驱动能力要求较高的场合，例如模拟类型的 ASIC。

（4）GaAs 工艺。该工艺通常用于微波和高频频段的器件制作，目前不如硅工艺那样成熟。

（5）BCD 工艺。这就是 Bipolar＋CMOS＋DMOS（高压 MOS）工艺，一般在 IC 中，控制部分用 CMOS 工艺。

根据用户和设计的需要，一般从以下五个方面选择合适的工艺：

（1）集成度和功耗。如果对集成度和功耗有较高的要求，CMOS 工艺是最佳选择。

（2）速度（门传播延迟）。TTL 和 ECL 工艺适合于对速度要求较高的 ASIC。对速度要求特别高的微波应用场合则必需选择 GaAs 工艺。

（3）驱动能力。几种工艺中，TTL/ECL 的驱动能力最强。

（4）成本造价。相对来说，CMOS 工艺为首选工艺。对于模拟类型的 ASIC，则需要选用相对复杂的 BiCMOS 工艺。

（5）有无 IP 库和设计继承性。

2. 深亚微米工艺的特点

通常将 $0.35~\mu m$ 以下的工艺称为深亚微米（DSM）工艺。目前，国际上 $0.18~\mu m$ 工艺已很成熟，$0.13~\mu m$ 工艺也趋成熟。深亚微米工艺有如下特点：

（1）面积（Size）缩小。图形尺寸的减小使得芯片面积相应减小，集成度随之得到很大提高。例如，采用 $0.13~\mu m$ 工艺生产的 ASIC，其芯片尺寸比采用 $0.18~\mu m$ 工艺的同类产品小 50%。

（2）速度（Speed）提高。寄生电容的减小使得器件速度进一步提高。目前采用 $0.13~\mu m$ 工艺已生产出主频超过 1 GHz 的微处理器。

（3）功耗（Power Consumption）降低。

深亚微米的互连线分布参数的影响随着集成度的提高也越来越突出，线延迟对电路的影响可能超过门延迟的影响而成为其发展的主要制约因素，并极大地制约着前端设计的概念和过程。

3. 制造影响设计

芯片的制造技术引导并制约着芯片的设计技术，其影响有以下几个方面：

（1）扩展了设计技术空间；

（2）提高了对设计技术的要求；

（3）促成了新的设计技术文化。

2.1　集成电路的基本制造工艺概述

CMOS 集成电路制作在一片圆形的硅薄片（Wafer）上。每个硅片含有多个独立芯片或称为管芯。量产时，一个硅片上的管芯通常相同。硅片上除管芯外，一般还有测试图形和工艺检测图形，用来监测工艺参数，如图 2-1 所示。

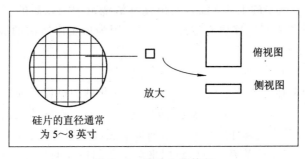

图 2-1　硅片上的管芯

简化的 IC 制造过程如图 2-2 所示。

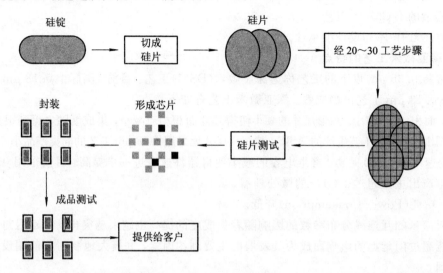

图 2-2　IC 制造过程

简化的 IC 制造工艺步骤如图 2-3 所示。

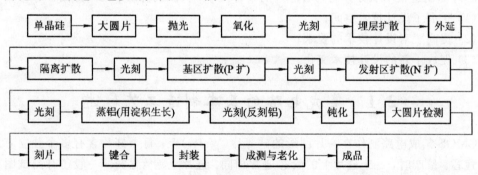

图 2-3　IC 制造工艺的步骤

图 2-3 只列出了主要的工序，没有列出化学清洗及中测以后的工序，如裂片、压焊、封装等后工序。但我们对后工序要有足够的重视，因为后工序所占的成本比例较大，对产品成品率的影响也较大。

IC 制造工艺主要有：

（1）氧化。在单晶体上或外延层上生长一层二氧化硅的过程称为氧化。

（2）光刻。光刻就是利用感光胶感光后的抗腐蚀特性，在硅片表面的掩膜层上刻制出所要求的图形。光刻版是记载有图形的一系列玻璃版或铬版等，不同版上的图形在工艺制造时有先后顺序和相互制约关系，图形数据来源于我们设计的集成电路版图，其作用是控制工艺过程以便有选择地实现指定器件。

（3）扩散。扩散就是在高温下将 N 型或 P 型杂质从硅表面扩散到体内的过程。

（4）淀积。淀积就是在一特定的装置中，通过通入不同的反应气体在一定的工艺条件下往硅片表面沉淀一层介质或薄膜，如 Poly。

目前，对设计 ASIC 来说，可供选择的制造工艺有：通用的 CMOS 工艺、适宜高速大电流的 ECL/TTL，即双极（Bipolar）工艺、将两者相结合的 BiCMOS 工艺和极高速的 GaAs 工艺等。这些制造工艺在一段时期将同时并存。然而对 ASIC 设计而言，主流工艺还是 CMOS 工艺。当然目前还有一种正在发展中的 BCD（Bipolar＋CMOS＋DMOS（高压））工艺。

2.2　双极工艺

简化的标准双极工艺如图 2-4 所示。

（a）隐埋层扩散。

（b）外延层生成。

（c）隔离扩散。

（d）硼扩散（基区扩散）。

（e）磷扩散（发射区扩散）。

（f）刻蚀：将所有需引线地方的氧化层全部刻掉，露出硅表面而形成引线欧姆洞。

（g）铝线的形成过程：首先在整个硅片表面蒸一层铝，接着把不需要的地方的铝再反刻掉，这就形成了芯片内部的内连线。

最后还需要经过钝化，即生长保护膜的过程。

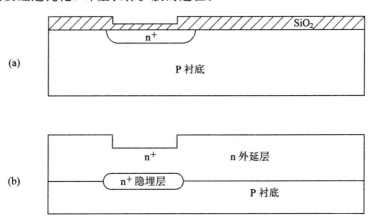

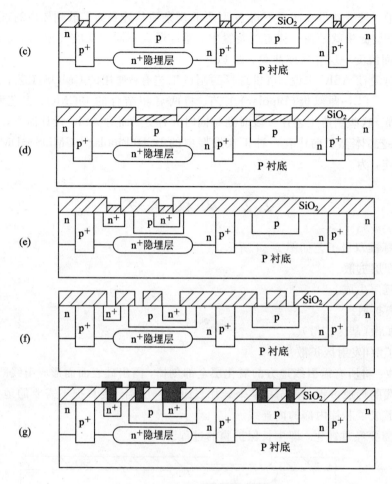

图 2-4 标准双极型 IC 工艺流程

由典型的 PN 结隔离的掺金 TTL 电路工艺制作的集成电路中的晶体管剖面图如图 2-5所示，它基本上由表面图形（光刻掩膜）和杂质浓度分布决定。

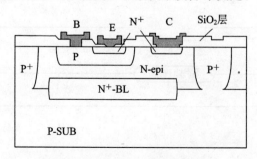

图 2-5 NPN 晶体管剖面图

下面结合主要工艺流程来介绍双极型集成电路中元器件的形成过程及其结构。

1. 衬底选择

对于典型的 PN 结隔离双极集成电路来说，衬底一般选用 P 型硅。为了提高隔离结的击穿电压而又不使外延层在后续工艺中下推太多，衬底电阻率选 $\rho \approx 10\ \Omega \cdot cm$。

2. 第一次光刻——N$^+$隐埋层扩散孔光刻

第一次光刻（即光 1）的掩膜板图形及隐埋层扩散后的芯片剖面图如图 2-6 所示。由于集成电路中的晶体管是三结四层结构，集成电路中各元件的端点都从上表面引出，并在上表面实现互连，为了减小晶体管集电极的串联电阻，减小寄生 PNP 管的影响，在制作元器件的外延层和衬底之间需要作 N$^+$隐埋层。

3. 外延层淀积

外延层淀积后的芯片剖面图如图 2-7 所示。外延层淀积时应考虑的设计参数主要是外延层电阻率 ρ_{epi} 和外延层厚度 T_{epi}。为了使结电容 C_{jb}、C_{jc} 小，击穿电压 $V_{(BR)CBO}$ 高，以及在以后的热处理过程中外延层下推的距离小，ρ_{epi} 应选得高一些；为了使集电极串联电阻 r_{cs} 小和饱和压降 V_{CES} 小，又希望 ρ_{epi} 低一些。这两者是矛盾的，需加以折中。

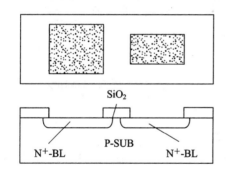

图 2-6　第一次光刻的掩膜板图形及隐埋层
扩散后的芯片剖面图

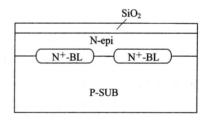

图 2-7　外延层淀积后的芯片剖面图

4. 第二次光刻——P$^+$隔离扩散孔光刻

隔离扩散的目的是在硅衬底上形成许多孤立的外延层岛，以实现各元件间的电绝缘。实现隔离的方法很多，有反偏 PN 结隔离、介质隔离、PN 结—介质混合隔离等。各种隔离方法各有优缺点。由于反偏 PN 结隔离的工艺简单，与元件制作工艺基本相容，成为目前最常用的隔离方法，但此方法的隔离扩散温度高（$T=1175$℃），时间长（$t=2.5 \sim 3$ h），结深可达 $5 \sim 7\ \mu m$，所以外推较大。此工艺称为标准隐埋集电极（Standard Buried Collecuor，SBC）隔离工艺。在集成电路中，P 型衬底接最负电位，以使隔离结处于反偏，达到各岛间电绝缘的目的。隔离扩散孔的掩膜板图形及隔离扩散后的芯片剖面如图 2-8 所示。

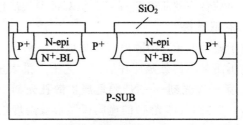

(a) 隔离扩散孔的掩膜版图形(阴影区)　　(b) 隔离扩散后硅片剖面图

图 2-8　隔离扩散

5. 第三次光刻——P 型基区扩散孔光刻

此次光刻决定 NPN 管的基区以及基区扩散电阻的图形。基区扩散孔的掩膜板图形及基区扩散后的芯片剖面如图 2-9 所示。

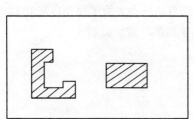
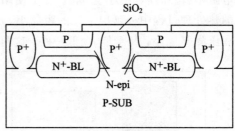

(a) 基区扩散孔的掩膜版图形(阴影区)　　(b) 基区扩散后硅片剖面图

图 2-9　基区扩散

6. 第四次光刻——N^+ 发射区扩散孔光刻

此次光刻还包括集电极和 N 型电阻的接触孔，以及外延层的反偏孔。由于 Al 和 N 型硅的接触，只有当 N 型硅的杂质浓度 N_P 大于等于 10^{19} cm^{-3} 时，才能形成欧姆接触，所以必须进行集电极接触孔 N^+ 扩散。

此次光刻的掩膜板图形和 N^+ 发射区扩散后的芯片剖面如图 2-10 所示。

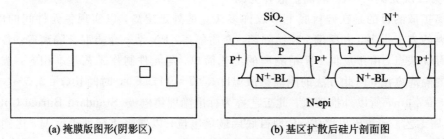

(a) 掩膜版图形(阴影区)　　(b) 基区扩散后硅片剖面图

图 2-10　N^+ 发射区和引线接触区扩散

7. 第五次光刻——引线接触孔光刻

此次光刻的掩膜板图形如图 2-11 所示。

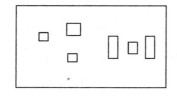

图 2-11　引线接触孔图形（阴影区）

8. 第六次光刻——金属化内连线光刻

此次光刻的掩膜板图形及反刻铝形成金属化内连线后的芯片复合图及剖面图如图 2-12所示。

(a) 第六次光刻掩膜版图形　　　　(b) 形成内联线后的芯片复合图形

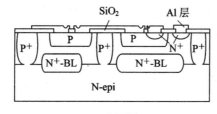

(c) 剖面图

图 2-12　金属化内连线

图 2-13 给出了在双极型模拟电路中使用的放大管和双极型数字电路中使用的开关管的工艺复合图。由图可见，模拟电路中的放大管的版图面积比数字集成电路中用的开关管的面积大，这是由于模拟电路的电源电压高，要求放大管的击穿电压 $V_{(BR)CBO}$ 高，所以选用外延层的电阻率 ρ_{epi} 较高、厚度 T_{epi} 较厚、结深 χ_{jc} 较深；于是耗尽区宽度增加，横向扩散严重，因而使晶体管的版图面积增大。

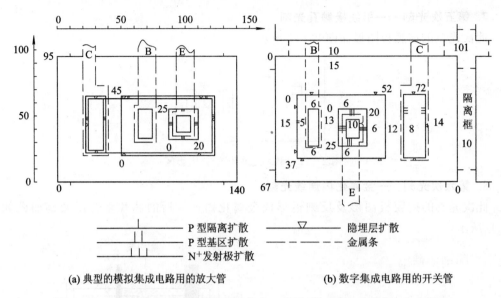

(a) 典型的模拟集成电路用的放大管   (b) 数字集成电路用的开关管

图 2-13   集成电路中双极型晶体管的复合工艺图(图中各数字均以 μm 为单位)

2.3   CMOS 工艺

MOS 集成电路由于其有源元件导电沟道的不同,又可分为 PMOS 集成电路、NMOS 集成电路和 CMOS 集成电路。各种 MOS 集成电路的制造工艺不尽相同。MOS 集成电路制造工艺根据栅极的不同可分为铝栅工艺(栅极为铝)和硅栅工艺(栅极为掺杂多晶硅)。

由于 CMOS 集成电路具有静态功耗低、电源电压范围宽、输出电压幅度宽(无阈值损失),且具有高速度、高密度的潜力,又可与 TTL 电路兼容,所以使用比较广泛。

在 CMOS 电路中,P 沟道 MOS 管作为负载器件,N 沟道 MOS 管作为驱动器件,这就要求在同一个衬底上制造 PMOS 管和 NMOS 管,所以必须把一种 MOS 管做在衬底上,而另一种 MOS 管做在比衬底浓度高的阱中。根据阱的导电类型,CMOS 电路又可分为 P 阱 CMOS、N 阱 CMOS 和双阱 CMOS 电路。传统的 CMOS IC 工艺采用 P 阱工艺,这种工艺中用来制作 NMOS 管的 P 阱,是通过向高阻 N 型硅衬底中扩散(或注入)硼而形成的。N 阱工艺与它相反,是向高阻的 P 型硅衬底中扩散(或注入)磷,形成一个做 PMOS 管的阱,由于 NMOS 管做在高阻的 P 型硅衬底上,因而降低了 NMOS 管的结电容及衬底偏置效应。这种工艺的最大优点是同 NMOS 器件具有良好的兼容性。双阱工艺是在高阻的硅衬底上,同时形成具有较高杂质浓度的 P 阱和 N 阱,NMOS 管和 PMOS 管分别做在这两个阱中。这样,可以独立调节两种沟道 MOS 管的参数,以使 CMOS 电路达到最优的特性,而且两种器件之间的距离也因采用独立的阱而减小，以适合于高密度的集成，但其工艺比较复杂。

以上统称为体硅 CMOS 工艺，此外还有 SOS-CMOS 工艺（蓝宝石上外延硅膜）、SOI-CMOS工艺（绝缘体上生长硅单晶薄膜）等，它们从根本上消除了体硅 CMOS 电路中固有的寄生闩锁效应。而且由于元器件间是空气隔离，有利于高密度集成，且结电容和寄生电容小，速度快，抗辐射性能好，SOI-CMOS 工艺还可望做成立体电路。但这些工艺成本高、硅膜质量不如体硅，所以只在一些特殊用途（如军用、航天）中才使用。

下面介绍几种常用的 CMOS 集成电路的工艺及其元器件的形成过程。

1. P 阱硅栅 CMOS 工艺

典型的 P 阱硅栅 CMOS 工艺从衬底清洗到中间测试，总共 50 多道工序，需要 5 次离子注入，连同刻钝化窗口，共 10 次光刻。下面结合主要工艺流程（5 次离子注入、10 次光刻）来介绍 P 阱硅栅 CMOS 集成电路中元件的形成过程。

(1) 光 I ——阱区光刻，刻出阱区注入孔（图 2-14(a)）。

(2) 阱区注入及推进，形成阱区（图 2-14(b)）。

(3) 去除 SiO_2，长薄氧，长 Si_3N_4（图 2-14(c)）。

(4) 光 II ——有源区光刻，刻出 P 管、N 管的源区、漏区和栅区（图 2-14(d)）。

(5) 光 III ——N 管场区光刻，刻出 N 管场区注入孔。N 管场区注入，以提高场开启，减少闩锁效应及改善阱的接触（图 2-14(e)）。

(6) 生长场氧，漂去 SiO_2 及 Si_3N_4（图 2-14(f)），然后生长栅氧。

(7) 光 IV ——P 管区光刻（用光 I 的负版）。P 管区注入，调节 PMOS 管的开启电压（图 2-14(g)），然后长多晶。

(8) 光 V ——多晶硅光刻，形成多晶硅栅及多晶硅电阻（图 2-14(h)）。

(9) 光 VI ——P^+ 区光刻，刻去 P 管区上的胶。P^+ 区注入，形成 PMOS 管的源区、漏区及 P^+ 保护环（图 2-14(i)）。

(10) 光 VII ——N^+ 区光刻，刻去 N^+ 区上的胶（可用光 VI 的负版）。N^+ 区注入，形成 NMOS 管的源区、漏区及 N^+ 保护环（图 2-14(j)）。

(11) 长 PSG（图 2-14(k)）。

(12) 光 VIII ——引线孔光刻。可在生长磷硅玻璃后先开一次孔，然后在磷硅玻璃回流及结注入推进后再开第二次孔（图 2-14(l)）。

(13) 光 IX ——铝引线光刻。

(14) 光 X —压焊块光刻（图 2-14(m)）。

图 2-14 是 P 阱硅栅 CMOS 反相器的工艺流程及芯片剖面示意图。

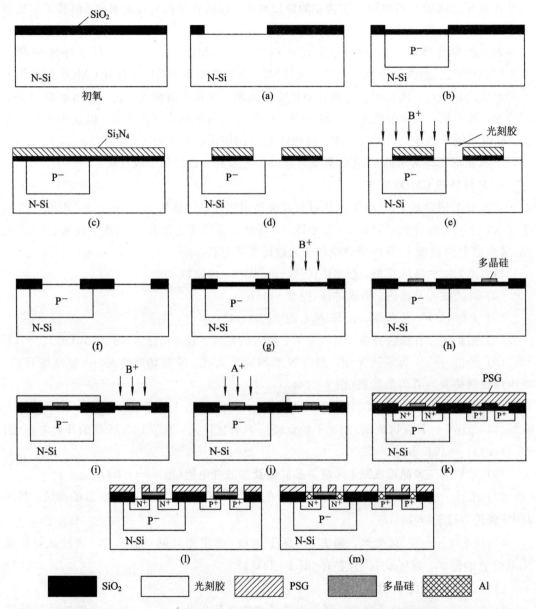

图 2-14 P 阱硅栅 CMOS 反相器工艺流程及芯片剖面示意图

2. N 阱硅栅 CMOS 工艺

N 阱 CMOS 工艺的优点之一是可以利用传统的 NMOS 工艺，只要对现有的 NMOS 工艺作一些改进，就可以形成 N 阱工艺。

图 2-15 是典型的 N 阱硅栅 CMOS 反相器的工艺流程及芯片剖面的示意图。由图可见其工艺制造步骤类似于 P 阱 CMOS 工艺(除了采用 N 阱外)。第一步是确定 N 阱区,第二步是低剂量的磷注入,然后在高温下扩散推进,形成 N 阱。接下来的步骤是确定器件的位置和其他扩散区→生长场氧化层→生长栅氧化层→长多晶硅→刻多晶硅栅→淀积 CVD氧化层→光刻引线接触孔→进行金属化。

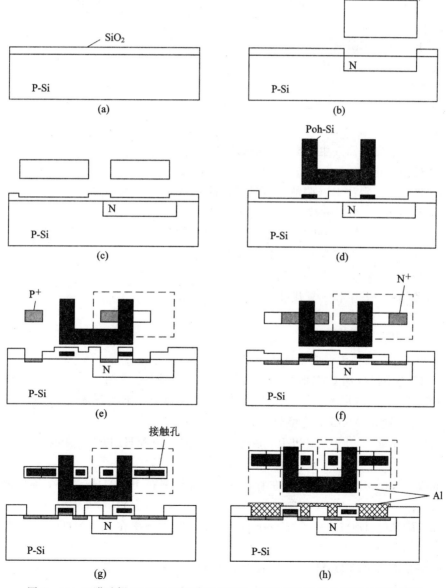

图 2-15 N 阱硅栅 CMOS 反相器工艺流程、芯片剖面及器件形成过程示意图

3. 双阱硅栅 CMOS 工艺

双阱 CMOS 工艺为 P 沟道 MOS 管和 N 沟道 MOS 管提供了可各自独立优化的阱区，因此，与传统的 P 阱工艺相比，可以做出性能更好的 N 沟道 MOS 管（较低的电容，较小的衬底偏置效应）。同样，P 沟道 MOS 管的性能也比 N 阱工艺的好。

通常，双阱 CMOS 工艺采用的廉价材料是在 N^+ 或 P^+ 衬底上外延一层轻掺杂的外延层，以防止闩锁效应。其工艺流程除了阱的形成（此时要分别形成 P 阱和 N 阱）这一步外，其余都与 P 阱工艺类似。主要步骤如下：

(1) 光 I——确定阱区。

(2) N 阱注入和选择氧化。

(3) P 阱注入。

(4) 推进，形成 N 阱、P 阱。

(5) 场区氧化。

(6) 光 II——确定需要生长栅氧化层的区域。

(7) 生长栅氧化层。

(8) 光 III——确定注 B^+（调整 P 沟道器件的开启电压）区域，注 B^+。

(9) 淀积多晶硅，多晶硅掺杂。

(10) 光 IV——形成多晶硅图形。

(11) 光 V——确定 P^+ 区域，注 B 形成 P^+ 区。

(12) 光 VI——确定 N^+ 区，注磷形成 N^+ 区。

(13) LPCVD——生长二氧化硅层。

(14) 光 VII——刻蚀接触孔。

(15) 淀积铝。

(16) 光 VIII——反刻铝形成铝连线。

图 2-16 为双阱硅栅 CMOS 反相器的版图和芯片剖面示意图。

CMOS 制造工艺进展的标志是以能够加工的半导体层最细线条宽度作为特征尺寸。按照特征尺寸的不同，CMOS 工艺可分为以下几种：

• 微米级（M）——$1.0~\mu m$ 以上，系统时钟频率在 40 MHz 以下，集成度规模在 20 万门以下；

• 亚微米级（SM）——$0.6~\mu m$ 左右，系统时钟频率在 100 MHz 以下，集成度规模在 50 万门以下；

• 深亚微米级（DSM）——$0.35~\mu m$ 以下，系统时钟频率在 100 MHz 以上，集成度规模在 100 万门以上；

• 超深亚微米级（VDSM）——$0.18~\mu m$ 以下，系统时钟频率在 200 MHz 以下，集成度规模在 500 万门以上。

在设计 ASIC 时，设计师可以根据 ASIC 的应用要求，选择合适的工艺。

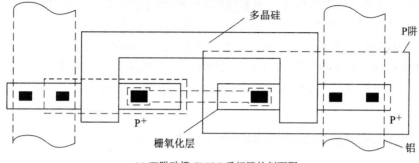

(a) 双阱硅栅 CMOS 反相器的剖面图

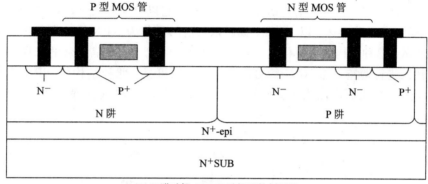

(b) 双阱硅栅 CMOS 反相器的剖面图

图 2-16 双阱硅栅 CMOS 反相器的版图和芯片剖面示意图

2.4 BiCMOS 工艺

用双极工艺可以制造出速度高，驱动能力强、模拟精度高的器件，但双极器件在功耗和集成度方面却无法满足集成规模越来越大的系统集成的要求。而 CMOS 工艺可以制造出功耗低、集成度高和抗干扰能力强的 CMOS 器件，但其速度低、驱动能力差。在既要求高集成度又要求高速的领域中，双极器件与 CMOS 器件也无能为力。BiCMOS 工艺是把双极器件和 CMOS 器件同时集成在同一芯片上，它综合了双极器件高跨导、强负载驱动能力和 CMOS 器件高集成度、低功耗的优点，使其互相取长补短，发挥各自的优点。它给高速、高集成度、高性能 LSI 及 VLSI 的发展开辟了一条新的道路。

对 BiCMOS 工艺的基本要求是要将两种器件组合在同一芯片上，两种器件各有其优点，由此得到的芯片具有良好的综合性能，而且相对双极和 CMOS 工艺来说，不增加过多的工艺步骤。目前，已开发出许多种各具特色的 BiCMOS 工艺，归纳起来大致可分为两大类：一类是以 CMOS 工艺为基础的 BiCMOS 工艺，其中包括 P 阱BiCMOS和 N 阱BiCMOS两种工艺；另一类是以标准双极工艺为基础的 BiCMOS 工艺，其中包括 P 阱 BiCMOS 和双阱 BiCMOS 两种工艺。当然，以 CMOS 工艺为基础的 BiCMOS 工艺对保证其器件中的 CMOS 器件的性能比较有利，而以双极工艺为基础的 BiCMOS 工艺对提高其器件中的双极器件的性能有利。影响 BiCMOS 器件性能的主要是双极部分，因此以双极工艺为基础的 BiCMOS 工艺用得较多。下面简要介绍这两大类 BiCMOS 工艺的主要步骤及其芯片的剖面情况。

2.4.1　以 CMOS 工艺为基础的 BiCMOS 工艺

1. 以 P 阱 CMOS 为基础的 BiCMOS 工艺

此工艺出现较早，其基本结构如图 2-17 所示。它以 P 阱作为 NPN 管的基区，以 N⁺ 衬底作为 NPN 管的集电区，以 N⁺ 源、漏扩散（或注入）作为 NPN 管的发射区扩散及集电极的接触扩散。这种结构的主要优点是：① 工艺简单；② MOS 晶体管的开启电压可通过一次离子注入进行调整；③ NPN 管自隔离。但由图可见，此种结构中 NPN 管的基区太宽，基极和集电极串联电阻太大。另外，NPN 管和 PMOS 管共衬底，限制了 NPN 管的使用。

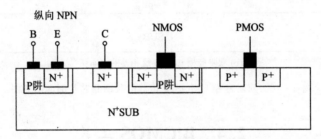

图 2-17　以 P 阱 CMOS 工艺为基础的 BiCMOS 器件剖面图

为了克服上述缺点，可对此结构作如下修改：

（1）用 N-N 外延衬底，以降低 NPN 管的集电极串联电阻。

（2）增加一次掩膜进行基区注入、推进，以减小基区宽度和基极串联电阻。

（3）采用多晶硅发射极，以提高速度。

（4）在 P 阱中制作横向 NPN 管，提高 NPN 管的使用范围。

2. 以 N 阱 CMOS 为基础的 BiCMOS 工艺

此工艺中的双极器件与 PMOS 管一样，是在 N 阱中形成的。其结构如图 2-18（a）所示。这种结构的主要缺点是 NPN 管的集电极串联电阻 r_{cs} 太大，影响了双极器件的性能，特别是驱动能力。若以 P-Si 为衬底，并在 N 阱下设置 N⁺ 埋层，然后进行 P 型外延，如图 2-18（b）所示，则可使 NPN 管的集电极串联电阻 r_{cs} 减小到原来的 1/6 到 1/5。而且可以使

CMOS 器件的抗闩锁性能大大提高。

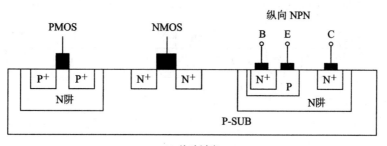

(a) 体硅衬底

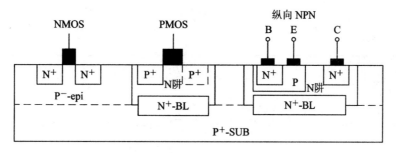

(b) 外延衬底

图 2-18 以 N 阱 CMOS 为基础的 BiCMOS 结构

2.4.2 以双极工艺为基础的 BiCMOS 工艺

1. 以双极工艺为基础的 P 阱 BiCMOS 工艺

在以 CMOS 工艺为基础的 BiCMOS 工艺中，影响 BiCMOS 电路性能的主要是双极型器件。显然，若以双极工艺为基础，对提高双极型器件的性能是有利的。图 2-19 是以典型的 PN 结隔离双极型工艺为基础的 P 阱 BiCMOS 器件结构的剖面示意图，它采用 P 型衬底、N^+ 埋层、N 型外延层，在外延层上形成 P 阱结构。该工艺采用成熟的 PN 结对通隔离技术大大提高了隔离效果。为了获得大电流下低的饱和压降，采用高浓度的集电极接触扩散；为防止表面反型，采用沟道截止环；NPN 管的发射区扩散与 NMOS 管的源（S）漏（D）区掺杂和横向 PNP 管及纵向 PNP 管的基区接触扩散同时进行；NPN 管的基区扩散与横向 PNP 管的集电区、发射区扩散及纵向 PNP 管的发射区扩散、PMOS 管的源漏区扩散同时完成；栅氧化在 PMOS 管沟道注入之后进行。

这种结构克服了以 P 阱 CMOS 工艺为基础的 BiCMOS 结构的缺点，而且还可以用此工艺获得对高压、大电流很有用的纵向 PNP 管和 LDMOS 及 VDMOS 结构，以及在模拟电路中十分有用的 I^2L 等器件结构。

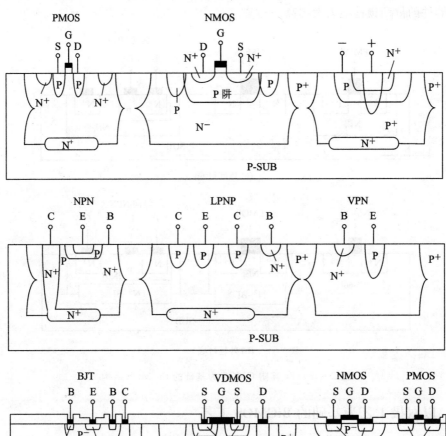

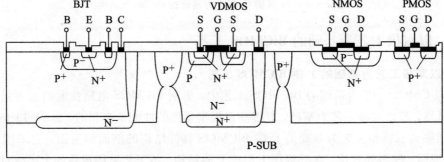

图 2-19　三种以 PN 结隔离双极型工艺为基础的 P 阱 BiCMOS 器件结构剖面图

2. 以双极工艺为基础的双阱 BiCMOS 工艺

以双极工艺为基础的 P 阱 BiCMOS 工艺虽然得到了较好的双极器件性能，但是 CMOS 器件的性能不够理想。为了进一步提高 BiCMOS 电路的性能，满足双极和 CMOS 两种器件的不同要求，可采用图 2-20 所示的以双极工艺为基础的双隐埋层、双阱结构的 BiCMOS 工艺。

这种结构的特点是采用 N^+ 及 P^+ 双隐埋层双阱结构，采用薄外延层来实现双极器件的高截止频率和窄隔离宽度。此外，利用 CMOS 工艺的第二层多晶硅做双极器件的多晶硅发射极，不必增加工艺就能形成浅结和小尺寸发射极。

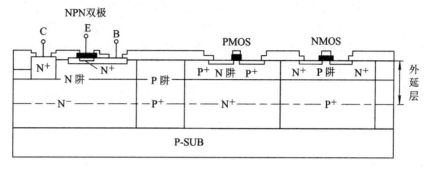

图 2-20 以双极工艺为基础的双隐埋层双阱 BiCMOS 工艺的器件结构剖面图

2.5 BCD 工艺的发展趋势

BCD 工艺技术的发展不像标准 CMOS 工艺那样一直遵循 Moore 定律向更小线宽、更快的速度方向发展，而是朝着三个方向分化发展，这三个方向是高压、高功率、高密度。

1. 高压 BCD

高压 BCD 主要的电压范围是 500～700 V，目前用来制造 LDMOS 的唯一方法为 RESURF 技术，原意为降低表面电场（reduced surface field），是 1979 年由 J. A. Apples 等人提出的。它利用轻掺杂的外延层制作器件，使表面电场分布更加平坦，从而改善表面击穿的特性，使击穿发生在体内而非表面，从而提高器件的击穿电压。高压 BCD 主要的应用领域是电子照明（electronic lamp ballasts）和工业应用的功率控制。

2. 高功率 BCD

高功率 BCD 主要的电压范围是 40～90 V，主要的应用为汽车电子领域。它的需求特点是大电流驱动能力、中等电压，而控制电路往往比较简单。因此其主要发展趋势侧重于提高产品的鲁棒性（robustness），以保证在恶劣的环境下应用时能够具备良好的性能和可靠性。另一个应用方面是如何使用 BCD 工艺降低成本。

3. 高密度 BCD

高密度 BCD 主要的电压范围是 5～50 V，一些汽车电子应用会到 70 V。在此应用领域，BCD 技术将集成越来越复杂的功能，如有的产品甚至集成了非挥发性存储器。许多电路集成密度如此之高，以至于需要采取数字设计的方法（如集成微控制器）来实现最佳驱动以提高性能。这代表了持续增长的市场需求，即将信号处理器和功率激励部分同时集成在同一块芯片上。它不仅缩小了系统的体积和重量，而且带来了高可靠性，减少了各种电磁接口。由于有着非常广阔的市场应用前景，因而高密度 BCD 代表了 BCD 工艺的主流方向，也是最大的应用领域。

最新的 BCD 工艺趋向于采用先进的 CMOS 工艺平台，根据不同的应用场合呈现模块化和多样性的特点。高密度 BCD 工艺发展的一个显著趋势是模块化的工艺开发策略被普遍采用。所谓模块化，是指将一些可选用的器件做成标准模块，根据应用需要选用或省略该模块。模块化代表了 BCD 工艺发展的一个显著特征，采用模块化的开发方法，可以开发出多种不同类型的 IC，在性能、功能和成本上达到最佳折中，从而方便地实现产品的多样化，满足快速持续增长的市场需求。自 0.6 μm 线宽以下 BCD 工艺普遍采用双栅氧（薄栅氧实现低压 CMOS，后栅氧用于制造高压 DMOS）以来，一种新型的大斜角注入工艺正在被采用，用以减少热过程。

第三章　数字集成电路后端设计

　　前端设计和后端设计并没有严格的界限，本文提到的后端设计是从系统的逻辑综合开始到版图物理验证结束，包括逻辑综合、版图设计两个设计阶段和形式验证、时序验证、物理验证三个验证阶段。

　　在前端设计功能仿真验证正确的前提下，对 RTL 代码进行逻辑综合。逻辑综合的结果就是把设计实现的 RTL 代码翻译成门级网表 netlist。这里综合工具选用 Synopsys 的 Design Compiler。

　　版图设计包括布局规划、时钟树的综合、布线及时序分析与优化等。这里自动布局布线（APR）工具选用 Cadence 公司的 SOC Encounter。

　　形式验证是从功能上对综合后的网表进行验证（也称功能验证）。常用的是等价性检查方法，一般只要 RTL 代码或网表做了改动就需要做形式验证。形式验证工具我们选用 Synopsys 的 Formality。

　　时序验证也称静态时序分析（STA）。它是在时序上对电路进行验证，检查电路是否存在建立时间和保持时间违例，确保设计在时序上不会出现亚稳态。（所谓亚稳态，是指触发器无法在某个规定时间段内达到一个可确认的状态。）当一个触发器进入亚稳态时，既无法预测该单元的输出电平，也无法预测何时输出才能稳定在某个正确的电平上。在这个稳定期间，触发器输出一些中间级电平，或者可能处于振荡状态，并且这种无用的输出电平可以沿信号通道上的各个触发器传播下去。因此芯片在设计的过程中必须要消除亚稳态。时序验证工具我们选用 Synopsys 的 Prime Time。

　　版图 DRC 和 LVS 验证是物理验证范畴，只有版图 DRC 和 LVS 验证通过后才能确保投片后的芯片能正常工作。

　　数字 IC 后端设计具体流程如图 3-1 所示。对功能仿真验证正确的 RTL 代码做逻辑综合，把综合产生的网表与 RTL 代码进行功能验证。功能验证如果失败，则需要重新综合或修改 RTL 代码，直到产生正确的综合网表。综合后的网表必须做静态时序分析以检查时序是否违例。只有版图前设计的时序和功能验证都通过后才可以进行版图设计。版图设计产生的网表需要和综合产生的网表进行功能验证，确保在版图的产生过程中没有改变设计功能。功能验证如果失败则需要再次进行版图设计或综合。这一阶段的功能验证通过后对版图后的设计进行静态时序分析，要求建立时间和保持时间都收敛。建立时间和保持时间任何一个不收敛都需要进行时序优化，时序优化还解决不了的只有重新进行版图设计或再次对设计进行逻辑综合，时序还不满足就只有修改 RTL 代码。最后一步的验证就是对版图进行 DRC 和 LVS 验证。DRC 和 LVS 验证正确后芯片才可以流片。

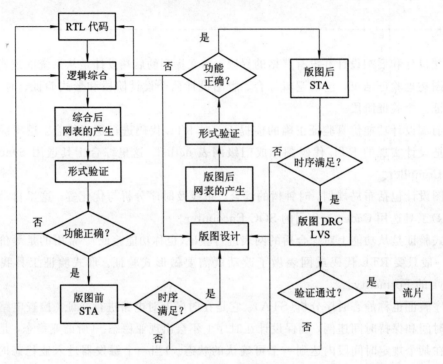

图 3-1 数字 IC 后端设计流程

3.1 逻 辑 综 合

3.1.1 逻辑综合概述

逻辑综合根据一个系统逻辑功能与性能的要求，在一个包含众多功能、结构和性能均为已知逻辑元件的单元库的支持下，寻找出一个逻辑网络结构的最佳实现方案，即实现在满足设计电路速度、功能和面积等限制条件下，将 RTL 描述转化为指定的技术库中单元门级电路连接的方法。对于具有相同逻辑功能的 RTL 代码，设置不同的约束条件，逻辑综合工具综合出来的电路网表特性也不同。因此逻辑综合过程中一个很重要的工作就是制定符合系统设计要求的约束。

图 3-2 为 Synopsys 公司提供的标准的综合流程。

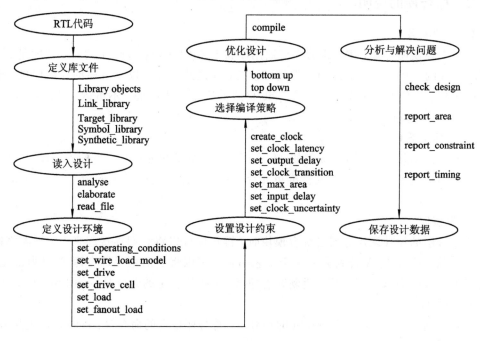

图 3-2 逻辑综合流程

逻辑综合的输入/输出文件如图 3-3 所示。在工艺库的支持下，根据设计要求制定不同的约束脚本，通过逻辑综合工具把 RTL 代码转换成具有电路特性的网表，把约束脚本转换成时序约束文件。

逻辑综合包括翻译（Translation）、优化（Opitimization）、映射（Mapping）三个过程。在翻译的过程中，软件自动将 RTL 源代码转化成每条语句所对应的电路功能模块以及模块之间的拓扑结构。优化是基于一定面积和时序的约束条件，综合工具按照一定的算法对翻译出来的电路拓扑结构作逻辑优化与重组。在映射过程中，根据时序和面积约束条件，综合工具从目标工艺库中找出符合条件的单元模块来构成电路。

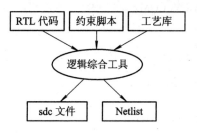

图 3-3 逻辑综合输入输出文件

3.1.2 综合库的说明

1. 库的配置

通过上述说明可知，逻辑综合需要通用库和工艺库的支持，DC 用到的工艺库是 .db 或者 .lib 格式的，其中 .lib 格式的文件是可读的，通过此文件可以了解库的详细信息，比如说工作电压、操作温度和工艺偏差等。.db 格式的库是二进制的，不可读。.db 格式的库由 .lib 格式的库通过命令 read_lib 生成。

2. 目标工艺库

目标工艺库是由 foundry 提供的，包含了物理参数的单元模型。目标工艺库是将 RTL 源代码描述转化到门级时所需的标准单元综合库。目标工艺库设定的命令是：set target_library。

3. 链接库

当上一层的设计调用底层已综合模块时，链接库可以将它们连接起来。如果需要将已有的设计从一个工艺 A 转到另外一个工艺 B 时，可以将当前单元综合库 A 设为链接库，而将单元综合库 B 设为目标库，重新映射即可。链接库设定的命令是：set link_library。

4. 符号库

显示电路时，用于标识器件单元的符号库。符号库设定的命令是：set symbol_library。

5. 搜寻路径

给出了 DC 环境下读入的文件的搜寻路径。搜寻路径设定命令是：set search_path。

通过分析工艺库，可以得出相关信息。库的开头是一些基本信息，如版本号、各种单位(电压单位、电流单位、电阻单位、电容单位等)、参数以及操作环境等。

操作环境：芯片供应商提供的库通常有 max、type 和 min 三种类型，代表操作环境为最坏(worst)、典型(type)、最好(best)三种情况。芯片的操作环境包括操作温度、供电电压、制造工艺偏差等。当电压、温度和工艺偏差有波动的时候，乘以 K 因子来模拟这种影响计算延时。tree_type 定义了环境的互连模型，通过定义这个值选取适当的公式来计算。具体的操作环境说明如下：

```
operating_conditions(WCCOM){
    process：1.0000；
    temperature：125；
    voltage：2.250；
    tree_type："worst_case_tree"；
}
operating_conditions(BCCOM) {
    process：1.0000；
    temperature：－40.0；
```

```
        voltage：2.750；
        tree_type："best_case_tree"；
    }
    operating_conditions(TCCOM) {
        process：1.0000；
        temperature：25.0；
        voltage：2.500；
        tree_type："balanced_tree"；
    }
```

从以上的信息可以看出，库支持的芯片在 2.250 V～2.750 V 之间能正常工作。worst 情况温度最高，电压最低，速度最慢。一般在做综合的时候采用 worst 情况，相应的命令是：set_operating_conditions WCCOM。

因为逻辑综合最为关注的是建立时间，如果建立时间在 worst 的情况下满足要求的话，那么在其他的情况下也会满足要求。也可以将最坏情况和最好情况同时设置，相应的命令为：set_operating_condition - min BCCOM - max WCCOM。

3.1.3　约束的设定

为了从 DC 工具中综合出合适的电路，设计者必须通过描述设计环境、设计规则和目标任务来约束设计。约束包含时序和面积两种信息。在设计被综合成网表之前，必须定义设计环境。设计环境是指电路工作时的电源电压、温度等参数，以及输出负载、输入驱动和线负载模型等情况。在 DC 中一般通过指定工作环境、设计的接口特性和线负载模型来完成对设计环境的定义。线负载模型是综合工具在设计布图前用来估算设计内部互连线上的寄生参数，估计由于连线造成的时间延迟，用于版图前的静态时序分析，使得综合出来的电路能够尽量接近实际中的物理情况。DC 中的线负载模型的设置包括两个部分：连线负载大小和连线负载模式。

1. 导线负载模型

foundry 厂商提供的工艺库里有导线负载模型，在实际电路中，导线具有一定大小的电阻和电容，会产生延时。本例中采用工艺库提供的导线负载模型网表如下：

```
    wire_load(enG50K) {
        resistance：0.076E - 3；
        capacitance：0.0001760；
        area：0.01；
        slope：0.5；
        fanout_length(1，52.8)；
        fanout_length(2，99.4)；
```

```
        fanout_length(3, 183.5);
        fanout_length(4, 331.2);
        fanout_length(5, 422.1);
        fanout_length(10, 661.6);
        fanout_length(16, 1246.0);
        fanout_length(50, 1647.5);
        fanout_length(90, 2050.8);
    }
```

根据导线负载模型，综合工具可以估算出连线的电容、电阻和面积，找出这条线所驱动的负载，得出其扇出数。通过以上网表可以查出相应的连线的长度。如扇出数为2，线长为99.4，那么连线的电容为99.4×0.000 176个电容单位，连线的电阻为99.4×0.000 076个电阻单位。如果连线所驱动的负载超出了所列的范围，就要用到斜率的值。例如，扇出数为100，则对应的长度 $length = 2050.8 + 0.5 \times (100 - 90) = 2055.8$；连线的电容为 $0.000\ 1760 \times 2055.8$ 个电容单位，电阻为 $0.000\ 076 \times 2055.8$。库里提供了多种导线负载模型，可以根据需要进行选择。版图前的连线负载大小是根据连线的扇出数来估计的。DC 中设置连线负载的大小使用 set_wire_load_model 命令。

DC 综合工具中的连线负载模式规定了跨越多个模块层次的连线负载的计算方式，该方式支持 segmented、enclosed 和 top 三种连线负载模式。图 3-4 很好地说明了这三种连线负载模式的不同。

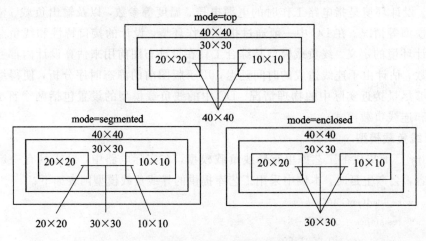

图 3-4　连线负载模式

segmented：模块的连线负载设为 segmented 模式意味着一根连线上不同段的连线负载不同，即某一段的连线负载与恰好包含该段的最底层模块的连线负载大小一致。

enclosed：模块的连线负载设为 enclosed 模式，意味着该模块及其子模块中所有连线的连线负载大小的取值与恰好能完全包含该连线的最底层模块的连线负载大小一致。

top：模块的连线负载设为 top 模式，意味着该模块及其子模块中所有连线的连线负载大小均取该模块的值。

2. 设置输出负载

DC 综合工具使用 set_load 命令为输出端设置负载大小。设置输出负载是为了更精确地计算电路的延时，使综合出来的电路更加接近实际情况。用户可以利用 set_driving_cell 命令来指定一个驱动设计输入端的外部单元。除了用 set_driving_cell 命令设置输入端的驱动能力外，还可以通过 set_drive 命令直接设置输入端的驱动能力，这个命令常用于设置复位端和时钟的驱动能力，由于设计中的复位端和时钟都是由驱动能力很大的单元或树形缓冲来驱动的，所以我们常用 set_drive 命令将这两个端口的阻抗设为 0。

3. 时钟设定

在 DC 中使用 create_clock 命令创建系统时钟，由于时钟端的负载很大，DC 在综合时会使用缓冲器 Buffer 来增加其驱动能力。但是一般情况下，设计者都使用布局布线工具来完成这项工作，所以有必要指示 DC 不要对时钟网络进行修改，可以使用 set_dont_touch_network 命令设定不对时钟网络进行修改。因为用 create_clock 命令产生的时钟为理想时钟，所以为了使电路能在插入时钟树以后正常工作，我们还有必要再对时钟进行一些设置，以模拟时钟在插入时钟树以后的情况。在版图前阶段我们常使用 set_clock_latency 命令定义时钟的延迟，所设置的延迟大小应与时钟树插入后所产生的延迟越接近越好。由于版图后时钟要经过一些缓冲器才能到达寄存器的引脚，因此不同寄存器间的时钟引脚之间，时钟信号的相位会有些差异，所以我们需要模拟这些差异。在 DC 中用 set_clock_uncertainty 来指定时钟的偏差，有时我们也用这个命令为建立时间和保持时间增加一定的裕量。由于时钟不是理想的方波，所以用 set_clock_transition 来模拟时钟的转换，在做完布局布线后，我们用 set_propagated_clock 命令来计算时钟的真实延迟，不过为了减少芯片受制造工艺偏差的影响，本例仍使用 set_clock_uncertainty 指定一定的时钟偏差。

4. 设置电路工作环境

可用图 3-5 来解释输入/输出延时的概念。在图 3-5 中，假设时钟周期为 T_c，输入端外部逻辑触发器的传输延时为 T_{d1}，组合逻辑 M1 的延时为 T_{m1}，需要综合的逻辑中组合逻辑 N1 的延时为 T_{n1}，触发器的建立时间为 T_s。从图中可以看出，信号经过一个输入端外部的 $T_{m1}+T_{d1}$ 延时才进入需要综合的模块，这时必须指定信号的输入延迟值，使综合工具 DC 能够计算 T_{n1} 最大值来满足触发器的建立时间 T_s。同理，在输出端外部逻辑中，触发器的建立时间为 T_s，组合逻辑 M2 的延时为 T_{m2}，需要综合的逻辑中，组合逻辑 N2 的延时为 T_{n2}，触发器的传输延时为 T_{d2}。从图中可以看出，从需要综合的模块输出的信号经过一个组合逻辑后接到一个触发器的 D 端，为了满足输出端外部电路的建立时间要求，有必要为需要综合的模块指定一定的输出延时。根据我们所指定的输出延时，综合工具就会计算出留给内部逻辑的最大延时，从而进行综合并使从此模块输出能够满足外部逻辑的时序要求。设定输入/输出延迟的命令分别是 set_input_delay 和 set_output_delay。

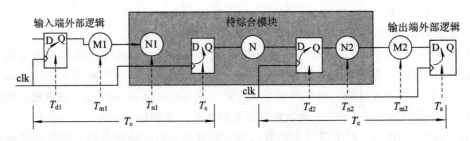

图 3-5　电路的工作环境模型图

5. 纯组合电路时序约束

对于纯组合电路，由于电路中不带有时钟，所以对它的时延约束主要是规定其输出端到输入端的时延特性，可以用命令 set_max_delay、set_min_delay 来实现，set_max_delay 用来规定某一路径的最大延迟，set_min_delay 用来规定某一路径的最小延迟。

6. 设计的面积约束

综合工具使用 set_max_area 命令对设计的最大面积进行约束，在设计中一般将面积值设为 0，使综合工具尽可能地去减小设计的面积。

7. 设计规则的约束

设计规则一般是由芯片制造厂商提供的，包括输入/输出引脚的 max_transition 属性、输出或输入引脚的 max_capacitance 属性、输出引脚的 max_fanout 属性等。厂商提供的库文件中对这些属性都有设置，综合工具 DC 在进行综合时会自动调用这些设置来约束设计，使综合后的设计满足设计规则的要求，有时为了避免生产工艺的偏差也可以用 set_max_transition、set_max_fanout 和 set_max_capacitance 命令来对设计进行过紧约束。

3.1.4　综合策略

DC 综合策略有两种：自顶向下和自底向上。自顶向下综合策略如图 3-6(a)所示。自顶向下的综合是将整个设计的 RTL 代码一次性读入到综合工具 DC 中，然后仅对顶层设计进行约束，不对子模块进行约束，由综合工具自动完成时序的划分。自顶向下综合策略的优点是可以对整个设计进行整体优化，因此往往会得到较好的结果，且只需要一个综合脚本，便于维护。其缺点是需要占用较大的内存和耗费比较长的综合时间，特别是当设计规模增大时这一问题变得更加突出。因此自顶向下的综合策略适合门数较小的设计。图 3-6(b)所示的综合策略为自底向上。自底向上综合策略是从最底层开始对各个子模块分别进行约束并单独进行综合，然后逐步处理各个层次的设计直到最顶层。自底向上综合策略的优点是可以降低设计对内存的需求，且可对不同的子模块设置不同的约束，设计灵活。其缺点是需要在各子模块之间进行时间预算，时间预算的好坏直接影响到综合迭代的次数。自底向上的综合策略适合门数较多的设计。

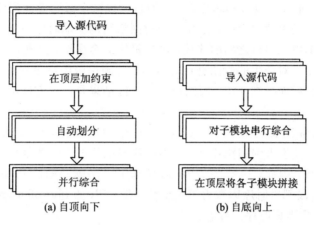

(a) 自顶向下　　　　　　　　(b) 自底向上

图 3-6　DC 综合策略

3.2　版 图 设 计

投片的 IC 性能不仅与电路设计有关，与版图的设计也密切相关。一个设计尽管在 RTL 级的定义和功能都正常，但是如果版图设计得不合理，也会导致整个芯片设计的失败。版图设计是数字集成电路后端设计中最为关键的一步，它将综合后的门级网表转换为直接可用于生产的掩膜板信息。

集成电路的版图设计一般分为两类：全定制的版图设计和半定制的版图设计。

全定制版图设计方法是利用各种 EDA 工具，从每个半导体器件的图形、尺寸开始设计，直至整个版图的布局、布线等完成。全定制版图设计的特点是针对每个晶体管进行电路参数和版图优化，以获得最佳的性能以及最小的芯片面积。

半定制版图设计方法分为门阵列和标准单元设计法。标准单元设计中每个标准单元的逻辑功能、电器特性和设计规则都已经过反复的分析和验证，且都具有相等的高度或者高度是基本高度的整数倍。设计人员需要完成的工作就是将这些标准单元根据设计要求按次序排列并完成它们之间的连接，这一过程通常可借助 EDA 工具完成。

半定制版图设计方法一般包括四个基本步骤：布局规划、时钟树综合、布线和时序分析与优化。

布局规划就是根据设计正确确定引脚、ram 核、功能模块和块中单元的详细位置，并根据布线的金属层和单元的扇入扇出预留布线通道。找到模块和单元的正确位置使版图面积最小化和时序最优化是一件很耗时的事情，因为每一次都需要对设计进行全面的分析和验证，如果不满足就得重新进行布局规划。

布局规划是整个版图设计中最关键的一步，它确定芯片内的模块布局和全局性的布线安排，好的布局规划不仅可以减小芯片面积，而且可以减少版图设计到综合的迭代次数。

时钟树的综合就是时钟的布线，生成时钟树网络结构驱动时序单元。

布线是完成全部单元端口之间的连接，确定最终的金属层、过孔位置、线宽等。

时序分析与优化是对产生的版图进行时序验证，确保版图满足设计时序时要求。版图后静态时序分析将在后面详细介绍。版图设计的最终结果是产生 GDSII 文件，芯片生产商采用此文件制造出芯片。

本例的 GDSII 版图文件是用 Cadence 公司的 SOC Encounter 软件自动布局布线（APR）产生的。在设计进入到超深亚微米时，时序对电路的影响非常大，在 APR 阶段，一定要考虑到时序因数，因此，一般的 APR 都是基于时序驱动的（Timing-Driven design），即在 APR 的各个阶段都以时序因数为第一要数，在 APR 的 floorplan、placement、CTS 和 routing 阶段都是首先考虑时序因数。

图 3-7 给出了自动布局布线的基本流程。APR 的第一步是导入网表文件、标准时序约束 sdc 文件、lib 库文件、lef 文件和 I/O PAD 文件。网表文件是指逻辑综合产生的网表，也就是这个设计的网表描述。标准时序约束文件规定了设计的时序要求，也就是自动布局布线要达到的时序要求。lib 库文件即在 APR 阶段要用到的库文件，该文件包含了库的详细信息，比如工作电压、操作温度和工艺偏差等。lef 文件包含了工艺的各种技术信息，如最小的线宽、线与线之间的最小距离、布线的层数、单元的放置位置、面积大小与几何形状等。I/O PAD 文件即描述 PAD 位置的文件，指定 I/O PAD 在 core 外围的实际排列位置。

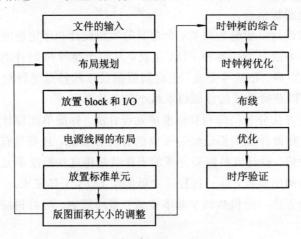

图 3-7 自动布局布线流程

布局规划定义 chip 的几何形状等。

放置 I/O PAD 和 block。block 一般是 IP 核或 RAM、ROM 等，I/O 和 block 要在标准

单元之前放置。

电源线网的布局。电源线要在信号线之前布，反之就没有足够的资源布电源线。

标准单元的放置。通过放置标准单元来查看版图面积的大小是否合适，如果发现芯片上的单元太松或太紧，就需要对芯片尺寸进行调整使之既能使面积最小化又能满足设计的时序要求。标准单元放置后，是时钟树的综合和布线，时钟树综合要求时钟偏差要满足设计要求，一个好的时钟树结构能使设计更容易满足建立时间和保持时间的要求。最后是时序分析和验证。

3.2.1 版图设计文件准备

自动布局布线是基于标准单元设计模式的，属于半定制的版图设计。本例的版图设计是采用半定制的版图设计，通过 SOC Encounter 自动布局布线完成的，采用的工艺是某 0.25 μm工艺。

使用 SOC Encounter 进行自动布局布线时需要用到的文件有 lib 文件、lef 文件、综合产生的网表文件、sdc 文件和 I/O PAD 文件，如图 3-8 所示。网表文件 1 表示综合后的网表，网表文件 2 表示版图生成后产生的网表。

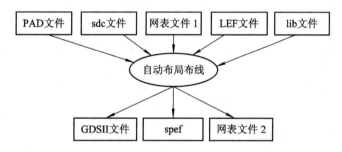

图 3-8　SOC Encounter 自动布局布线输入/输出文件

lib 文件是时序库文件，包含了库的详细信息，比如说工作电压、操作温度、工艺偏差等。它定义了每个单元不同输入情况下输入端口到输出端口信号的延时。lef 描述库单元的物理属性，包括端口位置、层定义和通孔定义，lef 文件是对版图的抽象描述，它抽象了单元的底层几何细节，提供了足够的信息以便允许自动布局布线工具在不对内部单元约束进行修改的基础上进行单元连接。一般将 lef 文件分为两大部分：技术 lef 文件和单元 lef 文件。技术 lef 文件包含了工艺的各种技术信息，包括互连线的最小线宽、最小间距、布线的层数、厚度和电流密度大小等。单元 lef 文件主要定义模块单元、标准单元和 I/O 单元等单元的物理信息，包括单元的放置位置、面积大小、单元输入/输出端口的布线层、几何形状以及天线效应参数等以供布线时使用。

技术 lef 文件和单元 lef 文件如下：

技术 lef 文件：

    declaration of routing layer

    LAYER metal1

    TYPE ROUTING ;

    WIDTH 0.320 ;

    SPACING 0.320 ;

    SPACING 0.360 RANGE 50.0 1000 ;

    PITCH 0.800 ;

    OFFSET 0.400 ;

    MAXWIDTH 20 ;

    AREA 0.2704 ;

    DIRECTION HORIZONTAL ;

    CAPACITANCE CPERSQDIST 0.0005159 ;

    RESISTANCE RPERSQ 0.0530000000 ;

    THICKNESS 0.6 ;

    END metal1

    LAYER via

    TYPE CUT;

    SPACING 0.350;

    END via

单元 lef 文件：

    NAMESCASESENSITIVE ON ;

    MACRO data_ram

    CLASS BLOCK ;

    FOREIGN data_ram 0.000 0.000 ;

    ORIGIN 0.000 0.000 ;

    SIZE 213.280 BY 215.860 ;

    SYMMETRY x y r90 ;

    SITE core ;

    PIN GND

    DIRECTION INOUT ;

    USE GROUND ;

    SHAPE ABUTMENT ;

    PORT

```
LAYER metal4 ;
RECT 211.680 195.010 213.280 199.730 ;
LAYER metal3 ;
RECT 211.680 195.010 213.280 199.730 ;
LAYER metal2 ;
RECT 211.680 195.010 213.280 199.730 ;
LAYER metal1 ;
RECT 211.680 195.010 213.280 199.730 ;
END
```

综合产生的网表文件包含的信息是电路选用的 cell、block 和 PAD 以及它们之间的逻辑连接关系。sdc 文件包含了设计的约束信息。在网表文件中虽然已选用了 PAD，但并没有给出 PAD 在 core 外围的实际排列位置。为此，还需要一个描述 PAD 位置的文件指定 PAD 在 core 外围的实际排列位置。

版图设计产生的输出文件有 GDSII 文件、spef 文件和网表文件。GDSII 文件是用来描述掩模几何图形的事实标准，是二进制格式，内容包括层和几何图形的基本组成，芯片生产商采用此文件制造出芯片。spef 文件是从版图中提取出来的表示 RC 大小信息的文件，在版图后静态时序分析中反向标注使用。

3.2.2　布局规划

布局规划的好坏直接关系到芯片面积的大小、时序收敛、IR 压降（IR-drop）以及芯片布线的畅通，因此布局规划在版图设计中非常重要。布局规划主要是标准单元、I/O 引脚、IP 核和电源网络的布局。I/O 引脚需要根据各信号线之间的关系进行分配，以达到时序和面积的最优化，而 IP 核则根据时序要求进行摆放，标准单元给出了一定的区域由自动布局布线工具自动摆放。电源网络主要是供晶体管执行芯片标准逻辑功能所需要的电压与电流。一个好的版图布局应该是 block 摆放井然有序，走线密度刚好达到拥堵（congestion）可以承受的上限，标准单元的摆放不可过于松散，标准单元的区域最好是大片相连的，I/O 的摆放按照功能分类，没有供电困难的死角出现。因此，在版图规划时需要考虑 I/O 的摆放顺序、power 网络分布、内部数据的流向、block 的面积和连接关系以及关键路径模块的距离等。一般来说，设计者需要经过反复的尝试和调整才能规划出好的版图布局。

版图布局规划除了需要考虑上述因素外，还需考虑模拟信号与数字信号的隔离。为了得到好的布局规划，后端设计工程师需要与系统工程师讨论 I/O 的排放，和前端工程师商量内部数据的流向，然后让 APR 工具摆几个方案以供参考，最后还需要自己手动调整。图 3-9 是芯片版图布局规划示意图，从图中可知，布局规划（2）比（1）要好些。

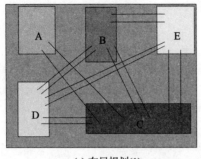 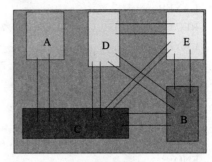

(a) 布局规划(1)　　　　　　　　　　(b) 布局规划(2)

图 3-9　芯片版图布局规划示意图

1. block 单元的摆放

芯片设计中一般会用到一些硬 IP 核，它们的大小和形状都已经确定，称为 block。在版图布局时应该把这些 block 摆放在合适的位置，一般放在芯片的外围区域，如图 3-10 所示。因为硬 IP 核的版图已经确定，如果将这些 block 放在整体版图的中间位置会引起连线的拥堵，同时由于单个标准单元面积比较小，形状组合比较随意，插放在 block 之间可以充分利用 block 之间的空隙，大大节省芯片面积。

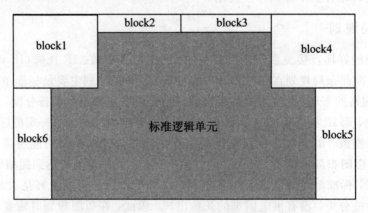

图 3-10　芯片版图示意图

由于 block 的面积已经确定，要想减少芯片面积，需要把标准单元尽可能塞满 block 之间的空隙，以提高芯片面积利用率。block 之间的区域除了放置标准单元外还需要考虑标准单元之间的连线，因此，要追求芯片面积最小的目标，就要在进行芯片版图的设计时经过反复多次布局布线，以寻求最高面积利用率，同时可以为 block 加上阻挡环(halo)，因为阻挡环内不能放置标准单元，这样可以让 block 引脚出来的引线有足够的空间，减少该区域的走线密度，如图 3-11 所示。

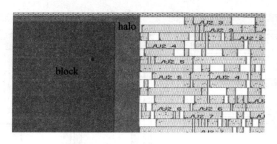

图 3 - 11 block 周围加 halo

2. I/O 引脚的分配

对于 Pin 引脚，若不对其进行约束，SOC Encounter 会自动进行分配。

3. 电源网络分配

电源网络设计是大规模集成电路芯片物理设计中的重要环节，也是版图布局规划时应重点考虑的因素。为了给内核提供足够的电流，保证芯片正常工作，必须合理地设置电源网络。一般采用环形电源和带状电源，具体做法是首先在整个内核周围设置一个环形电源，再根据芯片规模的大小有选择地增加环线或电源带线。电源网络的确定与 IR 压降和 EM 效应（电迁移）两个因数有关。

1) IR 压降

IR 压降是指出现在集成电路中电源和地网络上电压升高或下降的一种现象。随着半导体工艺的迅速发展，金属互连线的宽度越来越窄，金属互连线上的电阻值不断上升，因此在芯片内部会存在一定的 IR 压降。集成电路设计中的每个逻辑门单元的电流都会对设计中的其他逻辑门单元造成不同程度的 IR 压降，一旦连接在金属连线上的逻辑门单元同时有翻转动作，那么导致的 IR 压降将会很大。然而，设计中的某些部分逻辑电路的同时翻转是难免的，例如时钟网络和它所驱动的寄存器，在一个同步设计中它们必须同时翻转。因此，一定程度的 IR 压降是不可避免的。IR 压降的危害很多。电压降低，门的开关速度越慢，性能越差；本来 1.2 V 是可以工作的，因为 IR 压降的影响，只能用 1.5 V 了，但是这样功耗也就上去了；如果在一定程度上限制 IR 压降，就需要在芯片里面加上很多的去耦电容，这又占用了很多面积；功耗增加了，相应的散热和封装都成了问题，导致成本增加。因此，在版图设计中解决 IR 压降问题是至关重要的。

在版图设计阶段，设计人员只能通过减小寄生电阻值来解决 IR 压降对单元电压的影响。本设计采用如图 3-12 所示的环形电源网络缓解 IR 压降对单元特性的影响，它设计了多个电源地引脚，且采用环形电源网络可以尽量缩短电源地引脚与每个单元间的距离，减小寄生电阻值。此外还选择使用较宽的金属。

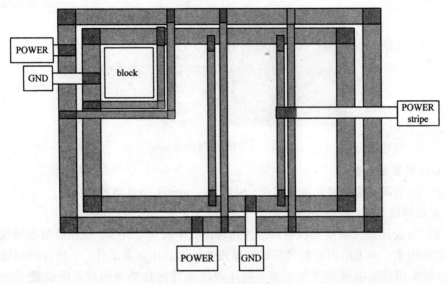

图 3－12　环形电源网络

2）EM 效应处理

在金属导线中，电流是靠电子的不断流动来传导的，电子在流动过程中会不断地撞击原子，从而导致金属的电阻增大，并发热，当电流密度达到一定值并持续一定时间后，会使金属原子的位置发生改变，这种现象称为电迁移（EM）。EM 会导致金属连线断开或短路，从而影响逻辑功能。在版图设计中需要解决 EM 问题，可以采用合金或者铜来代替铝制互连线，也可以通过增加电源网格的宽度来控制金属线上的电流密度。

3.2.3　时钟信号和时钟树的综合

随着集成电路工艺的发展，对数字集成电路设计的时序要求也越来越高，时序是否收敛关系到芯片设计的成败，而与时序问题密切相关的是时钟信号和时钟树的综合。

1. 时钟信号

时钟信号是时序逻辑设计的基础，用于决定时序逻辑单元中的状态何时更新，是整个设计的指挥员，如果时钟信号不稳定，就会影响到设计的时序问题，从而导致系统功能的错误。因此，一个稳定的时钟信号对设计非常重要。一般时钟信号由 PLL 产生。为了更好地理解时钟信号在静态时序分析中的作用，需要弄懂几个与时钟信号有关的概念。

（1）时钟抖动（jitter）：时钟信号在某一时刻相对其理想时间位置上的短期偏离。jitter 反映时钟频率的短期变化。

（2）时钟信号的延迟（latency）：时钟源到时序器件的时钟引脚的延时。

（3）时钟偏差（skew）：在同步设计中时钟信号到达各个触发器时钟端的时间差。时钟偏差是时钟源到达不同寄存器所经历路径的驱动和负载的不同引起的时钟信号在不同时序器件的时钟引脚上的时间差异，如果时钟偏移超过允许的最大值，电路的同步可能会失效，因此时钟偏移是衡量时钟树性能的重要指标。

2. 时钟树的综合

时钟树是指从一个 CLK 源出发，CLK 网络经过多级 buffer，到达每个时序器件的 CLK 引脚，为了保证从 CLK 源到每个器件 CLK 脚的延时相差不多，时钟在布局布线时做成树形网络结构。时钟树综合的目的就是为了减少时钟偏差。图 3-13 是时钟偏差示意图，时钟树根节点到叶节点 A 的延迟是 2 个时间单元，时钟树根节点到叶节点 F 的延迟是 15 个时间单元，所以时钟树的最大偏差是 13 个时间单元。时钟偏差对芯片的时序和性能有很大影响，因此在时钟树综合时必须要求时钟偏差要小于设计允许的最大值。

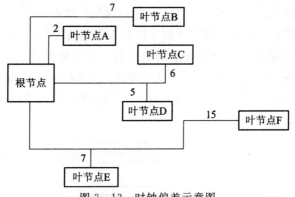

图 3-13 时钟偏差示意图

由于在版图设计阶段，单元的位置都已确定，可以更准确地计算出时钟偏差，有利于时钟树的综合，因此时钟树的综合在版图设计阶段完成。时钟网络要驱动电路中所有的时序单元，因此时钟端口要驱动许多门单元电路，其负载延时也会很大且不平衡，需要插入缓冲器以减少负载和平衡延时。时钟树是由时钟网络及其上的缓冲器构成的，一般要反复几次才可以做出一个比较理想的时钟树。时钟偏差对芯片的时序和性能有很大影响，如果时钟的偏差过大，将会导致电路的功能出现错误。分析图 3-14 所示的电路，假设 CLK$_1$ 和 CLK$_2$ 的偏差为 T_s，组合逻辑的延时为 T_c，寄存器 DFF 的延时为 T_d，建立时间为 t_{setup}，保持时间为 t_{hold}，时钟周期为 T。若 CLK$_1$ 比 CLK$_2$ 晚 T_s，由 DFF$_2$ 的建立时间约束可得

$$T_d + T_c + t_{setup} \leqslant T - T_s \qquad (3-1)$$

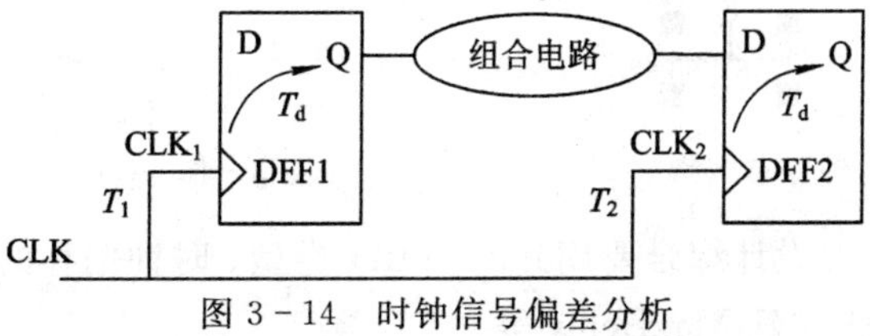

图 3-14 时钟信号偏差分析

若 CLK_2 比 CLK_1 晚 T_s，由 DFF_2 的保持时间约束可得

$$T_d + T_c \geqslant T_s + T_{hold} \qquad (3-2)$$

由式(3-1)和式(3-2)可知，时钟偏差对电路的性能和工作时钟频率都有很大的限制。由于寄存器的保持时间、建立时间和自身的延时都是与器件单元本身的结构和所使用的工艺有关，设计人员无法改动，所以为了使设计能满足工作频率和电路性能的需求，必须尽可能地减小时钟的偏差。

在时钟端插入如图 3-15 所示的树状网络可以很好地解决时钟偏移问题。这样从时钟信号源头通过相同的缓冲器到达寄存器，每个时钟信号经过的路径相同，理论上可以做到时钟信号同时到达每个寄存器的时钟端，消除了时钟偏差。但在实际情况中，由于寄存器的分布不均匀，中间的连线长短也不一样，因此到达每个寄存器时钟端的时间不可能完全一致。所以在时钟树综合时，只要将时钟偏移控制在合理范围内就可以了。

时钟树的综合在完成版图的布局规划之后进行，有两种模式：手动模式和自动模式。本设计时钟树的综合采用 SOC Encounter 自动模式。时钟树综合从外部时钟输入端口自动遍历整个时钟树，遍历完成后加入 buffer 用来平衡时钟树。SOC Encounter 的时钟树综合流程如图 3-16 所示。

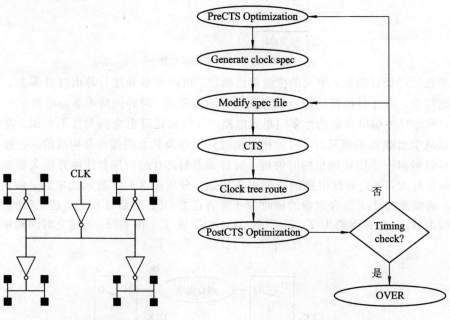

图 3-15 H 树时钟分布网络   图 3-16 CTS 流程图

在时钟树综合前需要设计综合要用到的 buffer 类型、时钟偏移的目标值 MaxSkew、最小时延 MinDelay 和最大时延 MaxDelay 等。

3.2.4　布线

布线是指在满足工艺规则和布线层数限制、线间距限制、线宽和各线网可靠绝缘的电性能约束的条件下,根据电路的连接关系将各单元和 I/O 接口用互连线连接起来,这些是在时序驱动的条件下进行的,保证关键时序路径上的连线长度能够最小。

布线分为全局布线和详细布线:

(1)全局布线是为详细布线做准备。它首先要制定全局布线的目标,然后根据设计的特征,做出具体的规划。全局布线速度快、时间短,能加快收敛。如果全局布线时发现问题,设计者可以及时调整,而不必花费很长时间去做最终布线以及后续工作。全局布线的目标是使总连接线最短,布线分散均匀不致引起局部拥堵。

(2)详细布线是具体布线的实现,全局布线快速简洁,详细布线细致复杂。网表中每个逻辑单元和模块间的相互关系是通过接点来实现的,每个接点可以有多个连接终端。需要连接在一起的一条网线称为 net。详细布线目标是将属于同一个 net 的所有接点连接上;不同 net 的终端不能连接;要遵循设计规则进行连接。如果应该连接的 net 没有连接上就产生了开路,或不应该连接 net 而被错误地连接上了,这样就产生了短路。布线后如果时序不满足,我们可以在 SOC Encounter 软件里对时序进行再次优化。

3.2.5　布局布线出现的问题及解决方法

在自动布局布线时,如果设计得不合理,可能会出现一些冲突(violations),主要表现如下:

(1)在做 floorplan 时,单元间出现了 violations。主要原因是单元距离违背了 DRC 规则,可以通过修改它们的距离来解决。

(2)布线完后会有规律地出现很多"X",这可能是 block 与标准单元太近,布线无法通过。可以在 block 中增加阻挡环、增大布线空间来解决。

(3)天线效应。天线效应主要涉及工艺过程中直接连在栅上的金属长度过长,容易积聚游离电荷,而对栅极造成损害。集成电路制造过程中经常使用的一种方法是离子刻蚀,这种方法就是将物质高度电离并保持一定的能量,然后将这种物质刻蚀在晶圆 wafer 上,从而形成某一层。理论上,打入 wafer 的离子总的对外电性应该是呈中性的,即正离子和负离子是成对出现的,但在实际中,打入 wafer 的离子并不成对,这样就产生了游离电荷。另外,离子注入也会导致电荷的聚集。因此这种由工艺带来的影响是无法彻底消除的,但这种影响是可以尽量减少的。为了避免栅上的天线效应,栅上的金属线不要过长;如果栅上聚集了大量的游离电荷,应该把栅上的游离电荷排掉,在 CMOS 工艺中,P 型衬底是接地的,可设法通过 P 型衬底把游离电荷排掉。

3.3 形式验证的基本原理

所谓形式验证，是指从数学上完备地证明或验证电路的实现方案是否确实实现了电路设计所描述的功能。形式验证方法分为等价性验证、模型检验和定理证明等。本设计的形式验证是使用等价性验证方法来确保综合和版图设计的正确性。由于后仿真对于超大规模设计来说太耗费时间，形式验证就出现了。当确定设计的功能仿真是正确的后，设计实现的每一个步骤的结果都可以与上个步骤的结果进行形式验证，也就是等价性检查，如果一致就可以不用进行仿真了。

形式验证主要是进行逻辑形式和功能的一致性比较，是靠工具自己来完成的，无需开发测试向量。而且由于实现的每个步骤之间逻辑结构变化都不是很大，所以逻辑的形式验证会非常快，这比仿真的时间要短很多。形式验证只保证功能正确，时序的分析要靠STA，形式验证不能完成时序的正确性分析，它只能证明在时序正确的前提下，功能是正确的，所以还需要对设计做静态时序分析。

本设计的形式验证工具使用的是 Synopsys 公司的 formality。图 3-17 为 Synopsys 公司提供的标准的形式验证流程。

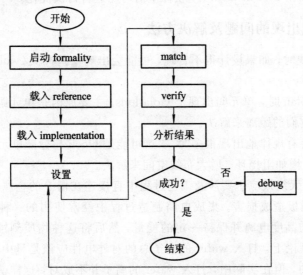

图 3-17 形式验证工具的步骤

首先打开 formality 形式验证工具，输入参考设计的代码或网表（reference），然后把修改后的代码或网表作为要验证的设计（implementation）输入，最后在软件里对修改前后的设计进行形式验证，如果形式验证没有通过就需要查找问题点并解决问题，修改设计再次验证。

图 3-18 是在数字 IC 设计过程中需要用到形式验证的地方，在进行芯片的设计过程中，主要用 formality 进行如下验证：

1）RTL 与 RTL 之间的功能验证

有时为了改进芯片的时序或减小芯片的面积，需要对 RTL 源代码进行修改、优化，可以通过形式验证在较短的时间内验证并保证代码修改的过程中没有引入功能性的错误。

2）RTL 与门级网表之间的功能验证

该项验证主要用于验证 RTL 源代码与综合产生的网表是否等价，以确保逻辑综合过程中没有改变 RTL 设计的功能；当网表在功能上需要进行小改动时，可以对网表直接修改；为了保证源代码与门电路的一致性，相应地对源代码进行较小的改动，此时可以采用 RTL 与门级的等价性验证来确保两者的改动是一致的。

3）门级网表与门级网表之间的功能验证

该项验证主要用于验证生成时钟树前后的网表在功能上是否一致，布局布线前后的门级网表在功能上是否一致，以确保在时钟树的生成过程和版图的生成过程中没有出现功能性错误。

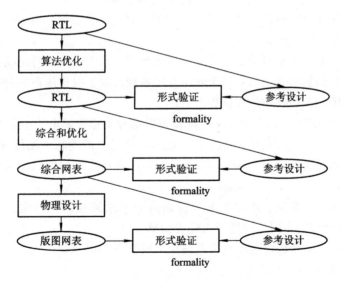

图 3-18　形式验证在数字 IC 设计流程中的位置

形式验证的优点如下：

（1）形式验证是对指定描述的所有可能的情况进行验证，覆盖率达到了 100%。

（2）形式验证技术是借用数学上的方法将待验证电路和功能描述或参考设计直接进行比较，不需要开发测试激励。

（3）形式验证的验证时间短，可以很快发现和改正电路设计中的错误，可以缩短设计周期。

形式验证主要验证数字 IC 设计流程中的各个阶段的代码功能是否一致,包括综合前 RTL 代码和综合后网表的验证,因为如今 IC 设计的规模越来越大,如果对门级网表进行动态仿真,会花费较长的时间,而形式验证只用几个小时即可完成一个大型的验证。另外,因为版图后做了时钟树综合,时钟树的插入意味着进入布图工具的原来的网表已经被修改了,所以有必要验证与原来的网表是逻辑等价的。

形式验证只能验证设计在功能上是一致的,却不能保证设计在时序上的正确性,因此需要对设计进行静态时序分析来保证设计在时序上的正确性。

3.4 静态时序分析基本原理

随着芯片规模的增大、工作频率的快速提高和工艺尺寸的缩小,数字 IC 的动态仿真验证时间越来越长,而且利用动态仿真对电路的验证很难达到要求的验证覆盖率。因此为了缩短芯片的上市时间,必须缩短 IC 的验证时间。静态时序分析只关注时序间的关系而不关注逻辑功能,是对所有的时序路径进行时序分析,可以处理百万门级以上的设计,分析速度比时序仿真工具快几个数量级。在同步逻辑电路设计中,可以达到 100% 的时序路径覆盖。静态时序分析的目的是找出设计中的时序问题,根据时序分析结果优化逻辑或约束条件,使设计达到时序闭合。

静态时序分析是一种验证方法,其前提是同步逻辑设计。本设计的所有信号都经过时钟信号 PLL_CLK 的同步化处理,属于同步时序系统。为了很好地理解静态时序分析的原理,需要了解常用的静态时序分析报告术语。

(1) 信号到达时间(arrival time):实际算得的信号到达逻辑电路中某一点的绝对时间,等于信号到达某条路径起点的时间加上信号在该条路径上的逻辑单元传递延时的总和。

(2) 要求到达时间(required arrival time):要求信号在逻辑电路的某一特定点处的到达时间。

(3) 迟缓(slack):在逻辑电路的某一特定点处要求到达时间与实际到达时间之间的差。slack 的值表示该信号到达得是否太晚或太早。

(4) 关键路径:通常是指同步逻辑电路中,组合逻辑时延最大的路径,也就是说关键路径是对设计性能起决定性影响的时序路径。

静态时序分析能够找出逻辑电路的关键路径,通过查看静态时序分析报告可以确定关键路径。对关键路径进行时序优化,可以改善设计性能。

PrimeTime 进行静态时序分析时把整个芯片按照时钟分成许多时序路径。路径的起点是时序单元的输出引脚或是设计的输入端口,路径的终点是时序单元的输入引脚或是设计的输出端口。根据起点和终点的不同,可将逻辑电路分解为图 3-19 所示的路径。

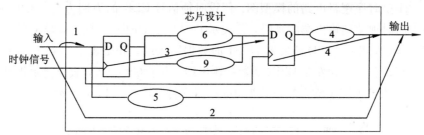

图 3-19　逻辑电路中的四种时序路径

　　路径 1 起始于输入端口，终止于寄存器的数据输入端；路径 2 起始于输入端口，终止于输出端口；路径 3 起始于寄存器的时钟引脚，终止于寄存器的数据输入端；路径 4 起始于寄存器的时钟引脚，终止于输出端口。静态时序分析把设计打散成一系列时序路径之后，沿每条路径计算延时。路径的总延时是该路径中所有单元延时和连线延时的和。单元延时为路径中从逻辑门的输入到输出的延时量，若没有提供反标延时信息，PrimeTime 会根据工艺库中提供的此单元延迟表来计算单元延时。连线延时是时序路径中从一个单元的输出到下一个单元的输入的延时总和。PrimeTime 可读取由专用提取工具得到的详细内部互联网络的寄生电容和电阻，并基于此精确地计算连线延时，以完成版图时序分析。静态时序分析的目的是保证设计中的四种类型路径可以满足建立时间和保持时间的要求。即无论起点是什么，信号都可以被及时地传递到该路径的终点，并且在电路正常工作所必需的时间段内保持稳定。如果建立时间和保持时间不能得到满足，触发器就无法采样到正确的数据。

　　建立时间是指数据在时钟信号到来之前保持稳定所需要的时间，保持时间是指在时钟信号到来之后数据需要保持稳定的时间。如图 3-20 所示，在时钟信号 CLK 的上升沿到来之前，D 触发器 DFF 数据端口的数据 din 必须保持稳定一段时间（T_{setup}），数据 din 才能正确地传输到 DFF 的输出端口 Q，在时钟信号 CLK 的上升沿到来之后，D 触发器 DFF 数据端口的数据 din 必须保持稳定一段时间（T_{hold}），数据 din 传输到 DFF 的输出端口 Q 后才能稳定。

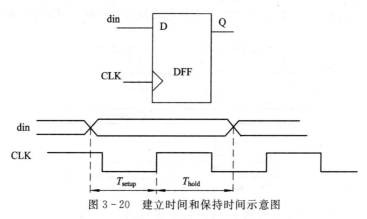

图 3-20　建立时间和保持时间示意图

图 3-21 是时序逻辑电路的模型图。假设时钟信号 CLK 的周期为 T，图中 T_d 是 D 触发器 DFF1 的时钟端到输出端的延时，T_c 表示 D 触发器 DFF1 与 D 触发器 DFF2 之间组合逻辑电路的延时，din 表示 D 触发器 DFF1 的数据输入端，din1 表示 D 触发器 DFF2 的数据输入端，dout 表示 D 触发器 DFF2 的数据输出端。为了方便分析，假设初始化时 dout=0，din1=n。D 触发器 DFF1 输入端口数据 din 一直保持 din=$n+1$，x 表示亚稳态。

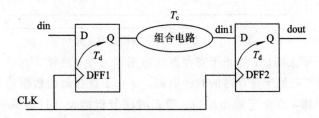

图 3-21　时序逻辑电路模型图

图 3-22 是基于图 3-21 表示的时序逻辑电路模型分析建立时间 Slack>0 的时序图。由图 3-22 可知，建立时间 Slack=$T-T_{setup}-(T_d+T_c)>0$，触发器能采样到正确的数据。

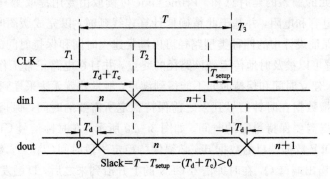

图 3-22　建立时间 Slack>0

图 3-23 是基于图 3-21 表示的时序逻辑电路模型分析建立时间 Slack<0 的时序图。

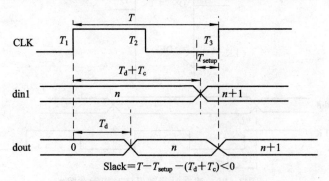

图 3-23　建立时间 Slack<0

由图 3-23 可知,建立时间 Slack$=T-T_{\text{setup}}-(T_d+T_c)<0$,D 触发器 DFF2 在 T_3 时刻准备采样 din1 端口数据时,din1 端的数据在建立时间 T_{setup} 内发生了变化,D 触发器 DFF2 不能采样到正确的数据,dout 输出为亚稳态。

图 3-24 是基于图 3-21 表示的时序逻辑电路模型分析保持时间 Slack>0 的时序图。由图 3-24 可知,保持时间 Slack$=(T_d+T_c)-T_{\text{hold}}>0$,D 触发器 DFF2 能采样到正确的数据。

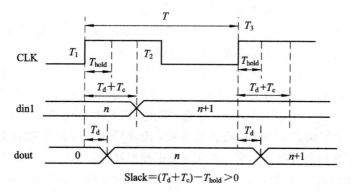

图 3-24 保持时间 Slack>0

图 3-25 是基于图 3-21 表示的时序逻辑电路模型分析保持时间 Slack<0 的时序图。由图 3-25 可知,保持时间 Slack$=(T_d+T_c)-T_{\text{hold}}<0$,D 触发器 DFF2 在 T_1 时刻准备采样 din1 端口数据时,din1 端的数据在保持时间 T_{hold} 内发生了变化,D 触发器 DFF2 不能采样到正确的数据,dout 输出为亚稳态。

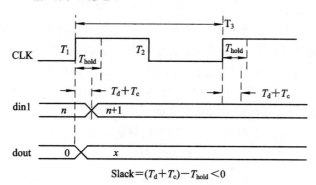

图 3-25 保持时间 Slack<0

静态时序分析就是找出设计里延时最大的路径和最快路径,分析这些路径是否满足建立时间和保持时间的要求,确保芯片的时序正确。

3.5 DRC 原理验证

版图与制造工艺紧密相关，不同的 foundry 厂投片工艺线的设计规则各不相同，版图设计规则代表了生产厂家的技术工艺水平。设计的版图必须要适合相应的工艺规则才能保证芯片顺利制造。设计规则是指不管制造工艺的哪一步出现什么偏差都能够保证正确地制造出符合要求的晶体管和各种连接关系的一套规则。

设计规则检查(DRC)是检查版图中各掩膜层图形的各种尺寸是否合乎设计规则的要求，以保证逻辑单元组装和布线都满足工艺规则，因为不是任何版图都能制造出来，只有满足厂家设计规则的版图才有可能成功制造出来。例如，如果厂家的设计规则中有一条"金属的最小宽度是 $0.5~\mu m$"，那么假如版图中有地方金属的宽度是 $0.3~\mu m$，用这个版图去流片，流出的片子有可能在这个地方断路，因此，需要由 DRC 工具来检查版图是否符合这些几何规则。为了保证版图能正确制造出来，流片厂家会根据工艺定义很多设计规则，只有版图满足厂家的所有设计规则，才可能被正确地制造出来。一般来说，设计规则有很多条，例如，最小间距、最小宽度、最小延伸、最小交叠、最小包围等。如图 3-26 所示。

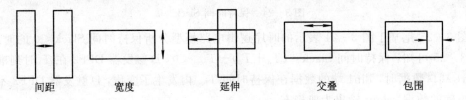

| 间距 | 宽度 | 延伸 | 交叠 | 包围 |

图 3-26　版图设计规则示意图

(1) 最小间距：在同一层掩膜上，各图形之间的间隔必须大于最小间距，在某些情况下，不同层的掩膜图形的间隔也必须大于最小间距。如果间距太小可能造成短路。

(2) 最小宽度：掩膜上定义的几何图形的宽度和长度必须大于一个最小值，该值由光刻和工艺水平决定。如果版图设计中的尺寸小于规定的这个值，那么由于制造偏差的影响，可能会导致相应的部分在加工后是断开的。

(3) 最小延伸：有些图形在其他图形的边缘外还应至少延长一个最小长度，例如为了确保晶体管在有源区边缘能正常工作，多晶硅栅必须在有源区以外具有最小延伸。

(4) 最小交叠：有些图形和其他图形的边缘应有一个最小的重叠部分。

(5) 最小包围：版图上的一些掩膜层之间相互接触时，应该留有一定的包围范围。

为了更加详细地了解 DRC 规则，我们以非门为例，说明 DRC 的规则，如下所示：

(1) n 阱(nwell)：

阱与阱之间的最小间距　　　　　　　　　　1.8 μm

n 阱的最小宽度　　　　　　　　　　　　　4.8 μm

ndiff 到 nwell 的最小间距   0.6 μm

pdiff 到 nwell 的最小间距   1.8 μm

pmos 器件必须在 nwell 内

（2）有源区（active）：

有源区的最小宽度   1.2 μm

有源区之间的最小间距   1.2 μm

（3）多晶硅（poly）：

多晶硅的最小宽度   0.6 μm

多晶硅之间的最小宽度   0.6 μm

多晶硅与有源区的最小间距   0.6 μm

多晶硅栅在场区上的最小露头   0.6 μm

源、漏与栅的最小间距   0.6 μm

（4）引线孔（contact）：

引线孔的最小宽度   0.6 μm

引线孔之间的最小间距   0.9 μm

多晶硅覆盖引线孔的最小间距   0.3 μm

metal1 覆盖引线孔的最小间距   0.3 μm

（5）金属 1（metal1）：

metal1 的最小宽度   1.2 μm

metal1 之间的最小间距   0.9 μm

（6）金属 2（metal2）：

metal2 的最小宽度   1.2 μm

metal2 之间的最小间距   1.2 μm

metal2 的最小凹槽深度   1.2 μm

（7）通孔（via）：

via 的最小宽度   0.6 μm

via 之间的最小间距   0.9 μm

via 与 contact 之间的最小间距   0.6 μm

metal1 overlap（覆盖）via 的最小间距   0.3 μm

metal2 overlap via 的最小间距   0.3 μm

via 与 poly 的最小间距   0.3 μm

如果设计规定文件写得好，那么 DRC 就能发现你版图中哪怕是最微小的错误。

DRC 检查会把检查出的错误标记放回到你的版图中，它们是你的版图中最明亮的部分，以显示出错的位置。DRC 是一个反复的过程，因为一些地方的错误修改后有可能别的地方出其他的错误，直到最后不再有任何错误出现。

做 DRC 的工具主要有 Cadence 的 Dracula 和 Mentor 的 Calibre 等。本设计 DRC 和 LVS 验证工具采用 Mentor 的 Calibre。DRC 流程如图 3-27 所示，有两项输入，一个是 layout，就是 APR 生成的版图，一般是 GDSII 格式。另一个是规则文件，规则文件告诉 DRC 工具怎样做 DRC，这个文件十分重要，一般由投片厂家提供，或者由设计者根据投片厂家提供的版图几何规范自己编写。设计者可以通过一个 viewer 来看，一般用 Cadence 的 virtuoso 来分析输出结果和修改版图。通过 DRC 验证报告来找出 DRC 错误的具体位置，然后分析原因，修改版图，直到设计的 DRC 验证通过。

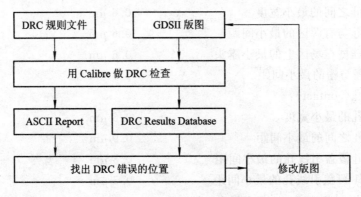

图 3-27　DRC 验证流程图

3.6　LVS 原理

LVS 是指版图与电路图一致性检查，是把版图中根据器件与节点识别提取出的电路网表同原设计的电路网表进行对比检查，检查两者的器件和节点是否一一匹配。DRC 只是第一级的检查，你的电路仅仅是 DRC 不出错并不意味着它的接线就正确，LVS 将从你的版图中提取出它认为是你所建立的东西，并将它所提取的内容与电路图进行比较。LVS 工具不仅能检查部件和布线，而且还能确认它们的值是否正确，比如电阻的尺寸是否正确，晶体管尺寸是否正确，电容的尺寸是否正确以及这些器件的类型是否正确。和 DRC 一样，LVS 也是一个反复的过程，需要经过多次修复直到没有错误出现为止。在修改 LVS 问题时可能又会引入一些 DRC 方面的错误，所以必须返回去再次运行 DRC。只有 DRC 和 LVS 全通过了才能投片。

LVS 的验证流程如图 3-28 所示。

LVS 过程的第一步是从版图中提取器件信息，即连接关系提取；第二步是比较。大多数现代工具在比较过程中使用两个网表：一个是工具从版图中提取出的网表，一个是从电路图中产生的网表，然后对这两个网表进行比较。

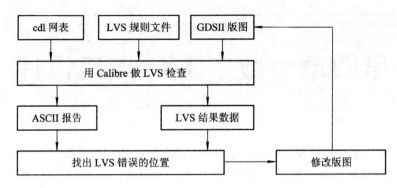

图 3 - 28　LVS 验证流程

LVS 主要检查以下几个地方：

（1）检测器件的数目。检查版图中的器件数目是否与电路图中的一样。

（2）CMOS 器件类型是否一致。检查版图中的器件类型和电路图中的器件类型是否一致。

（3）检查节点的数目。如果器件数目和类型没有错误，就需要检查节点数目，当 LVS 报告原理图节点数多于版图时，通常说明版图中存在短路；反之，版图节点数多于原理图，版图中则可能存在开路，如图 3 - 29 所示。

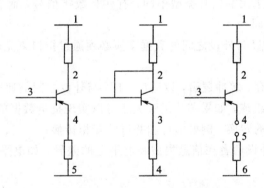

图 3 - 29　LVS 节点数目检查

（4）检查电源线和地线的连接是否正确。这部分也是 DRC 的检查，有时由于电源线和地线的连接错误使 LVS 出现很多错误。若器件数目、器件类型和节点数目检查都没有问题但仍然存在大量 LVS 错误，这时应当考虑是不是电源或地的连接出了问题。

第四章　数字 I/O 接口设计

I/O 接口是一类电子电路,由若干专用寄存器和相应的控制逻辑电路构成。它是 CPU 和 I/O 设备之间交换信息的媒介和桥梁,CPU 与外部设备、存储器的连接和数据交换都需要通过 I/O 接口来实现。由于计算机的外围设备品种繁多,因此,CPU 在与 I/O 设备进行数据交换时存在以下问题:

(1) 速度不匹配:I/O 设备的工作速度要比 CPU 慢许多,而且由于种类的不同,它们之间的速度差异也很大,例如硬盘的传输速度就要比打印机高很多。

(2) 时序不匹配:各个 I/O 设备都有自己的定时控制电路,以自己的速度传输数据,无法与 CPU 的时序取得统一。

(3) 信息不匹配:不同的 I/O 设备存储和处理信息的格式不同,例如可以分为串行和并行两种,也可以分为二进制格式、ACSII 编码和 BCD 编码等。

(4) 不同 I/O 设备采用的信号类型不同,有些是数字信号,而有些是模拟信号,因此所采用的处理方式也不同。

基于以上原因,CPU 与外设之间的数据交换必须通过接口来完成,通常接口有以下一些功能:

(1) 设置数据的寄存、缓冲逻辑,以适应 CPU 与外设之间的速度差异。接口通常由一些寄存器或 RAM 芯片组成,如果芯片足够大还可以实现批量数据的传输。

(2) 进行信息格式的转换,例如串行和并行的互相转换。

(3) 协调 CPU 和外设两者在信息类型和电平上的差异,如电平转换驱动器、数/模或模/数转换器等。

(4) 协调时序差异。

(5) 地址译码和设备选择功能。

(6) 设置中断和 DMA 控制逻辑,以保证在中断和 DMA 允许的情况下产生中断和 DMA 请求信号,并在接收到中断和 DMA 应答之后完成中断处理和 DMA 传输。

由于接口种类繁多,针对不同的设备需合理地选择相应的接口,因此,深入研究 I/O 接口结构,对于 ASIC 设计具有重大的意义,不仅可以设计出合格的芯片,还可以提高 CPU 的工作效率,减小 I/O 引脚数,节省芯片面积。

4.1　状态机描述

组合逻辑电路的输出完全由当前输入值决定，触发器可以构成简易的存储元件。触发器的输出值取决于触发器的状态，而不是任何时刻给定的输入值，但输入值确实是造成状态可能发生改变的原因。在此我们来讨论一种电路，这种电路的输出取决于电路过去的行为和当前的输入值，这种电路称为时序电路。时序电路也被称为有限状态机(FSM)。

状态机基本要素与分类：

状态机的基本要素有 3 个，它们是状态、输入和输出。

(1) 状态：也叫状态变量。在逻辑设计中，使用状态划分逻辑顺序和时序规律。比如：设计伪随机码发生器时，可以用移位寄存器序列作为状态；在设计电机控制电路时，可以以电机的不同转速作为状态；在设计通信系统时，可以用信令的状态作为状态变量等。

(2) 输入：指状态机中进入每个状态的条件。有的状态机没有输入条件，其中的状态转移较为简单；有的状态机有输入条件，当某个输入条件存在时才能转移到相应的状态。

(3) 输出：指在某一个状态时特定发生的事件。例如，在设计电机控制电路中，如果电机转速过高，则输出为转速过高报警，也可以伴随减速指令或降温措施等。

常见的状态机如图 4-1 所示。该电路有一组基本输入信号 w，并产生一组输出信号 z。触发器的输出值就是电路的状态 Q。在时钟信号的控制下，触发器的输出状态的改变取决于馈入这些触发器输入端的组合逻辑。这样，电路就从一种状态转变到了另一种状态。为了确保在一个时钟周期内只发生一次状态变化，触发器必须是沿触发类型的。这种类型的触发器可以由时钟的正跳变沿(0 到 1)触发，也可以由时钟的负跳变沿(1 到 0)触发。图 4-1 表明时序电路的输出是由另一种组合电路产生的，即输出是触发器的当前状态和原始状态输入共同作用的结果。尽管输出总是依赖于当前状态，但输出不必直接依赖于原始输入。因此，图中虚线的连接线可能有也可能没有。为了区分这两种可能情况，我们习惯把输出只依赖于当前状态的时序电路称为摩尔型(Moore)电路，把同时依赖于当前状态和原始输入的时序电路称为米利(Mealy)型电路。

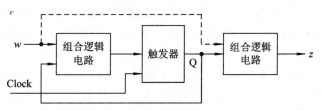

图 4-1　状态机的一般形式

4.1.1　状态机基本设计步骤

下面通过一个简单的例子介绍状态机的设计方法。假设想要设计一个满足下列要求的电路：

（1）电路有一个输入 w 和一个输出 z。

（2）电路的所有变化均发生在时钟信号的正跳变沿。

（3）如果在两个连续的时钟周期内输入信号 $w=1$，那么输出 $z=1$；否则，z 值为 0。

因此，该电路可以检测出在输入信号 w 中是否有两个或两个以上连续的 1 出现。这种能对输入信号中特定流的出现进行检测的电路通常称为序列检测器。

从上面的说明可以明显地看到，输出 z 不仅取决于当前的 w 值。为了说明这一点，我们在 11 个时钟周期内考虑 w 和 z 信号值的序列，如图 4-2 所示。任意取 w 值，输出 z 值是根据要求产生的。这个输入值和输出值序列说明，对于一个给定的输入值，输出值可能是 0 或 1。这就意味着 z 不只是由当前输入值 z 决定的，电路中必定还存在某些不同的状态，z 的值还取决于这些状态。

时钟周期：　$T0$　$T1$　$T2$　$T3$　$T4$　$T5$　$T6$　$T7$　$T8$　$T9$　$T10$

w：　0　1　0　1　1　0　1　1　1　0　1

z：　0　0　0　0　1　0　0　0　1　1　0

图 4-2　输入和输出信号的序列

4.1.2　状态图

设计有限状态机的第一步是确定需要多少个状态，并且哪几种状态转变（从一种状态到另一种状态）是可能发生的。完成这项工作没有固定的方法，但设计者一定要认真思考状态机必须完成什么功能。首先确定特殊状态作为初始状态，即当开启电源或者施加复位信号时电路应该进入的状态。假设初始状态为 A，只有输入 w 为 0，电路不需要作任何反应，这样每一个有效时钟沿时刻电路都保持在 A 状态。当 $w=1$ 时，状态机需要识别出这一改变，转变到一个不同的状态，我们称该状态为 B。这种转变是在 $w=1$ 后的下一个有效时钟沿时刻发生的。在状态 B，因为没有在两个连续的时钟周期内出现 $w=1$ 的情况，与状态 A 类似，电路的输出值 $z=0$。在状态 B 下，如果下一个有效时钟沿 $w=0$，电路应该重新回到状态 A；如果下一个有效时钟沿 $w=1$，电路应该转变到第三种状态 C，并且产生输出 $z=1$。只要保持输入 $z=1$，电路就一直持续状态 C，并继续维持输出 $z=1$。当 w 变为 0 时，状态机应该重新回到状态 A。既然前面的描述已经考虑了状态机在不同状态下所有可能遇到的输入值 w，我们可以推断要实现期望的状态机必须具有三种不同状态。

图 4-3 所示的状态图定义了 4-2 图的行为，A、B 和 C 三种状态在图中用节点的形式表示。节点 A 代表初始状态，也是施加输入 $w=0$ 值后进入的状态。在这一状态下，输出 z 只能为 0，在节点内表示为 $A/z=0$。只要 $w=0$，电路始终处于状态 A。从状态 A 转变

到状态 B 的转移记录了首次出现 $w=1$ 的情况，在状态 B 下，输出始终为 0，在节点内表示为 $B/z=0$。当电路处于状态 B 时，如果 w 在下一个有效时钟沿内仍旧等于 1，B 状态将会转移到状态 C。在状态 C 下，输出 $z=1$，如果接下来的时钟周期内保持 $w=1$，电路将仍旧留在 C 状态，并保持 $z=1$。然而，不论电路处于状态 B 还是状态 C，一旦 w 变为 0，在下一个有效时钟沿时刻，都将转移到状态 A。在图中我们明确标明复位(Reset)输入信号是用来强迫电路进入状态 A 的，而不管电路当时所处的状态是什么。

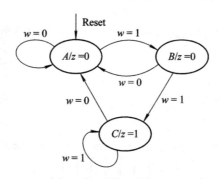

图 4-3 简单时序电路的状态图

图 4-3 中，用 A、B 和 C 三个字母定义了三种状态。在逻辑电路的实现过程中，每一个状态都用状态变量的特定组合取值来表示。每个状态变量可以用一个触发器实现。因为必须实现三种不同的组合状态，使用两个状态变量就足够了。令这两个状态变量分别为 y_1 和 y_2。我们把图 4-1 所示的总体方框图修改变换，得到表 4-1。信号 y_1 和 y_2 还反馈给输入组合电路，由输入组合电路的输出决定有限状态机的下一个状态。这个组合电路仍然使用原先的输入信号 w，输出信号为两个信号 Y_1 和 Y_2，用来设置触发器的状态。每个有效时钟沿将会引起触发器的状态向 Y_1 和 Y_2 转变。因此，Y_1 和 Y_2 被称为下一个状态变量，y_1 和 y_2 被称为当前状态变量。我们需要设计一个组合电路，其输入为 w、y_1 和 y_2，并且对于这些输入信号的所有组合值，输出 Y_1 和 Y_2 将引起状态机向下一个满足设计要求的状态转变。设计过程的下一步是创建定义该电路(行为)的真值表，以及产生信号 z 的电路。

表 4-1 对应的时序电路的状态分配表

当前 状态 $y_2 y_1$	下一个状态		输出 z
	$w=0$ $Y_2 Y_1$	$w=1$ $Y_2 Y_1$	
00	0 0	0 1	0
01	0 0	1 0	0
10	0 0	1 0	1
11	d d	d d	d

为了生成理想的真值表，我们给每个状态指定一组由变量 y_1 和 y_2 组成的值。表 4-1 给出了一种可能的赋值，状态 A、B、C 分别用 $y_1 y_2 = 00$、01 和 10 表示。第四种情况 $y_1 y_2 = 11$ 在这个例子中是不需要的。

表 4-1 所示的表格类型通常称为状态分配表。这个表可以直接用作输入为 y_1 和 y_2，输出为 z 的真值表。尽管对于一个状态函数 Y_1 和 Y_2，该表没有正规真值表的外观，这是由于表中每个 w 值对应着分开的两列，但很显然，该真值表已经包含了由输入信号 w、y_1 和 y_2 的组合逻辑定义的下一个状态函数的所有信息。

4.1.3 时序图

触发器可以由时钟的正跳变沿（0 到 1）触发，也可以由负跳变沿（1 到 0）触发，所以有限状态机的状态之间的转换一般发生在时钟的正跳变沿或者负跳变沿。图 4-4 描绘了与图 4-2 所示序列值对应的信号波形图。

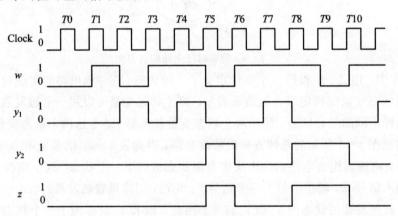

图 4-4 电路的时序图

由于我们采用的是正跳变沿触发的触发器，所有信号的改变均发生在时钟正跳变沿时刻后的瞬间。由时钟沿引起的延迟时间取决于信号通过触发器时的传播延迟。这里需要注意，图中输入信号 w 也是在有效时钟沿后的瞬间才发生变化的。这一假设是很合理的，因为在典型的数字系统内，输入信号（例如 w）也许是另外一个使用相同时钟源的同步电路的输出。

需要注意的是：在有效时钟沿过后的很短时间 w 就会发生变化，因而使得 w 值在几乎完整的时钟周期内等于 1（或 0），在此周期内电路不会有任何改变，直到下一个时钟周期开始时，正跳变时钟沿引起触发器改变其状态。因此，w 值必须在两个连续的时钟周期内为 1，才能使电路进入状态 C，进而产生输出 $z=1$。

我们可以把设计同步时序电路的步骤总结如下：

（1）取得想要设计的电路的设计需求说明。

（2）先选取一个起始状态，由此逐步推导出状态机；然后确定电路的技术说明，其中应考虑到电路输入变量的所有取值情况，为了对输入取值变化作出响应，应添加必要的新状态；画出状态转移图以便跟踪访问过的状态。这些工作完成后，便能得到画有状态机所有经历过的状态并标出了从一个状态到另一个状态的转移条件的完整状态图。

（3）根据状态图建立一个状态表。为了方便，也可以不先画出状态图而直接创建状态表。

（4）状态化简。如果在状态转换图中出现这样两个状态，它们在相同的输入下转换到同一状态去，并得到一样的输出，则称这两个状态为等价状态。显然等价状态是重复的，可以合并为一个。电路的状态数越少，存储电路也就越简单。状态化简的目的就是将等价状态尽可能地合并，以得到最简的状态转换图。

（5）状态分配。状态分配又称状态编码。通常有很多编码方法，编码方案选择得当，设计的电路可以简单；反之，选得不好，则设计的电路就会很复杂。在实际设计时，需综合考虑电路复杂度与电路性能之间的折中。

（6）选择电路中所用的触发器类型。推导出两个逻辑表达式：① 表示下一状态的逻辑表达式；② 表示电路输出的逻辑表达式，也就是驱动方程和输出方程。

（7）实现逻辑表达式所代表的电路。用 Verilog HDL 语言来描述有限状态机，可以充分发挥硬件描述语言的抽象建模能力。具体的逻辑化简、逻辑电路到触发器映射均可由计算机自动完成。

4.1.4　状态机描述方法

状态机描述的关键是要描述清楚前面提到的几个状态机的要素，即如何进行状态转移；每个状态的输出是什么；状态转移是否和输入条件相关等。一种常用的描述法是使用两个 always 模块进行描述，其中，一个模块采用同步时序描述状态转移；另一个模块采用组合逻辑判断状态转移条件，描述状态转移规律。这种两段式写法可以使状态机描述清晰简洁，易于维护，易于附加时序约束，使综合器和布局布线器能更好地优化设计。

本小节采用两个 always 模块描述了 4.1.1 节中给出的状态机。第一个 always 块描述了所需的组合电路，其中下一状态向量 Y 的值随着敏感列表信号 w 和 y 的变化而变化。该描述使用 case 语句定义了每个 y 和 w 值对应的 Y 值。case 语句的每个分支项对应状态机的当前状态，相关的 if-else 语句规定了将要转移的下一个状态。因为状态机只有三个状态，我们在 case 语句中添加 default 子句，告诉 Verilog 编译器未分配的第四个状态可以被当做无关项处理。第二个 always 块将触发器引入了电路。它的敏感列表由复位和时钟信号组成。当输入 Resten 变为 0 时，异步的复位信号器作用，有限状态机进入状态 A。else 语句保证了每一个时钟正跳变沿之后信号 y 应当取得信号 Y 的值，因而实现了状态的变化。

这里描述的状态机是一个摩尔型有限状态机，只有在状态 C 时输出 z 才等于 1。该操作实现的主要 Verilog 程序段如下所示：

```
module simple (Clock, Resten, w, z);
  input Clock, Resten, w;
  output z;
  reg [1: 0]y, Y;
  parameter [1: 0] A＝2'b00, B＝2'b01, C＝2'b210;
  //define the next state combinational circuit
  always @(w, y)
case (y)
  A: if(w)      Y＝ B;
     else       Y＝A;
  B: if(w)      Y＝C;
     else       Y＝A;
  C: if(w)      Y＝C;
     else       Y＝A;
  default:      Y＝2'bxx;
  endcase
    //Define the sequential block
  always @(negedge Resetn or posedge Clock)
    if(Resetn ＝＝ 0) y＜＝A;
    else y＜＝Y;
  assign z ＝ (y＝＝c);
    endmodule
```

两段式写法是推荐的有限状态机描述方法之一，在此我们仔细讨论一下其代码结构。两段式发送机的核心就是：一个 always 模块采用同步时序描述状态转移；另一个模块采用组合逻辑判断状态转移条件，描述状态转移规律。两段式写法可以概括为图 4-5 所描述的结构。

一般的同步时序描述状态转移的 always 模块代码如下：

```
always @(negedge Resetn or posedge Clock)
if(Resetn＝＝0)
  CS＜＝ IDLE;
else
  CS＜＝ NS;
```

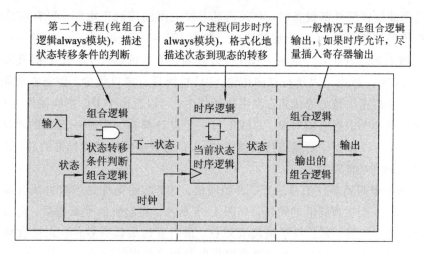

图 4-5 两段式 FSM 描述结构图

　　在本例中状态 A 就相当于 IDLE 状态，y 和 Y 就相当于 CS 和 NS；这是一种程式化的描述结构，无论具体到何种 FSM 设计，都可以定义两个状态寄存器"CS"和"NS"，分别代表当前状态和下一状态，然后根据所需的复位方式（同步复位和异步复位），在时钟沿到达时将 NS 赋给 CS。需要注意的是，这个同步复位模块的赋值要用非阻塞赋值"<="。

　　状态机不仅仅是一种时序电路设计工具，它更是一种思想方法。状态机的本质就是对具有逻辑顺序或时序规律的事件的一种描述。这个论断的最重要的两个词就是"逻辑顺序"和"时序规律"，这两点就是状态机所要描述的核心和强项；换言之，所有具有逻辑顺序和时序规律的事件都适合用状态机描述。当系统比较复杂时，需要通过仔细的分析，把一个具体系统分解为数据流和控制流；构想哪些部分用组合逻辑，哪些部分的资源可以共享而不影响系统的性能，需要设置哪些开关逻辑来控制数据的流动；需要一个或几个同步有限状态机来正确有序地控制这些开关逻辑，以便有效地利用有限的硬件资源编写出真正有价值的 RTL 级源代码，从而综合出有实用价值的高性能的数字逻辑电路系统。目前大多数综合器往往不支持在一个 always 块中由多个事件触发的状态机，为了能综合出有效的电路，用 Verilog HDL 描述的状态机应明确地有唯一时钟触发。

4.2　I²C 接口设计

4.2.1　I²C 接口总线概述

　　I²C 总线是 PHILIPS 公司制定的一种串行通信总线标准，被广泛应用于消费类电子产品、通信产品和工业电子产品中。双向 I²C 总线由串行时钟线（SCL）和串行数据线（SDA）

组成。当两条线连接到外部设备时，必须通过上拉电阻连接到正电源。只有在总线空闲的时候，数据传输才能开启。I²C 传输的速率一般为 100 kb/s～400 kb/s，高速 I²C 可以达到 3.4 Mb/s。现有的芯片中，特别是 ARM 等处理器、单片机芯片中，几乎都集成了 I²C 模块。在 I²C 接口中，数据可以进行双向传输。I²C 模块具有接口线少、控制方式简单、器件封装形式小、通信速率较高等优点。在主从通信中，可以有多个 I²C 总线器件同时接到 I²C 总线上，通过地址来识别通信对象。总线上每一个设备都有一个独一无二的地址，根据设备自己的能力，可以作为发射器或接收器工作。I²C 总线能用于替代标准的并行总线，能连接各种集成电路和功能模块。

主机发送一个起始条件信号后 I²C 开始通信。这个起始条件是当时钟线为高电平的时候，数据线上有一个从高到低的跳转，如图 4-6 所示。在起始信号发送后，再发送设备地址字节，包括读写信号，先是发送最高有效位，最后发送最低有效位。在接收到有效地址位后，设备回复一个应答信号，在时钟高电平的时候将数据线拉低。

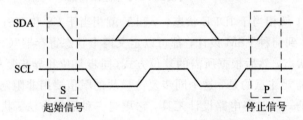

图 4-6　开始与结束条件定义

数据字节在应答信号之后。当读/写位保持低电平的时候，数据从主机(master)传送到从机(slave)。数据字节后面跟着一个从机发出的应答信号(ACK)。当字节完整地接收并发送应答信号后，数据传输才能继续。

在 I²C 总线中，每个时钟周期只能传输一个数据。在时钟脉冲处于高电平的时候，数据线上的数据必须保持稳定，因为数据在这时候的变化会被解读为控制信号(起始或停止)，如图 4-7 所示。

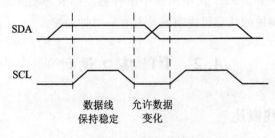

图 4-7　数据传输

在时钟线为高电平的时候，在数据线上有一个从低到高的跳转，由主机发送，如图

4-6所示。

在开始和结束条件之间由发送器传输到接收器的数据字节是不受限制的。在每个字节的 8 位数据后跟着一个应答信号，这时发送器必须释放数据线，然后接收器才能发送一个应答信号。

在接收到每个字节后，被选中的从接收机必须产生一个应答信号，应答的设备需在应答时钟周期时拉低数据线，这样，在应答周期时钟为高电平的时候，数据线能够保持稳定，如图 4-8 所示。注意建立时间和保持时间也必须考虑进去。

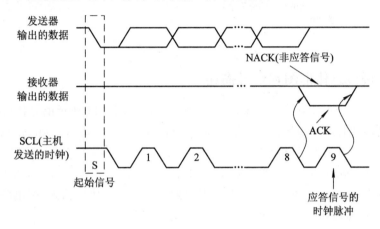

图 4-8 I²C 总线上的确认

1. 总线写

主机通过向设备发送从地址并将最低位置为逻辑 0 来向芯片发送数据，紧接着从地址传输的是寄存器地址字节，它决定芯片中的哪个寄存器接收跟在寄存器字节后的 8 位数据。下一个字节的数据在 ACK 时钟的上升沿写入选中的那个寄存器，如图4-9所示。

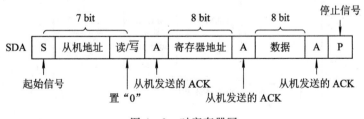

图 4-9 对寄存器写

2. 寄存器读

主机先向芯片发送从地址并将最低位置为逻辑 0，紧接着从地址传输的是寄存器地址字节，它决定芯片中的哪个寄存器被访问。在收到一个重新开始的信号后，设备的从地址再次被主机发送一遍,这次,最低位被置为逻辑 1。这时候被寄存器地址字节选中的寄存器中的数据将被芯片送到移位寄存器,这些数据在时钟的上升沿被逐个从数据线(SDA)输出,如图 4 - 10 所示。

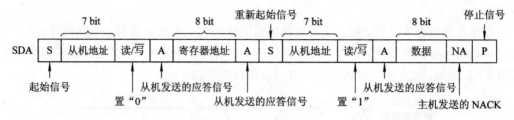

图 4 - 10　寄存器数据读出

4.2.2　I²C 接口总体框图和信号描述

本小节设计一个 I²C slave,设备地址是 0100101,图 4 - 11 所示的是接口的总体结构。

从 I²C 接口共有三个模块:I²C slave 是一个模块(虚线左边),addr_mux 是一个模块(虚线右边),还有一个顶层模块 I²C_top(图中未标出)。其中 I²C slave 模块是主体。I²C slave 模块与 I²C master 模块连接的接口有 sda、scl、sys_clk、POR_n。这些信号都是由主机产生来控制 I²C slave 模块工作的信号。下面列出不同的模块的输入/输出信号。对于 I²C slave 模块,信号描述如表 4 - 2 所示。

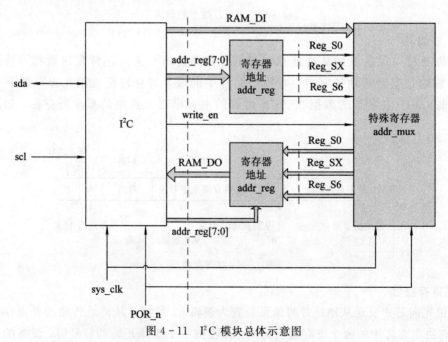

图 4 - 11　I²C 模块总体示意图

表 4 - 2 I²C slave 模块信号描述

名　称	I/O	描　述
sda	I/O	三态输入/输出串行数据线,属于外部信号,与主 I²C 连接
scl	I	串行时钟线,属外部信号,此信号由主 I²C 产生,并和 sda 一起控制从 I²C 模块的工作
POR_n	I	上电复位信号,低电平有效,属外部输入信号,由主机产生
sys_clk	I	系统主时钟,同步主机和从机之间的通信,属外部输入信号,由主机产生
RAM_DO	M	寄存器输出的 8 位并行数据,在读操作中用于串行输出
RAM_DI	M	将要写入寄存器的 8 位并行数据,在写操作中串行读取并储存于移位寄存器中,8 位传输完后再写入寄存器中
write_en	M	寄存器写使能信号,在 8 位写入寄存器的输入数据传输完后由 I²C slave 产生。在主 I²C 传输完将要被写入寄存器的 8 位数据后,由 I²C slave 产生此信号
addr_reg	M	特殊寄存器地址码,8 位,在读写操作前由主机发送,用来选择某个寄存器

注:I 表示输入,O 表示输出,I/O 表示既有输入也有输出,M 表示模块之间的信号。

对于 addr_mux 模块,信号描述如表 4 - 3 所示。

表 4 - 3 addr_mux 模块信号描述

名　称	I/O	描　述
POR_n	I	上电复位信号,低电平有效,属于外部输入信号,由主机产生
sys_clk	M	系统主时钟,同步主机和从机之间的通信,属于外部输入信号,由主机产生
write_en	I	寄存器写使能信号,在 8 位写入寄存器的输入数据传输完后由 I²C slave 产生。在主 I²C 传输完将要被写入寄存器的 8 位数据后,由 I²C slave 产生此信号
RAM_DO	M	寄存器输出的 8 位并行数据,在读操作中用于串行输出
RAM_DI	M	将要写入寄存器的 8 位并行数据,在写操作中串行读取并储存于移位寄存器中,8 位传输完后再写入寄存器
addr_reg	M	特殊寄存器地址码,8 位,在读写操作前由主机发送,用来选择某个寄存器

对于顶层 i2c_top 模块，信号描述如表 4-4 所示。

表 4-4　i2c_top 模块信号描述

名　称	I/O	描　述
sda	I/O	三态输入/输出串行数据线，属于外部信号，与主 I²C 连接
scl	I	串行时钟线，属外部信号，由主 I²C 产生，并和 sda 一起控制从 I²C 模块的工作
POR_n	I	上电复位信号，低电平有效，属外部输入信号，由主机产生
sys_clk	I	系统主时钟，同步主机和从机之间的通信，外部输入信号，由主机产生

4.2.3　起始和停止信号的产生

在 I²C slave 的设计中，起始和停止信号的产生是非常重要的。一般的做法是用主时钟（相比于 I²C 总线上 400 kb/s 的速率，该主时钟频率需要足够高）不断对 SDA 和 SCL 进行采样，然后进行判定，根据判定的结果完成状态的跳转、数据的通信。这种方法有两点优势：

（1）用主时钟进行采样，再用寄存器缓冲以处理亚稳态问题。

（2）经过 I²C 接口进入寄存器的数据已经跟主时钟同步，寄存器里面的数据可以直接被主时钟采样，避免了复杂的异步处理工作。

本例对 SCL 和 SDA 进行两级缓存，该操作实现的主要 Verilog 程序段如下所示：

```
//synchronize scl/sda into input register
always @(posedge sys_clk or negedge POR_n)
begin
    if(! POR_n)
        begin
            scl_r <=1′b1;
            sda_r <=1′b1;
            scl_r2 <= 1′b1;
            sda_r2 <= 1′b1;
        end
    else
    begin
    scl_r <= scl;
    sda_r <= sda;
    sda_r2 <= sda_r;
    scl_r2 <= scl_r;
        end
    end
```

```
// detect start condition => detect falling edge on sda while scl is high
// detect stop condition => detect rising edge on sda while scl is high
assign sda_rise = sda_r && ! sda_r2;
assign sda_fall = sda_r2 && ! sda_r;
always @(posedge sys_clk or negedge POR_n)
begin
    if(! POR_n)
      begin
        start_con <=1'b0;
        stop_con <=1'b0;
      end
    else
    begin
      start_con <= sda_fall && scl_r;
      stop_con <=sda_rise && scl_r;
    end
end
```

上面代码对数据线和时钟线的信号做了两级的缓冲，并用主时钟同步 sda 和 scl 信号。这样就避免了前面提到的亚稳态问题和异步处理工作。前面提到，起始条件是当时钟线为高电平的时候，数据线上有一个从高到低的跳转；停止条件是当时钟线为高电平的时候，数据线上有一个从低到高的跳转。因此，我们需要确定数据线的从高到低跳转和从低到高跳转，而且要在跳转的时候对应上时钟线，所以需要一个频率更高的主时钟来同步这两个信号。由于采样时钟要经过多次采样才能得到开始和结束的条件，所以开始和结束的条件要晚于 sda 的下降沿和上升沿到达，如图 4-12 所示。

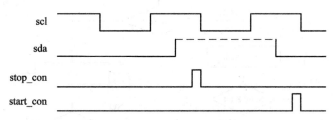

图 4-12　开始和结束条件的波形示意图

从机接收到主机发送的起始或停止条件后，会无条件地转到初始状态，也就是 start 状态。该状态转移的判断条件如下：

```
always @(posedge sys_clk or negedge POR_n)
  if (! POR_n)
    cs <= start;
  else if (start_con || stop_con)
```

```
    cs <= start;
else if (cycle_pulse_n)
    cs <= ns；
```

4.2.4 I²C 接口的状态机描述

在主机发送起始条件后，会继续发送设备地址、读/写信号、数据等，从机也会根据主机发送的数据给出应答信号、数据等。这一系列操作需要用状态机来控制，本小节设计的状态机如图 4-13 所示。状态机有 9 种状态。它们是 start、slave_addr、slave_addr_ack、mem_addr、mem_addr_ack、read、read_ack、write、write_ack，分别代表起始状态、设备地址状态、设备地址确认状态、寄存器地址状态、寄存器地址确认状态、读状态、读确认状态、写状态、写确认状态。当然这只是一种划分方法，对于状态机数目较多的状态机，划分的方法不同，状态的个数也会不一样。状态机划分的好坏，往往决定后面描述 RTL 电路的好坏，也影响后面综合电路实现的难易。

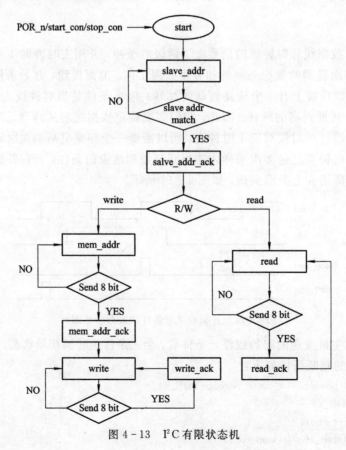

图 4-13 I²C 有限状态机

　　状态机在异步复位信号、起始信号或者停止信号到来的时候进入起始状态，也就是 start 状态。状态机进入起始状态后，在紧接着下一个 scl 时钟下降沿到来的时候进入 slave _addr 状态。这里需注意的是，数据线(sda)是和时钟线(scl)对应的，scl 不是真正意义上的时钟线，只是用来表示传输数据的频率，不能用它直接去触发触发器，也要用主时钟取采样同步。这个步骤的 Verilog 代码如下：

```
always @(posedge sys_clk)
begin
  if(~scl_r && scl_r2)
    cycle_pulse_n <= 1'b1;
  else
    cycle_pulse_n <= 1'b0;
end
```

　　在 slave_addr 状态中，数据会发送一个 7 位的设备地址和一个读写信号，若从机的设备地址正好等于主机发送的 7 位地址码，那么该从机被选中，并将选中信号置 1。在下一个 scl 下降沿到来的时候，状态机进入 slave_addr_ack 状态，此时主 I²C 释放 sda 线，从 I²C 拉低 sda 线，给出一个确认信号，表示跟主机已经建立连接。

　　在 slave_addr_ack 状态，我们需要对读写进行判断。如果是写信号，那么状态机进入 mem _addr 状态，这时主机再发送 8 位的存储器地址码，来确定先对哪个 8 位寄存器进行操作。

　　同样，从 I²C 一位一位地接收主机发送的数据，当接收完 8 位后，状态机装入 mem_ addr_ack 状态，表示已经接收完 8 位地址码，主机这时可以发送数据对寄存器进行操作。同样，mem_addr_ack 状态下，主 I²C 释放 sda 线，从 I²C 拉低 sda 线，给出一个确认信号，在下一个 scl 下降沿到来的时候状态机进入 write 状态，这时候主机连续串行发送 8 位数据，从 I²C 在接收 8 位数据后，根据前面接收到的存储器地址码，将该 8 位数据写入选中的寄存器，随即转入 write_ack 状态。

　　回到前面提到的 slave_addr_ack 状态，如果是读信号，那么状态机进入 read 状态，但这时可能会有疑问，如果直接装入 read 状态，而没有给出存储器的地址码，去读哪个寄存器的数据？所以在进入读状态前，前面会有一系列的操作，见图 4-13 和图 4-14，在这一系列的操作中，已经确定了寄存器的地址码，所以装入 read 状态后，可以直接从指定的寄存器中读出数据。

　　在读状态时，主机释放 sda 线，交给从 I²C，在读操作前，从 I²C 先并行读取指定寄存器的 8 位数据，然后在读操作中依次循环将每一位读出，等 8 位数据全部读出后，状态机转入 read_ack 状态，等待主机信号。如果主机给出应答信号，即拉低 sda 线，表示读到 8 位数据，那么状态机又回到 read 状态，继续读数据；如果主机给出非应答信号，停止信号，那么状态机无条件回到起始状态。在状态机读操作和写操作的时候都有一个循环，即读完 8 位数据后是读应答，写完 8 位数据后是写应答，即 write_ack 或 read_ack，在这两个状态中，寄存器地址码会自动加 1。

4.2.5 I²C 接口的动态模拟仿真

仿真验证是保证设计在功能上正确的一个过程，是芯片设计过程中一个非常关键的环节，也是需要花费时间最多的环节。验证过程是否准确与完备，在一定程度上决定了一个芯片的命运。在整体仿真验证之前，我们已经对各个子模块进行了仿真，保证了组成系统的各个子系统功能的正确性。功能仿真包括综合前仿真和综合后仿真，通常我们主要进行的是综合前 RTL 级描述的仿真。

1. I²C 动态模拟仿真

设计采用 Metor Graphics 公司的仿真工具 Modelsim，该工具具有强大的仿真功能，且图形化界面非常友好。动态模拟仿真需编写测试平台，将一组输入激励施加到设计模型上，使其工作运行，并观察模型的响应。测试平台方法的提出，使得我们有了一个很好的验证芯片设计的工具。测试平台的搭建包括下列几个步骤：

（1）产生激励，包括复位信号、时钟信号以及 DUT 所需要的各个输入信号等；

（2）把激励施加到目标设计 DUT 上，通过端口映射的方式来实现；

（3）捕捉响应，将 DUT 产生的输出或者 DUT 的内部逻辑信号捕捉到波形编辑器中或者文件中或者自动比较工具中；

（4）检验所捕捉响应的正确性。

为验证 I²C IP 核所搭建的测试平台结构框图如图 4-14 所示。

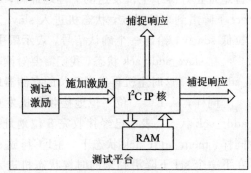

图 4-14 I²C 的测试平台结构框图

2. 具体的仿真方案

Modelsim 软件能够自动生成相应的 testbench 模板，在 Modelsim 下，先执行"View-Source-Show Language Templates"指令，打开 Language Templates，然后选中其中的 Create Testbench 指令，即可生成 testbench 模板。这是一个".v"格式的文件，里面对需要仿真的模块进行了调用，并详细定义了 Pin 脚，测试人员只需要向该文件中添加相应的激励即可完成测试平台的搭建。

仿真具体的实现方案如下：

（1）产生 IP 核工作所需的时钟 sys_clk（频率 4 MHz）与复位信号 POR_n（低电平有效）的 Verilog 代码如下：

```
parameter sysclk_cycle = 250;
initial
```

```
      begin
        POR_n=1;
        sys_clk = 1;
        #(scl_cycle/10) POR_n=0;
        #(scl_cycle/10) POR_n=1;
        forever #(sysclk_cycle/2) sys_clk=~sys_clk;
      end
```

（2）产生 scl、sda 信号。通过对 I²C 时序分析得知，I²C 的通信大致分为以下几个环节：产生起始条件、器件地址的验证、寄存器地址的发送、总线写入寄存器、寄存器读出、产生停止条件。可以用 task 任务对每个环节进行描述，直接对相应 task 函数进行调用即可模拟 I²C master 的功能，并且只需要对各个环节重新组合，即可对 I²C 中不同模式（读模式、写模式）进行验证。这里要介绍一下 task 任务，利用 task 任务可以把一个很大的程序模块分解成许多较小的任务，以便于理解和调试。输入、输出和总线信号的值可以传入、传出任务。任务还往往是大的程序模块中在不同地点多次用到的程序段。学会使用 task 语句可以简化程序的结构，使程序明白易懂，这是编写较大型模块的基本功。函数编写要注意以下几点：① 函数只能和主模块共用同一个仿真时间单位；② 函数至少要有一个输入变量；③ 函数返回一个值。

寄存器写任务的 Verilog 代码如下：

```
    task w_data_task;
      input [7:0] data;
      begin
        sda_oe=data[7];
        #scl_cycle sda_oe=data[6];
        #scl_cycle sda_oe=data[5];
        #scl_cycle sda_oe=data[4];
        #scl_cycle sda_oe=data[3];
        #scl_cycle sda_oe=data[2];
        #scl_cycle sda_oe=data[1];
        #scl_cycle sda_oe=data[0];
        #scl_cycle sda_oe=1;
        #scl_cycle ;
      end
    endtask
```

调用格式如下：

w_data_task(8'hxx)。

一个完整的仿真方案要考虑到很多方面的内容，对内部的所有信号进行验证，这样篇幅太大。所以本例的仿真只对最重要的一些功能进行图示，后面的几个接口的方案不再重复，也只给出一些重要的波形。在这里，我们先对 I^2C 的几个寄存器写入数据，是对寄存器进行连续的写，然后再从寄存器里面读出数据，映射到验证平台上的寄存器中。具体的方法是利用 Modelsim 的波形窗口进行波形显示和分析，判断逻辑功能的正确性。

3. 验证波形

首先对起始条件和停止条件进行验证，如图 4-15 所示。

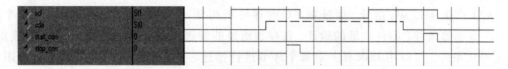

图 4-15　起始条件与停止条件波形图

从图中可以看出，在 scl 为高电平的时候，sda 有一个从低往高的跳变，会产生一个停止条件的信号；而 sda 有一个从高往低的跳变，则会产生一个起始条件的信号。

再验证总线写，如图 4-16 所示。

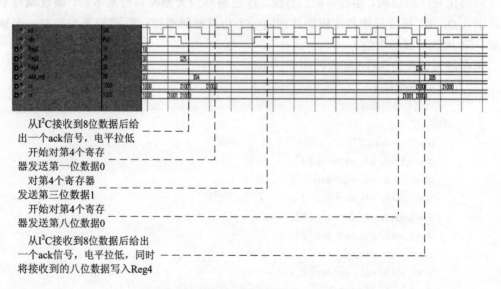

从 I^2C 接收到8位数据后给出一个ack信号，电平拉低

开始对第4个寄存器发送第一位数据0

对第4个寄存器发送第三位数据1

开始对第4个寄存器发送第八位数据0

从 I^2C 接收到8位数据后给出一个ack信号，电平拉低，同时将接收到的八位数据写入Reg4

图 4-16　总线对不同寄存器的连续写过程

从图中可以看出，在对寄存器(Reg3)发送 8 位数据后，数据写入寄存器的同时，主机释放 sda 信号，从 I^2C 拉低 sda 线给出一个低电平确认信号，因为是对寄存器连续写，所以这个时候寄存器地址(addr_reg)加 1。紧接着状态机从 write_ack 回到 write，主机再发送 8 位信号，这次发送的 8 位数据是 36_h ＝ 0011_0110_2，先发送最高位数据 0，紧接着发送 0、1、1、0、1、1、0，如图所示。在连续发送完 8 位数据后，状态机进入 write_ack 状态，主机

再次释放 sda，sda 数据线拉低，数据写入寄存器(Reg4)。因为没有收到停止信号，所以这时候寄存器地址还是加 1，主机进行下一轮的发送，这里由于篇幅关系就不再给出波形。

再验证寄存器读，对寄存器(Reg2～Reg5)全部写完后，再从寄存器中读取数据，如图 4-17 所示。

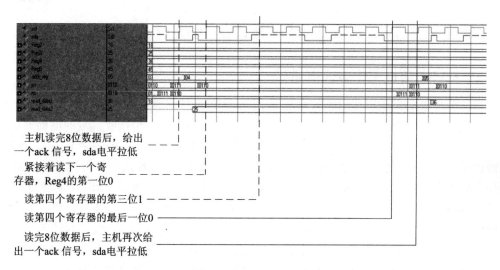

主机读完8位数据后，给出
一个 ack 信号，sda 电平拉低

紧接着读下一个寄
存器，Reg4的第一位0

读第四个寄存器的第三位1

读第四个寄存器的最后一位0

读完8位数据后，主机再次给
出一个 ack 信号，sda 电平拉低

图 4-17 总线对多个不同寄存器的连续读过程

我们用两个 8 位寄存器来读出寄存器(Reg2～Reg5)中的数据。在读完第三个寄存器的 8 位数据后，状态进入 read_ack；主机给出一个应答信号，拉低 sda 线。由于是对寄存器连续地读，所以紧接着寄存器地址码加 1；主机开始读第四个寄存器中的 8 位数，状态机又回到读状态，因为 Reg4 中的值为 $36_h = 0011\_0110_2$，所以读出的第一位数据为 0，紧接着读出 0、1、1、0、0、1、1、0，如图 4-17 所示，与写入的值一致，这时候状态机一直处于读状态。在读完 Reg4 中的 8 位数据后，因为没有收到停止信号，所以这时寄存器地址还是加 1，主机进行下一轮的读数据。由于篇幅关系这里就不再给出波形。在图中我们用两个寄存器 read_data1 和 read_data2 来存储从寄存器(Reg2～Reg5)中读出的数据，按顺序先是寄存器 read_data1 对 Reg2 的数据映射，然后是寄存器 read_data2 映射 Reg3 的数据；再是 read_data1 映射 Reg4 的数据，read_data2 映射 Reg3 的数据(图中未给出)，可以看出结果符合要求。

以上只给出了重要的读/写操作和起始/停止信号波形。

I^2C 是 PHILIPS 公司推出的芯片间串行传输总线，通过修改其中的一些标准可以设计出符合具体应用的不同的 I^2C 结构，当然，核心的 I^2C 协议不会有太大的改动。I^2C 是多主控总线，所以任何一个设备都能像主控器一样工作，并控制总线。总线上每一个设备都有一个独一无二的地址，根据设备各自的能力，它们可以作为发射器或接收器工作。多路微控制器能在同一个 I^2C 总线上共存，其最主要的优点是它的简单性和有效性。它支持多主控

（multimastering），其中任何能够进行发送和接收的设备都可以成为主总线。一个主控能够控制信号的传输和时钟频率，当然，在任何时间点上只能有一个主控。串行的 8 位双向数据传输位速率在标准模式下可达 100 kb/s，快速模式下可达 400 kb/s，高速模式下可达 3.4 Mb/s。但使用 I²C 总线时，片上的滤波器需要滤去总线数据线上的毛刺，保证数据完整。

4.3 UART 接口设计

4.3.1 UART 接口工作方式概述

通过串行数据交换信息的系统往往使用调制解调器作为主机和从机间的通道，如图 4-18所示。比如，调制解调器能让一台电脑通过电话线和另一个接收信号的电脑通信。信息在主机中并行方式存储，但是发送和接收数据的方式是串行的，单一字节方式。调制解调器也叫做 UART（通用串行异步接收/发送机）。UART 是计算机中串行通信端口的关键部分，在计算机中，UART 相连于产生兼容 RS232 规范信号的电路。RS232 标准定义逻辑"1"信号相对于地为 3 到 25 V，而逻辑"0"相对于地为 −3 到 −25 V。所以，当一个微控制器中的 UART 相连于 PC 时，它需要一个 RS232 驱动器来转换电平。大多数计算机中都包含两个基于 RS232 的串口，同时串口也是仪器仪表设备通用的通信接口，很多 GPIB 兼容的设备也带有 RS232 口。串口通信协议还可以用于获取远程采集设备的数据。

图 4-18 主机和调制解调器通过一条串行通道通信

对于在 UART 中传输的文本数据，一般会以美国信息交换标准码（ASCII）的形式传输，即每个字母用特定的 7 位数据加一个奇偶校验位代替，这个奇偶校验位可以用来验证对错。对于发送端来说，调制解调器在这个 8 位字的低有效位前添加一个开始位，在最高有效位后面添加一个停止位，相当于把这个字的头尾包裹起来，形成一个 10 位的字符形式，如图 4-19 所示。最初的 9 位数据按顺序输出，首先是起始位，并在每个时钟周期输出一个数据，而结束位可能会持续多于一个时钟周期。

Stop Bit	Parity Bit	Data Bit 7	Data Bit 6	Data Bit 5	Data Bit 4	Data Bit 3	Data Bit 2	Data Bit 1	Data Bit 0	Start Bit

图 4-19 在 UART 中以 ASCII 传输数据形式

主机控制的 UART 发送机将需要发送的数据以并行格式取出，然后指定 UART 以串行格式发送。通用接收机必须能识别这种发送方式，以串行方式接收数据，丢掉起始位和停止位，然后将数据用并行格式存储。接收机的工作较为复杂，因为用来发送数据的时钟不能用在远端的接收机上，所以接收机必须重新产生时钟，并用自己产生的时钟控制接收动作而不是用发送机的时钟。

图 4-20 给出了简单的 UART 结构。主机通过信号控制 UART 发送或者接收数据。图中没有给出主机的细节。

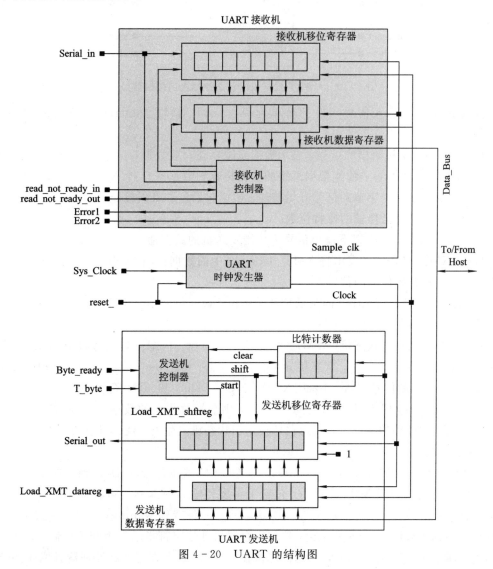

图 4-20 UART 的结构图

4.3.2　UART 接口发送机

发送机的顶层模块的输入/输出信号如图 4 - 21 所示，输入信号由处理器提供，输出信号控制 UART 中数据的传输。发送机的结构由控制器、数据存储器（XMT_datareg）、数据移位存储器（XMT_shftreg）和一个用来计算已发送的比特位数的数据寄存器（bit_count）组成。

图 4 - 21　UART 发送机的状态控制机的接口信号

控制机有以下输入信号，为了简单起见，Load_XMT_datareg 直接连接到 XMT_datareg。

Byte_ready：主机给出的信号，表示数据总线存在有效数据；

Load_XMT_datareg：使能数据总线的数据传输到数据寄存器（XMT_datareg）中；

T_byte：表示一个字节的信号开始传输，包括起始位和奇偶校验位；

bit_count：计数已传输的比特位数。

控制器的状态机产生以下输出信号来控制发送机的数据通道：

Load_XMT_shftreg：表示将 XMT_data_reg 中的数据移到 XMT_shftreg 中；

start：表示开始传输的信号；

shift：命令 XMT_shftreg 向最低位移动一位，最高位回填一停止位；

clear：清零 bit_count。

控制发送机的算法状态机（ASM）图如图 4 - 22 所示。状态机有三种状态：idle、waiting 和 sending。当 reset 置 0 时，状态机异步复位到 idle，bit_count 清零，XMT_shftreg 全部加载 1，所有的控制信号 clear、Load_XMT_shftreg、shift 和 start 置 0。在 idle 状态，如果 Load_XMT_datareg 置 1 时，在时钟的上升沿，则数据总线上的数据会传到 XMT_datareg 中。（这不是 ASM 图的一部分，因为它是独立于状态机发生的。）状态机保持 idle 状态直到 start 信号置 1。

当 Byte_ready 和 Load_XMT_shftreg 都置 1 时，驱使状态机跳转到 waiting。Load_XMT_shftreg 置 1 说明 XMT_datareg 包含了将要传输到内部移位寄存器中的数据。在下一个时钟上升沿，会有三种活动发生：① 状态从 idle 跳转到 waiting；② XMT_datareg 中的数据移存到 XMT_shftreg 最左边，移位寄存器最低位字符指示是否开始传输；③ XMT_shftreg 的最高位加载停止信号，状态机停留在 waiting 状态直到外部处理器置位 T_byte。

在时钟信号的下一个上升沿，当 T_byte 为 1 时，状态机进入 sending 状态，XMT_shftreg 的最低位置 0 表示开始传输。同时，shift 也变为 1。在随后的时钟上升沿，在 shift 一直为 1 时，状态机一直处在 sending，XMT_shftreg 中的数据依次移到最低位，被传送出去。在 bit_count 小于 9 时，每移动一位数据，bit_count 加 1；当 bit_count 等于 9 时，clear 信号置 1，表明这个字节的每一位都串行传送出去。在下一个时钟上升沿，状态机回到 idle 状态。

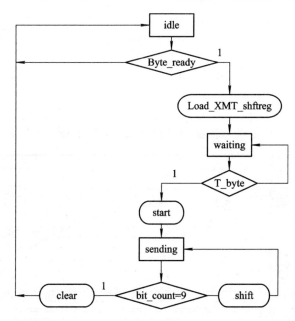

图 4 - 22　UART 发送机状态控制器的 ASM 图

UART 发送机 FSM 的主要 Verilog 程序段如下：

```
always@(state or Byte_ready or bit_count or T_byte)
begin：output_and_next_state
    Load_XMT_shftreg = 0；
    clear = 0；
    shift = 0；
    start = 0；
    next_state = state；
    case(state)
        idle：    if(Byte_ready == 1)begin
                    Load_XMT_shftreg = 1；
                    next_state = waiting；
                end
        waiting： if (T_byte == 1)begin
```

$$start = 1;$$
$$next\_state = sending;$$
end
sending：if(bit_count ! = word_size + 1)
$$shift = 1;$$
else begin
$$clear = 1;$$
$$next\_state = idle;$$
end
default：next_state = idle;
endcase

end

对 UART 发送机的功能进行验证的过程如图 4 - 23 和图 4 - 24 所示，数据从 Data_

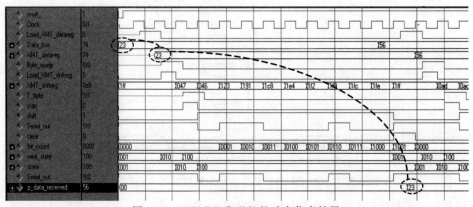

图 4 - 23　UART 发送机的动态仿真结果

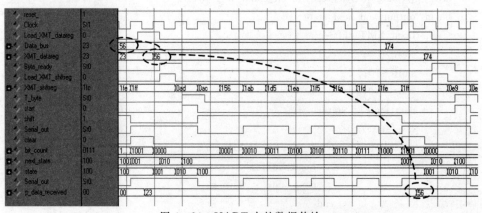

图 4 - 24　UART 中的数据传输

bus 输入，在 Load_XMT_datareg 到来的时候，加载到 XMT_datareg 中，在 Load_XMT_shftreg 到来时再加载到 XMT_shftreg 中，注意到 XMT_shftreg 的最后一位是 1。这时 9 位的 XMT_shftreg 就从 1_1111_1111 变为 {23$_h$，1}＝0_0100_0111＝047$_h$，而此时 FSM 还处于 waiting 状态，直到 T_byte 置 1，表示开始传输。FSM 在下一个时钟上升沿到来时进入 sending 状态，这时 XMT 的最低有效位载入 0，9 位的 XMT 变为 0_0100_0110＝046$_h$，表示传输开始，数据从 Serial_out 中一位一位输出，同时 XMT_shftreg 中的值也不断改变。图中的 p_data_received 表示接收到的数据。从图 4 - 23 和图 4 - 24 中可以看出，Data_bus 输出的两个数据均被一一正确接收。

4.3.3　UART 接口接收机

　　UART 接收机的任务是接收串行数据流，去除起始位，然后把这些接收到的数据以并行的方式存储到与主机总线相连的存储器中。数据流以标准的速率到达，但它不一定和主机内部接收机的时钟同步，发送机的时钟不适用在接收机上。解决这个问题的办法是接收机自己产生一个频率更高的时钟，用这个时钟去采样接收到的数据，以保证数据的完整性，这样来解决时钟的同步问题。在本文的方案中，假设接收到的数据是 10 位的格式，它们被采样的频率取决于采样时钟，这个采样时钟由主接收机产生。采样时钟的周期会被计数，以保证在一个数据位的中间采样这个数据，如图 4 - 25 所示。采样时，必须考虑到几点：① 检验起始位的接收；② 对每个接收数据相应产生 8 个采样周期；③ 把接收来的数据装载到局部总线上。

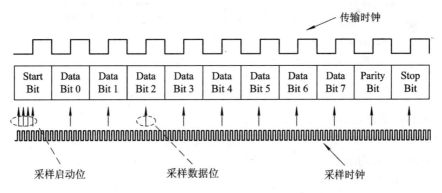

图 4 - 25　UART 接收机时钟重现的采样格式

　　我们可以产生更高频率的采样时钟，本小节产生的采样时钟频率是发送机发送数据时钟的 8 倍。这就保证了在采样时钟第一个周期时钟上升沿与起始位存在微小误差的时候，不会影响采样方案，因为还会采到相应的发送过来的数据内部的一个点。当输入值变低，后续的采样值还是为 0 的时候，我们就可以借此确定采到的是起始位，后面连续三次采样可以用来确定一个有效的起始位。其后，后续的 8 个数据都会在它们的中间被采样。在最坏误差的情况下，采样时钟可能会比起始位提前到来一个时钟周期，也就是在数据的中间前一个周期位置采样，这个误差是允许的。

如果接收机采样时钟 Sample_clk 的频率是发送机时钟 Clock 的 8 倍，我们可以对 Sample_clk 进行分频，产生时钟 Clock，其 Verilog 程序代码如下：

```
module Divide_by_8(Clock, Sample_clk, reset_);
    output Clock;
    input Sample_clk;
    input reset_;
    reg [2:0]temp;
    assign Clock = temp[2];
    always @ (posedge Sample_clk)begin
        if(reset_==0) temp <= 3'd0;
        else temp <= temp + 1;
    end
endmodule
```

图 4-26 是从顶层看这个模块，它给出了状态机和主处理器相连的接口，即输入/输出信号，来控制接收机的工作。

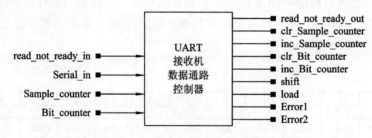

图 4-26　UART 接收机的状态控制机的接口信号

状态机有以下输入信号：

read_not_ready_in：表示主机还没有准备好接收数据；

Serial_in：接收到的串行数据流；

reset_：低电平有效复位；

Sample_counter：计数器采样每个数据位的时钟数；

Bit_counter：计数器采样到的比特数。

状态机给出以下输出信号：

read_not_ready_out：表示已经接收 8 位数据；

inc_Sample_counter：采样计数器加 1 信号；

clr_Sample_counter：采样计数器清零信号；

inc_Bit_counter：数据计数器加 1 信号；

clr_Bit_counter：数据计数器清零信号；

shift：指示移位寄存器向最低有效位移位；

load：把移位寄存器中的数据加载到接收机中的数据寄存器里；

Error1：在最后一位数据被采样到的时候，指出主机没有准备好接收数据；

Error2：指出没有接收到停止位。

接收器状态机的 ASM 图如 4-27 所示。这个状态机也有 3 个状态：idle，starting，receiving。状态间的转换由采样时钟来同步。低电平有效复位信号的到来将状态机异步复

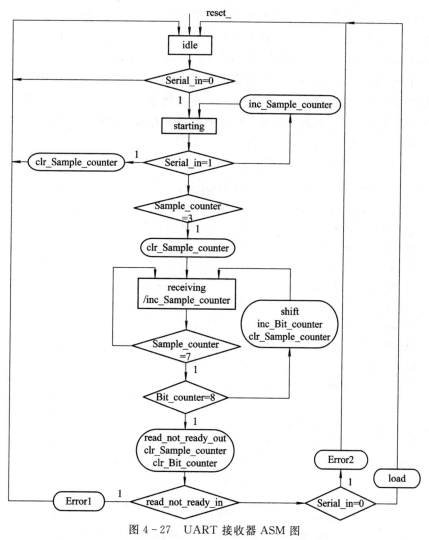

图 4-27　UART 接收器 ASM 图

位 idle 状态，并且状态一直处于 idle 状态直到串行输入（Serial_in）变低，这时状态机转到 starting 状态。在开始状态，状态机多次采样串行输入信号来判断第一个数据位是不是一个有效开始位。有效开始位的判断取决于采样值的不同，在下一个时钟上升沿的时候，采样计数器会被加 1 或者清零，如果接下来 3 个连续的采样值都为 0，状态机便认为这是一个有效的起始位然后进入接收状态。采样计数器在状态转换到接收的过程中清零。在接收状态下，执行 8 个连续的采样（对一个字节的每个数据位，在采样时钟的上升沿），这时采样计数器不断加 1，然后数据计数器才加 1。如果采样到的数据不是最后一位（奇偶校验位），数据计数器加 1 信号和移位信号有效。移位信号有效则驱使采样到的数据移存到接收机移位寄存器最高有效位，而将最左边的 7 个数据向最低有效位右移一位。

在最后一个数据被采样到以后，状态机会拉高 read_not_ready_out 信号，送给处理器作为一个握手交换信号，然后将数据计数器清零。同时，状态机会检查数据的完整性和主机的状态。在 read_not_ready_out 信号为高的时候，如果主机没有准备好接收该数据，则发送错误信号 Error1，如果下一位不是停止位，则发送错误信号 Error2；否则，load 信号拉高，将接收移位寄存器里面的数据并行传输到数据寄存器中（RCV_datareg，这是主状态机中的一个数据寄存器，直接连接到总线上）。

接收机 FSM 的主要 Verilog 程序段如下：

```
always @(state or Serial_in or read_not_ready_in or Sample_counter or Bit_counter)
    begin read_not_ready_out = 0;
    clr_Sample_counter = 0;
    clr_Bit_counter = 0;
    inc_Sample_counter = 0;
    inc_Bit_counter = 0;
    shift = 0;
    Error1 = 0;
    Error2 = 0;
    load = 0;
    next_state = state;
    case(state)
       idle：       if(Serial_in == 0)
                        next_state = starting;
       starting：   if(Serial_in == 1)begin
                        next_state = idle;
                        clr_Sample_counter = 1;
                    end
                    else if(Sample_counter == half_word-1)begin
```

```
                    next_state = receiving；
                    clr_Sample_counter = 1；
                end
            else inc_Sample_counter = 1；
receiving：if(Sample_counter<word_size-1)inc_Sample_counter = 1；
        else begin
            clr_Sample_counter = 1；
            if(Bit_counter! =word_size)begin
              shift = 1 ；
              inc_Bit_counter = 1；
            end
            else begin
              next_state = idle；
              read_not_ready_out = 1；
              clr_Bit_counter = 1；
              if(rcad_not_ready_in == 1)Error1 = 1；
              else if(Serial_in == 0)Error2 = 1；
              else load = 1；
            end
          end
      default：next_state = idle；
    endcase
  end
```

图 4-28 给出了波形的动态仿真结果，接收的数据为 $23_h = 0010\_0011_2$，接收的顺序是从最低有效位到最高有效位，接收到的数据在移动寄存器中由最高位移动至最低位，传输的数据前面跟一位起始位，后面跟一位停止位。在 reset_置 0 时，状态机进入 idle 状态，计数器清零。而后 reset_恢复 1，在 Serial_in 的值为 0 时的采样时钟的第一个上升沿，状态控制器进入 starting 状态，来判断这是否是一个有效起始位。然后对 Serial_in 值再持续采样 3 次，如果连续 4 次的采样采到的值都是 0，那么状态机进入接收状态，并且采样计数器清零。在 8 次采样后，shift 值置 1，采样到的值在下一个时钟上升沿到来的时候装入 RCV_shftreg 的最高有效位，RCV_shft_reg 的值变为 $80_h = 1000\_0000_2$。采样周期重复进行，又一个值 1 被采样到并装入 RCV_shftreg，寄存器里面的值变为 $1100\_0000_2 = C0_h$。

在采样周期被接收到的最后数据如图 4-29 所示，在最后一位数据被接收到后，状态机再一次采样来检测停止位。在没有错误的情况下，RCV_shftreg 中的数据会被移动到 RCV_datareg 中。从图中可以看出验证功能正确。

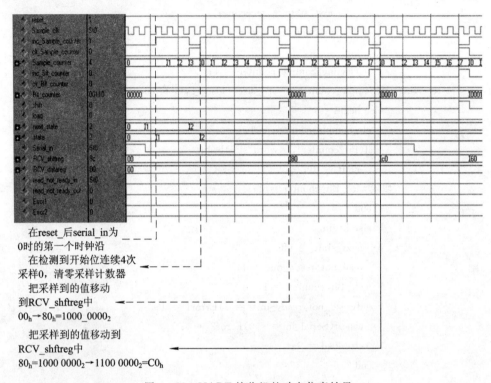

在reset_后serial_in为0时的第一个时钟沿

在检测到开始位连续4次采样0，清零采样计数器

把采样到的值移动到RCV_shftreg中
$00_h \rightarrow 80_h = 1000\_0000_2$

把采样到的值移动到RCV_shftreg中
$80_h = 1000\ 0000_2 \rightarrow 1100\ 0000_2 = C0_h$

图 4-28 UART 接收机的动态仿真结果

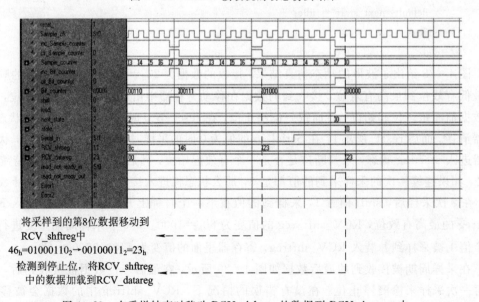

将采样到的第8位数据移动到RCV_shftreg中
$46_h = 01000110_2 \rightarrow 00100011_2 = 23_h$

检测到停止位，将RCV_shftreg中的数据加载到RCV_datareg

图 4-29 在采样结束时移动 RCV_shftreg 的数据到 RCV_datareg 中

4.4 SPI 接口介绍

4.4.1 SPI 接口总线概述

SPI(Serial Peripheral Interface)是 Motorola 公司推出的一种同步串行通信方式，是一种常用的标准接口。由于其使用简单方便且节省系统资源，很多芯片都支持该接口。SPI 接口主要应用在 EEPROM、FLASH、实时时钟、AD 转换器以及数字信号处理器和数字信号解码器之间等。SPI 接口在通信双方对时序要求不严格的不同设备之间可以很容易地进行结合，而且通信速度非常快，一般用在产品内部元件之间的高速数据通信上，如大容量存储器，这就凸现出 SPI 的好处。

SPI 接口的扩展有硬件和软件两种方法。软件模拟 SPI 接口方法虽然简单方便，但是速度受到限制，在高速且日益复杂的数字系统中，这种方法显然无法满足系统要求，所以采用硬件方法实现最为切实可行。同样，在一个基于 SPI 的设备中，至少有一个主控设备。这样的传输方式与普通的串行通信不同，普通的串行通信一次连续传送至少 8 位数据，而 SPI 允许数据一位一位地传送，甚至允许暂停，因为 SCK 时钟线由主控设备控制，当没有时钟跳变时，从设备不采集或传送数据。也就是说，主设备通过对 SCK 时钟线的控制可以完成对通信的控制。

SPI 接口是一种事实标准，并没有标准协议，大部分厂家都是参照 Motorola 的 SPI 接口定义来设计的，但正因为没有确切的版本协议，不同厂家产品的 SPI 接口在技术上存在一定的差别，本节基于一种使用较为普遍的协议来进行设计，通过简单协议来理解并设计 SPI 接口功能。

SPI 串行接口主要通过 4 根线与外界进行作用：CS，SPC，SDI，SDO。如图 4 - 30 所示(SPC 为时钟线，也称为 SCK)。

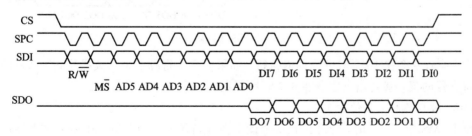

图 4 - 30 SPI 串行接口示意图

CS 是串行接口使能信号，由主 SPI 控制。CS 在通信开始的时候拉低，在通信结束的时候又拉高。SPC 是串行接口时钟，它也是由主 SPI 控制，当 CS 为高的时候(没有通信)，它停在高电平的位置上。SDI 和 SDO 分别是串行接口数据的输入和输出口。这些线在 SPC 下降沿的时候被驱动，在 SPC 上升沿的时候被捕获。

读寄存器和写寄存器的命令都是在 16 个时钟脉冲内完成的，对于多个的读/写操作，后继的读/写操作呈时钟周期的 8 倍数增长。比特位延时是指两个下降沿 SPC 之间的时间。在 CS 下降为低电平后，第一位（bit 0）在 SPC 的第一个下降沿开始，而最后一位（bit15，bit23）在最后一个 SPC 的下降沿开始，刚好在 CS 上升沿前。

bit0：$R\overline{W}$ 位。为 0 时，数据 DI(7:0) 写进设备；为 1 时，数据 DO(7:0) 从设备中读出。在后面这种情况下，在第 8 位开始时芯片会驱动 SDO。

bit1：$M\overline{S}$ 位。为 0 时，地址位在多个读/写中会保持不变；为 1 时，在多个寄存器的读写中地址会自动增加。

bit2～7：地址为(5:0)，内部寄存器的地址范围。

bit8～15：数据 DI(7:0)（写方式）。这是将要被写进设备的数据（先传输最高有效位）。

bit8～15：数据 DO(7:0)（读方式）。这是将要从设备中读出的数据（先传输最高有效位）。

在多个读/写命令中，时钟会以 8 的倍数成倍增长。当 $M\overline{S}$ 位为 0 时，在成 8 倍增长的时钟下，用来读/写数据的地址值仍然保持不变；当 $M\overline{S}$ 位为 1 时，在每 8 个时钟周期下，地址值会自动增加。

SDI 和 SDO 的功能和行为一直保持不变。

图 4-31 所示为 SPI 的读协议。

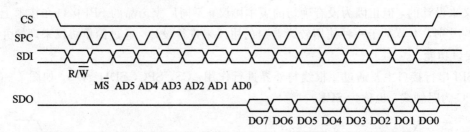

图 4-31　SPI 读协议

SPI 读命令会在 16 个时钟周期内执行，如果对多个寄存器进行读操作，那么每增加对一个寄存器的读，就会相应地增加 8 个时钟周期。如图 4-32 所示。

bit0：读操作位，其值为 1。

bit1：$M\overline{S}$ 位。为 0 时，地址位在多个读中会保持不变；为 1 时，在多个寄存器的读中地址会自动增加。

bit2～7：地址为(5:0)，内部寄存器的地址范围。

bit8～15：数据 DO(7:0)（读方式）。这是将要从设备中读出的数据（先传输最高有效位）。

bit16～…：数据 DO(…～8)多个字节读操作中的更多其他的数据。

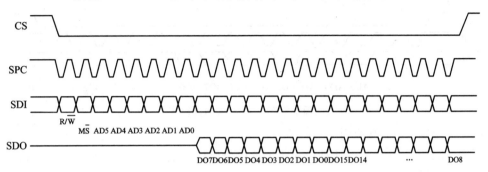

图 4-32　SPI 多个字节读协议

图 4-33 所示的是 SPI 写协议。

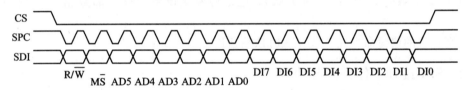

图 4-33　SPI 写协议

SPI 写命令会在 16 个时钟周期内执行，如果对多个寄存器进行读操作，那么每增加对一个寄存器的写，就会相应地增加 8 个时钟周期，如图 4-34 所示。

bit0：写操作位，其值为 0。

bit1：$M\overline{S}$ 位。为 0 时，地址位在多个写中会保持不变；为 1 时，在多个寄存器的写中地址会自动增加。

bit2～7：地址为(5:0)，内部寄存器的地址范围。

bit8～15：数据 DI(7:0)(写方式)。这是将要写到设备的数据(先传输最高有效位)。

bit16～…：数据 DI(…～8)多个字节写操作中的更多其他的数据。

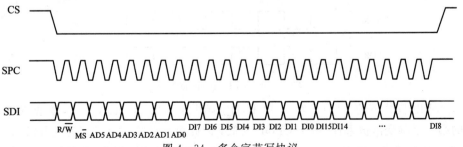

图 4-34　多个字节写协议

有些 SPI 协议还有三线的读协议, 如图 4-35 所示。通常, SPI 读命令会在 16 个时钟周期内执行, 只是输出数据由 SDO 变为 SDI。

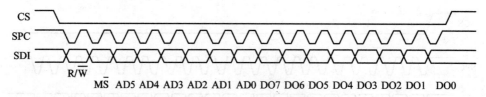

图 4-35　SPI 三线的读模式

bit0: 读操作位, 其值为 1。

bit1: $M\overline{S}$ 位。为 0 时, 地址位在多个读中会保持不变; 为 1 时, 在多个寄存器的读中地址会自动增加。

bit2~7: 地址为(5:0), 内部寄存器的地址范围。

bit8~15: 数据 DO(7:0)(读方式)。这是将要从设备中读出的数据(先传输最高有效位)。

多个字节的读写命令在 3 线模式时依然适用。

4.4.2　SPI 接口工作模式与协议

由于工作方式的不同, 可将 SPI 分为两种模式: 主模式和从模式, 二者都需要在 SCK 的作用下才能工作。主模式不需要 CS 信号, 而从模式必须在 CS 信号有效的情况下才能完成。不论是在主模式下还是在从模式下, 都要在时钟极性(CPOL)和时钟相位(CPHA)的配合下才能有效地完成一次数据传输。其中, 时钟极性表示时钟信号在空闲时的电平, 时钟相位决定数据是在 SCK 的上升沿采样还是下降沿采样。根据时钟极性和时钟相位的不同组合, 可以得到 SPI 总线的四种工作模式, 如图 4-36 所示。

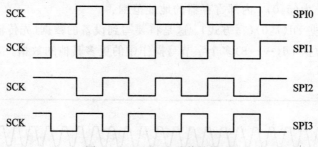

图 4-36　SPI 四种传输模式

(1) SPI0 模式下的 CPOL 为 0, SCK 的空闲电平为低; CPHA 为 0, 数据在串行同步时钟的第一个跳变沿被采样(由于 CPOL 为低, 因此第一个跳变沿只能为上升沿)。

(2) SPI1 模式下的 CPOL 也为 0, SCK 的空闲电平为低; 但是 CPHA 为 1, 数据在串行同步时钟的第二个跳变沿被采样(由于CPOL为低,因此第二个跳变沿只能为下降沿)。

(3) SPI2模式下的CPOL为1,SCK的空闲电平为高;CPHA为0,数据在串行同步时钟的第一个跳变沿被采样(由于CPOL为高,因此第一个跳变沿只能为下降沿)。

(4) SPI3模式下的CPOL为1,SCK的空闲电平为高;CPHA为1,数据在串行同步时钟的第二个跳变沿被采样(由于CPOL为高,因此第一个跳变沿只能为上升沿)。

在上述四种模式中,使用的最为广泛的是SPI0和SPI3方式。由于每一种模式都与其他三种不兼容,因此为了完成主、从设备间的通信,主、从设备的CPOL和CPHA必须有相同的设置。这里需要注意的是,如果主设备/从设备在SCK上升沿发送数据,则从设备/主设备最好在下降沿采样数据;如果主设备/从设备在SCK下降沿发送数据,则从设备/主设备最好在SCK上升沿采样数据。

SPI是一个环形总线结构,由CS、SCK、SDI、SDO构成,其时序其实很简单,主要是在SCK的控制下,两个双向移位寄存器进行数据交换。我们假设主机的8位寄存器内的数据是48_h,而从机的8位寄存器内的数据是26_h,在上升沿的时候发送数据,在下降沿的时候接收数据,最高位的数据先发送,主机和从机之间全双工通信,也就是说两个SPI接口同时发送和接收数据,如图4-37所示。从图中我们也可以看到,主机移位寄存器总是将最高位的数据移出,接着将剩余的数据分别左移1位,然后将接收到的数据移入其最低位。

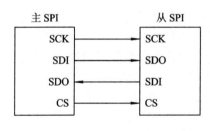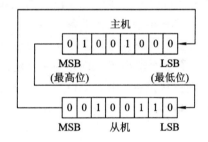

图4-37 SPI的环形总线结构

如图4-37所示,在第一个上升沿到来的时候,主机将最高位0移出,并将所有数据左移1位,这时SDI线为低电平,而从机将最高位0移出,并将所有数据左移1。当下降沿到来的时候,主机将锁存SDO线上的电平并将其移入其最低位;同样地,从机将锁存SDI线上的电平并将其移入最低位。经过8个脉冲后,两个移位寄存器就实现了数据的交换,也就是完成了一次SPI的数据传输。

相对于I^2C接口和UART接口,SPI的状态机比较简单。SPI也需要用主时钟去采样同步时钟信号和输入/输出数据信号,而且我们也可以用与I^2C和UART相同的方法来模拟主SPI接口,由于篇幅关系,就不再一一详述。

4.5　三种接口芯片的特点

I^2C、UART、SPI 三种接口的区别如下：

I^2C 总线是双向、两线、串行、多主控（multi-master）接口标准，具有总线仲裁机制，非常适合在器件之间进行近距离、非经常性的数据通信。在它的协议体系中，传输数据时都会带上目的设备的设备地址，因此可以实现设备组网。如果用通用 I/O 口模拟 I^2C 总线，并实现双向传输，则除了需一个输入/输出口（SDA），另外还需一个输出口（SCL）。I^2C 的接口线虽然更少，但比 UART、SPI 功能更为强大，技术上也更加复杂一些，因为 I^2C 需要有双向 I/O 口的支持，而且使用上拉电阻，一般抗干扰能力较弱，用于同一板卡上芯片之间的通信，较少用于远距离通信。

UART 总线是异步串口，因此比前两种同步串口的结构要复杂很多，由波特率产生器（产生的波特率等于传输波特率的 16 倍）、UART 接收器、UART 发送器组成。UART 的硬件上有两根线，一根用于发送，一根用于接收。显然，如果用通用 I/O 口模拟 UART 总线，则需一个输入口和一个输出口。但是 UART 需要固定的波特率，就是说两位数据的间隔要相等。

SPI 总线可以实现多个 SPI 设备的互相连接。提供 SPI 串行时钟的 SPI 设备为 SPI 主机或主设备（Master），其他设备为 SPI 从机或从设备（Slave）。主从设备间可以实现全双工通信，当有多个从设备时，还可以增加一条从设备选择线。如果用通用 I/O 口模拟 SPI 总线，必须要有一个输出口（SDO）和一个输入口（SDI），另一个口则视实现的设备类型而定。如果要实现主从设备，则需 I/O 口；若只实现主设备，则需输出口即可；若只实现从设备，则只需输入口即可。

第五章　音频处理器芯片的数字系统设计

5.1　数字音频处理器简介

19 世纪数字技术的出现给人们的工作和生活带来了巨大的影响，在这个科技飞速发展的数字化时代，数字音频技术可以称得上是数字信号处理中应用最广泛的数字技术之一。数字音频技术的主要优点是能提高音频信号的质量，增强信号的抗干扰能力，便于信号的存储、传输和处理。

数字音频技术是指把模拟声音信号通过采样、量化和编码过程转换成数字信号，然后再进行记录、传输以及其他的加工处理，重放时再将这些记录的数字音频信号还原成模拟信号，获得连续的声音。虽然自然界中的音频信号是模拟信号，经过数字化处理后的音频信号也必须还原为模拟信号才能最终转换为声音，但是由于音频信号数字化之后可以扩大音频的动态范围，可以利用计算机进行数据处理，可以不失真地远距离传输，可以与图像、视频等其他媒体信息进行多路复用以实现多媒体化与网络化，所以，音频信号数字化是一种必不可少的技术手段。

当音频信号变成数字形式之后，所有的声音处理实际上都是一种数字信号的处理，适用数字信号处理的各种理论和算法。数字音频处理既可以通过软件在计算机上实现，也可以通过硬件来实现。以软件为主的实现方法的成本低、使用灵活、可反复修改和多次加工，其缺点是实时性差，但随着计算机处理能力的提高，这个缺点正在逐步被克服。基于硬件的实现方法能够满足实时操作的要求，也可以通过软件编程实现一些功能，具有较强的灵活性。

数字音频信号处理的实现方案有很多种，如通用的可编程 DSP 芯片、嵌入式 RISC 处理器、现场可编程门阵列 FPGA 处理器和专用数字音频处理器芯片等。以上数字音频处理技术的共同点是处理的对象都是数字音频信号，但其各有优缺点：

（1）通用的可编程 DSP 芯片具有非常适合数字音频信号处理的软件和硬件资源，可用于复杂的数字信号处理算法，在实时数字信号处理领域处于主导地位。

（2）嵌入式 RISC 处理器虽然在处理多媒体任务时通常效率较低，但它在应用软件开发方面具有许多优点。

（3）现场可编程门阵列 FPGA 处理器具有用户可编程的特性，电子系统设计工程师利用 FPGA 可以在实验室中设计出专用 IC，实现系统的集成，从而大大缩短了产品开发、上市的时间，降低了开发成本。

（4）专用数字音频处理芯片用在一些特殊的场合，其要求信号的处理速度极高，而通用 DSP 芯片很难实现；但专用芯片的开发周期长、费用高、一次投片的风险大。

通用的可编程 DSP 芯片、嵌入式 RISC 处理器和现场可编程门阵列 FPGA 处理器通常用于音频处理方法或系统的开发，而专用数字音频处理芯片则针对于音频产品的实现。本章设计的数字音频处理器是一款专用于音频播放系统的立体声数字音频处理器芯片，属于专用数字音频处理器芯片。

图 5-1 是基于专用数字音频处理器芯片的音频信号处理过程示意图。模拟音频信号通过采样、量化和编码后变成数字音频信号存储起来，通过主机控制以 I^2S 格式把数字音频信号发送到数字音频处理器，数字音频处理器对数字音频信号进行均衡、音量调节、动态范围控制、去加重、直流滤波、过采样和 sigma-delta$(\Sigma-\Delta)$ 调制等处理后输出给音频功放放大，然后通过扬声器传播出去。目前，专用数字音频处理器芯片在 MP3、手机等领域得到了广泛的应用。因此设计一款高性能、低成本和实用性强的数字音频处理器具有很重要的现实意义。

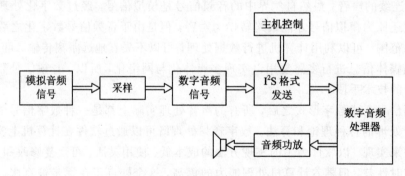

图 5-1　基于专用数字音频处理器芯片的音频信号处理过程示意图

5.2　数字音频处理关键技术研究

5.2.1　音频信号数字化过程

音频信号数字化过程就是将连续的模拟信号转换为离散的数字信号，由一连串的二进制码流表示。如图 5-2 所示，将模拟音频信号数字化至少应包括三个阶段：采样、量化和编码。

图 5-2 音频信号数字化过程

1. 采样

音频信号数字化的第一步就是采样。采样是将时间上连续变化的信号转化为时间上离散的信号，即将时间上连续变化的模拟量转化为一系列等间隔的脉冲，脉冲的幅度取决于输入的模拟量。其过程如图 5-3 所示，图中 $u(t)$ 表示输入模拟信号，$s(t)$ 表示周期为 T 的采样脉冲信号，$u'(t)$ 表示采样后的离散信号。

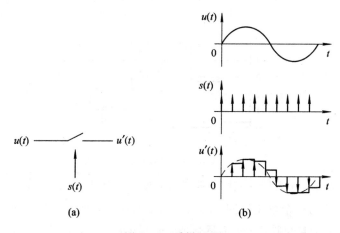

图 5-3 采样过程

在采样脉冲 $s(t)$ 作用下，采样开关周期性地打开、闭合。当采样信号有效时，采样开关闭合，$u'(t)$ 获得 $u(t)$ 的当前值；当采样信号无效时，采样开关打开，$u'(t)$ 保持前一时刻的值不变。采样后的离散信号 $u'(t)$ 的频谱函数为

$$U'(j\Omega) = \frac{1}{T} \sum_{k=-\infty}^{\infty} U(j\Omega - jk\Omega_s) \tag{5-1}$$

式(5-1)中，$\Omega_s = 2\pi/T$；$U'(j\Omega)$ 为离散信号 $u'(t)$ 的频谱；$U(j\Omega)$ 为模拟信号 $u(t)$ 的频谱。式(5-1)表明，离散信号 $u'(t)$ 的频谱是由模拟信号 $u(t)$ 的频谱 $U(j\Omega)$ 以 Ω_s 为周期进行拓展后，再衰减 $1/T$ 得到的。因此为了保证采样后模拟信号所携带的信息不丢失，采样频率 $f_s(f_s = 1/T)$ 需大于模拟信号 $u(t)$ 最高频率的两倍，即满足奈奎斯特采样定理。

音频信号采样过程中常用的采样频率有 32 kHz、44.1 kHz、48 kHz、96 kHz、192 kHz 等。高保真音频信号的上限频率为 20 kHz，普通音频信号的上限频率为 15 kHz。为了完成音频信号的采样且不出现频谱混叠，采样前需要使用低通滤波器将高频分量滤除。

2. 量化

量化是对采样后信号幅度的离散化。经过采样后的信号虽然在时间上是离散的但在幅度上仍然是连续的，其幅度的取值可以是一定范围内的任意值，所以采样后信号的幅度将会对应于无限多个数值。由于数字量受位宽的限制只能表示有限个数值，因此若想用数字量表示连续的幅度值就必须对其进行离散化，将采样后的幅度值量化为有限个离散数值。量化过程如图 5-4 所示，将整个幅度的取值范围划分为有限个区间，然后把落入各个区间内的采样值归为一类，并赋予相同的数值。量化过程中每个量化区间称为一个量化间隔，量化间隔的总数叫做量化级数。量化值与采样值间的误差为量化误差，或者量化噪声。

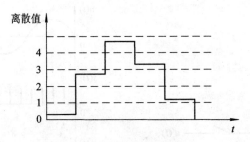

图 5-4 量化过程

设 M 为量化级数；Δ 为量化间隔，模拟信号取值区间为 $[-a, a]$，$a = M\Delta/2$；n 为量化比特数，$M = 2^n$；R_k 为一个量化区间，$R_k = [-a + k\Delta, -a + (k+1)\Delta]$；$y_k$ 为 R_k 区间的中点；u_n 为采样值；e_n 为量化噪声；q_n 为量化值，$q_n = q(u_n) = u_n + e_n$。

e_n 的分布函数为

$$F_{e_n}(\alpha) = \sum_{k=0}^{M-1} P(e_n \leqslant \alpha, \, u_n \in R_k) \tag{5-2}$$

若 $f_{u_n}(\beta)$ 变化较缓慢，Δ 相对 $\pm a$ 较小，则有

$$P(e_n \leqslant \alpha, \, u_n \in R_k) = \int_{-a+k\Delta}^{-a+k\Delta+\alpha} f_{u_n}(\beta) \, \mathrm{d}\beta \approx f_{u_n}(y_k)\alpha \tag{5-3}$$

因此

$$F_{e_n}(\alpha) = \frac{\alpha}{\Delta} \sum_{k=0}^{M-1} f_{u_n}(y_k) \Delta \approx \frac{\alpha}{\Delta} \int_{-a}^{a} f_{u_n}(u) \mathrm{d}u \approx \frac{\alpha}{\Delta} \tag{5-4}$$

所以

$$f_{e_n}(\alpha) \approx \frac{1}{\Delta}, \quad \alpha \in \left(-\frac{\Delta}{2}, \frac{\Delta}{2}\right) \tag{5-5}$$

$$E(e_n) = 0 \tag{5-6}$$

e_n 联合概率密度函数为

$$P(e_l \leqslant \alpha_l, \ l = n, \cdots, n+k-1) = \sum_{i_1, \cdots, i_k} P(e_l \leqslant \alpha_l, u_l \in R_{i_l}; \ l = n, \cdots, n+k-1)$$

$$(5-7)$$

其中,

$$P(e_l \leqslant \alpha_l, u_l \in R_{i_l}; \ l = n, \cdots, n+k-1) = \int_{a+k\Delta}^{a+k\Delta+\alpha_1} \cdots \int_{a+k\Delta}^{a+k\Delta+\alpha_k} f_{u_n, \cdots, u_{n+k-1}}(\beta_1, \cdots, \beta_k) \mathrm{d}\beta_1 \cdots \mathrm{d}\beta_k$$

$$\approx f_{u_n, \cdots, u_{n+k-1}}(y_{i_1}, \cdots, y_{i_k}) \alpha_1 \cdots \alpha_k \qquad (5-8)$$

因此

$$f_{e_n, \cdots, e_{n+k-1}}(\alpha_1, \cdots, \alpha_k) \approx \frac{1}{\Delta^k} \qquad (5-9)$$

所以

$$R_e(n, k) = E(e_n e_k) = \sigma_e^2 \delta_{n-k} \qquad (5-10)$$

$$\sigma_e^2 = \frac{\Delta^2}{12} \qquad (5-11)$$

在以上条件满足的情况下可得量化噪声为白噪声,量化噪声的白噪声模型是一个非常重要的结论,在数字音频信号处理过程中经常会用到这一模型。利用以上模型求得模拟信号为正弦波时的信噪比为

$$\mathrm{SNR} = 10 \log \left(\frac{\frac{1}{2}a^2}{\frac{\Delta^2}{12}} \right) = 10 \log \left(\frac{3}{2} \times 2^{2n} \right) \approx 6.02n + 1.76 \ (\mathrm{dB}) \qquad (5-12)$$

由式(5-12)可知,量化比特 n 每增加一位,信噪比就提高 6.02 dB。数字音频信号中,一般量化比特 n 为 16 bit,有时为了达到高的信噪比也取 24 bit。

3. 编码

编码就是用一组二进制比特码来表示离散的量化值,每一组比特码对应一个离散值。不同的应用场合需要使用不同的编码方式。音频信号编码方式可以分为两大类:无损编码和有损编码。无损编码基于统计模型,在解码端可以精确地恢复原始音频信号的幅度值。有损编码基于心理声学模型,编码过程中只关心与听觉有关的部分,在解码端不能精确恢复原始音频信号幅度值。目前应用比较广泛的编码标准有 MPEG-1、MPEG-2 和 MPEG-4。

5.2.2 音效均衡器的设计

1. 均衡器功能概述

在音响扩音系统中,对音频信号要进行多方面的加工处理,才能使重放的声音变得优美、悦耳、动听,满足人们聆听的需要。均衡器(Equalizer, EQ)是一种用来对频响曲线进

行调整的音频处理设备。它将音频信号分为多个不同的频段，然后通过调节不同频段的中心频率对各频段信号电平按需要进行提升或衰减，也就是使相对音量发生变化。因此它能补偿由于各种原因造成的信号中欠缺的频率成分，也能抑制信号中过多的频率成分。

由于乐器发出的声音大多为复合音，即它们是由基波和谐波复合而成的，所以改变各频段能量分布的相对大小就相当于改变基波与谐波之间的相对关系，从而导致人耳对声音频谱结构的听觉感受（即音色）发生了改变。因此利用均衡器可以进行音色加工和美化。音响系统的均衡特性如图 5-5 所示。

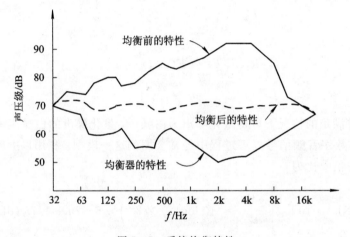

图 5-5　系统均衡特性

均衡器的种类很多，但其基本的工作原理都是相同的。它们都是将音频信号的全频带（20 Hz～20 kHz）或全频带的主要部分，按一定的规律分成几个或十几个频率点（也称频段），再利用滤波器的选频特性，分别进行提升或衰减，从而获得所希望的频响校正曲线。

2. 均衡滤波器的设计

音响系统中使用的均衡滤波器可以对声音频率中的某些频段进行提升或衰减处理，以修正房间的声学特性和扬声器音箱频率特性不均匀引起的某些音频频率过强、某些频率声音不足等问题，或者对声音进行修饰和美化，以适应个人爱好和增强现场感。

均衡滤波器的特点就是在对某些频率分量进行提升或衰减的时候不会影响其他频率分量的特性，传统的低通、高通、带通滤波器并不能满足这一要求，因此采用一种特殊的权值滤波器即斜度（Shelving）滤波器和峰值（Peak）滤波器来实现均衡滤波，其频响特性曲线如图5-6所示。这两种滤波器与传统滤波器最大的不同在于 Shelving 滤波器和峰值滤波器没有阻带。通过将 Shelving 滤波器和峰值滤波器串行级联的方式就可以实现均衡器的功能，如图 5-7 所示。

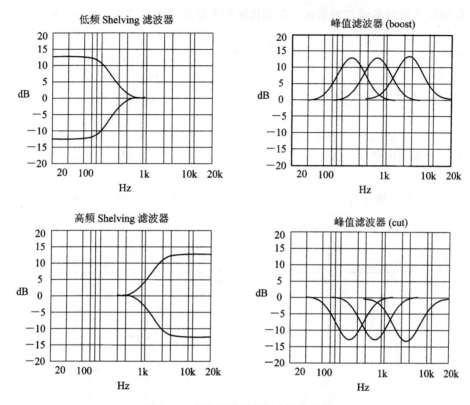

图 5 - 6　均衡滤波器的频响特性曲线

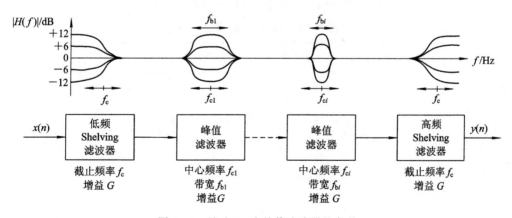

图 5 - 7　Shelving 和峰值滤波器的串联

　　低频部分采用低频 Shelving 滤波器进行均衡处理，高频部分采用高频 Shelving 滤波器，这两种滤波器都可以通过改变截止频率和增益来改变其滤波特性。中间频段部分采用具有不同中心频率、带宽和增益的峰值滤波器串联实现。

本章所设计的均衡滤波器采用二阶 IIR 结构的数字滤波器实现，其频率响应函数为

$$H(z) = \frac{b_0 + b_1 \cdot z^{-1} + b_2 \cdot z^{-2}}{1 - a_1 \cdot z^{-1} - a_2 \cdot z^{-2}} \qquad (5-13)$$

时域表达式为

$$y(n) = b_0 \cdot x(n) + b_1 \cdot x(n-1) + b_2 \cdot x(n-2) + a_1 \cdot y(n-1) + a_2 \cdot y(n-2)$$

$$(5-14)$$

具体实现框图如图 5-8 所示。该滤波器有五个抽头系数 b_0、b_1、b_2、a_1 和 a_2，通过对这五个参数设置不同的值就可以得到不同的频率响应函数，实现不同的滤波效果。而 b_0、b_1、b_2、a_1 和 a_2 可以通过表 5-1 至表 5-3 所示表达式求出。其中，$K = \tan(2 \cdot \pi \cdot f_c \cdot T/2)$，$T = 1/f_s$ 为输入信号的采样周期，f_c 为滤波器的截止频率或中心频率（频段），Q_∞ 为品质因子（频带宽度），G 为增益（提升/衰减量）。

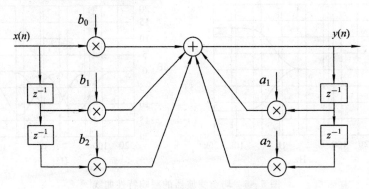

图 5-8 二阶 IIR 滤波器的实现框图

表 5-1 峰值滤波器的设计

峰值（boost $V_0 = 10^{G/20}$）				
b_0	b_1	b_2	$-a_1$	$-a_2$
$\dfrac{1 + \dfrac{V_0}{Q_\infty}K + K^2}{1 + \dfrac{1}{Q_\infty}K + K^2}$	$\dfrac{2(K^2-1)}{1 + \dfrac{1}{Q_\infty}K + K^2}$	$\dfrac{1 - \dfrac{V_0}{Q_\infty}K + K^2}{1 + \dfrac{1}{Q_\infty}K + K^2}$	$\dfrac{2(K^2-1)}{1 + \dfrac{1}{Q_\infty}K + K^2}$	$\dfrac{1 - \dfrac{1}{Q_\infty}K + K^2}{1 + \dfrac{1}{Q_\infty}K + K^2}$
峰值（cut $V_0 = 10^{-G/20}$）				
b_0	b_1	b_2	$-a_1$	$-a_2$
$\dfrac{1 + \dfrac{1}{Q_\infty}K + K^2}{1 + \dfrac{V_0}{Q_\infty}K + K^2}$	$\dfrac{2(K^2-1)}{1 + \dfrac{V_0}{Q_\infty}K + K^2}$	$\dfrac{1 - \dfrac{1}{Q_\infty}K + K^2}{1 + \dfrac{V_0}{Q_\infty}K + K^2}$	$\dfrac{2(K^2-1)}{1 + \dfrac{V_0}{Q_\infty}K + K^2}$	$\dfrac{1 - \dfrac{V_0}{Q_\infty}K + K^2}{1 + \dfrac{V_0}{Q_\infty}K + K^2}$

表 5-2　低频 Shelving 滤波器的设计

低频 Shelving(boost $V_0=10^{G/20}$)				
b_0	b_1	b_2	$-a_1$	$-a_2$
$\dfrac{1+\sqrt{2V_0}K+V_0K^2}{1+\sqrt{2}K+K^2}$	$\dfrac{2(V_0K^2-1)}{1+\sqrt{2}K+K^2}$	$\dfrac{1-\sqrt{2V_0}K+V_0K^2}{1+\sqrt{2}K+K^2}$	$\dfrac{2(K^2-1)}{1+\sqrt{2}K+K^2}$	$\dfrac{1-\sqrt{2}K+K^2}{1+\sqrt{2}K+K^2}$
低频 Shelving(cut $V_0=10^{-G/20}$)				
b_0	b_1	b_2	$-a_1$	$-a_2$
$\dfrac{1+\sqrt{2}K+K^2}{1+\sqrt{2V_0}K+V_0K^2}$	$\dfrac{2(K^2-1)}{1+\sqrt{2V_0}K+V_0K^2}$	$\dfrac{1-\sqrt{2}K+K^2}{1+\sqrt{2V_0}K+V_0K^2}$	$\dfrac{2(V_0K^2-1)}{1+\sqrt{2V_0}K+V_0K^2}$	$\dfrac{1-\sqrt{2V_0}K+V_0K^2}{1+\sqrt{2V_0}K+V_0K^2}$

表 5-3　高频 Shelving 滤波器的设计

高频 Shelving(boost $V_0=10^{G/20}$)				
b_0	b_1	b_2	$-a_1$	$-a_2$
$\dfrac{V_0+\sqrt{2V_0}K+K^2}{1+\sqrt{2}K+K^2}$	$\dfrac{2(K^2-V_0)}{1+\sqrt{2}K+K^2}$	$\dfrac{V_0-\sqrt{2V_0}K+K^2}{1+\sqrt{2}K+K^2}$	$\dfrac{2(K^2-1)}{1+\sqrt{2}K+K^2}$	$\dfrac{1-\sqrt{2}K+K^2}{1+\sqrt{2}K+K^2}$
高频 Shelving(cut $V_0=10^{-G/20}$)				
b_0	b_1	b_2	$-a_1$	$-a_2$
$\dfrac{1+\sqrt{2}K+K^2}{V_0+\sqrt{2V_0}K+K^2}$	$\dfrac{2(K^2-1)}{V_0+\sqrt{2V_0}K+K^2}$	$\dfrac{1-\sqrt{2}K+K^2}{V_0+\sqrt{2V_0}K+K^2}$	$\dfrac{2(K^2/V_0-1)}{1+\sqrt{2/V_0}K+K^2/V_0}$	$\dfrac{1-\sqrt{2/V_0}K+K^2/V_0}{1+\sqrt{2/V_0}K+K^2/V_0}$

5.2.3　动态范围控制器的设计

1. 扩声系统中使用动态范围控制器的意义

　　人类的听感动态范围从能承受的最大响度到能感受的最安静声音响度的范围可达 10^6∶1(即 100 万倍)，听感的动态范围达 120 dB。扩声系统声音重放的动态范围由于受电子设备的限制，远比人耳的动态范围小很多。最低声音的响度受系统中不相关噪声的限制，使小的声音信号淹没在噪声中而无法听到；最大声音的响度受信号削波的限制，使音乐信号中的较大的峰值被削波，如图 5-9 所示。这样不仅产生严重的削波失真，而且信号削波后会产生大量谐波，容易损坏扬声器单元(尤其是高音扬声器)。所以信号动态范围控制器就尤为重要。它设有一个小于削波电平的门限，把超过门限电平的大幅度信号按照一定的压缩比进行压缩，产生如图 5-9 中虚线部分的波形，使这些峰值信号只是按比例减小了振幅而不产生信号削波。

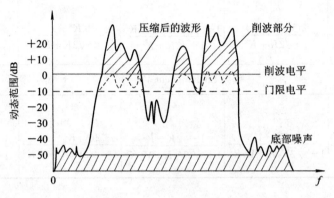

图 5-9 压缩器的作用

动态范围控制器的应用一方面限制了音频信号中极大的峰值信号，保护扬声器和功放免受冲击和损坏；另一方面因为降低了信号的峰值，可使音频信号中其他幅度较小的信号得到充分的提升，从而可获得更大的声音响度。

2. 动态范围控制器的工作原理

动态范围控制器主要有四种工作模式：压缩器、限幅器、扩展器和噪声门。

压缩器是把超过门限电平的输入信号，按照设定的压缩比率(通常压缩比范围是 1∶1～10∶1)对信号进行自动压缩，使输出信号不会发生过载削波失真。

限幅器是指能按限定的范围削平信号电压波幅的电路，又称削波器。限幅电路的作用是把输出信号幅度限定在一定的范围内，亦即当输入电压超过或低于某一参考值后，输出电压将被限制在某一电平(压缩比为 ∞∶1)以内。限幅器的压缩比一般设定为 10∶1～∞∶1。限幅器通常用于保护扬声器系统不受损坏。

压缩器与限幅器的差异在于门限电平与压缩比的不同，限幅器的门限电平设置得较高，压缩比较大。因此这两种功能可以用同一个装置来完成，称为"压缩/限幅器"。

扩展器又称为向下扩展器，它的作用是扩展小信号的信噪比。如果输入信号电平小于扩展器的门限电平，扩展器会按扩展比(通常是 1.5∶1～2.5∶1)增加输出信号电平，使小信号获得更大的放大效果。

控制器中使用噪声门后，当输入信号或噪声信号小于噪声门限电平时，系统将会自动关闭输出，这样可消除或减小无信号期间的噪声增益，增加系统的动态范围。

本章所设计的动态范围控制器主要工作在压缩器模式，下面将对压缩器的四个主要工作参量——压缩门限、压缩比、启动时间和恢复时间对声音的具体影响进行分析。

1）压缩门限

所谓压缩门限，是指压缩器进入压缩状态的电平值，即压缩器产生压缩动作的电平条件。理论上压缩门限的设置与压缩比的选择是相互关联的。压缩门限、压缩比的确定以处理后的信号电平为尺度，使其正好达到设备的最大动态范围。这样既可以充分利用设备的动态裕量，又可以达到限幅的目的。压缩器输入/输出特性与压缩门限的关系如图 5-10 所示。

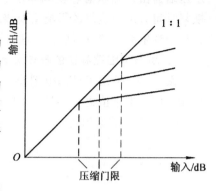

2）压缩比

压缩比表示压缩器对超过压缩门限的信号的压缩能力。压缩比等于压缩器的输入信号动态变化的分贝（dB）数与压缩器输出信号动态变化的分贝数之比。例

图 5-10　输入/输出特性与压缩门限的关系

如，输入信号动态变化 60 dB，输出信号动态变化 20 dB，则压缩比为 60∶20＝3∶1。

这里的动态变化分贝数是一种相对量，有

$$(U_{输入})_{dB} = 20 \log\left(\frac{U_{输入}}{U_0}\right) \qquad (5-15)$$

式中，$(U_{输入})_{dB}$ 表示输入信号的分贝值；$U_{输入}$ 表示输入信号的大小，单位为 V 或 mV；U_0 表示以某一信号电压值为标准，单位也是 V 或 mV。

压缩器输入/输出特性与压缩比的关系如图 5-11 所示。

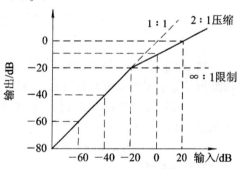

3）启动时间

启动时间表示当输入信号超过压缩门限后，压缩器由未压缩状态转换到压缩状态的速度。启动时间影响声音包络的音头，而声音的音头中有

图 5-11　输入/输出特性与压缩比的关系

反映声音明亮度和力度的中、高频成分，启动时间太长或太短都会影响声音的效果。如果启动时间太短，那么信号电平一旦超过压缩门限马上被压缩，这就使得声音信号的音头在很大程度上被抑制，声音的明亮度和力度被削弱；如果启动时间过长，在峰值信号到来时不能及时地进行压缩处理，使本该被压缩的信号在后面的时间才开始压缩，这样会使得主观听觉上感到加强了音头的爆发力，声音听起来十分不自然。启动时间的范围一般为零点几毫秒到几百毫秒。

4）恢复时间

当信号电平降到压缩门限之下时，压缩器增益将提高，恢复到单位增益。恢复时间表

示压缩器由压缩状态转换到非压缩状态的速度，一般的恢复时间范围为几十毫秒到几秒。恢复时间对声音包络的影响主要表现在声音包络的衰减过程或音尾上。通常恢复时间应该稍长于音乐的自然衰减时间，这样有助于音乐的衔接。

3. 动态范围控制器的具体设计

图 5-12 给出了动态范围控制器的实现框图，本系统采用前置反馈的控制方式，首先对输入信号电平值进行测量，然后根据输入信号的动态范围值产生一个合适的增益控制系数 $g(n)$，最后的输出为

$$y(n) = x(n) * g(n)$$

对数域表示形式为

$$Y_{dB}(n) = X_{dB}(n) + G_{dB}(n)$$

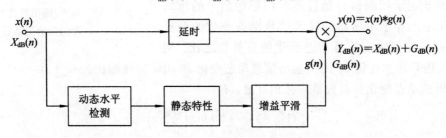

图 5-12 动态范围控制器的系统框图

1）动态水平检测

动态范围控制器是对信号的动态范围进行处理，所以，首先要明确信号的动态水平。信号的动态水平测量有两种方法：峰值测量法和均方根（RMS）测量法。

（1）峰值测量法：把输入信号的绝对值与峰值作比较，当 $|x(n)| > x_{PEAK}(n-1)$ 时，采用系数 AT（Attack Time），则

$$x_{PEAK}(n) = (1 - AT) \cdot x_{PEAK}(n-1) + AT \cdot |x(n)| \tag{5-16}$$

传输函数为

$$H(z) = \frac{AT}{1 - (1 - AT) \cdot z^{-1}} \tag{5-17}$$

当 $|x(n)| < x_{PEAK}(n-1)$ 时，采用系数 RT（Release Time），则

$$x_{PEAK}(n) = (1 - RT) \cdot x_{PEAK}(n-1) + RT \cdot |x(n)| \tag{5-18}$$

传输函数为

$$H(z) = \frac{RT}{1 - (1 - RT) \cdot z^{-1}} \tag{5-19}$$

系数 AT、RT 由以下公式求得

$$AT = 1 - \exp\left(\frac{-2.2T_s}{\dfrac{t_a}{1000}}\right) \tag{5-20}$$

$$RT = 1 - \exp\left[\frac{-2.2T_s}{\dfrac{t_r}{1000}}\right] \qquad (5-21)$$

其中，t_a、t_r 的单位为毫秒(ms)；T_s 为采样间隔。注意，这里的 t_a、t_r 与前面所讲的启动时间和恢复时间含义不同，是峰值检测系统中的上升时间和下降时间，而非整个 DRC 模块的动态速率。

通过系数 AT、RT 的转换，我们就可以实现输入信号幅度增大时的快速上升时间响应和输入信号幅度减小时的慢衰减响应。峰值检测法的结构框图如图 5-13 所示。

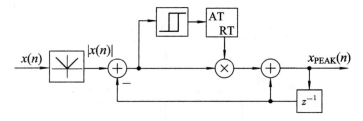

图 5-13 峰值检测法结构框图

(2)均方根测量法：均方根的计算公式为：

$$x_{RMS}(n) = \sqrt{\frac{1}{n}\sum_{i=0}^{N-1}x^2(n-i)}$$

当采样点数大于 N 时，该值可采用递归公式求得。

均方根测量法的实现框图如图 5-14 所示，先对输入信号求平方，再通过一阶低通滤波器求平均值。

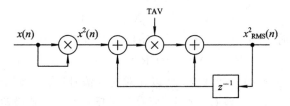

图 5-14 RMS 检测法实现框图

时间平均系数(Time Averaging Coefficient，TAV)为

$$TAV = 1 - \exp\left[\frac{-2.2T_s}{\dfrac{t_M}{1000}}\right]$$

其中，t_M 为平均时间，单位为 ms。

差分方程为

$$x_{RMS}^2(n) = (1 - TAV) \cdot x_{RMS}^2(n-1) + TAV \cdot x^2(n) \qquad (5-22)$$

峰值检测法检测出的电平值总是大于或等于信号值，实现方法较简单；而均方根检测法对电平的检测反应比较快，短时间内电平的变化也较大，实时性较好，所以本章采用均方根检测法。

2）静态特性

动态范围控制器的静态特性由压缩门限（Compressor Threshold，CT）和压缩比（Compressor Ratio，CR）确定，图 5-15 给出了输出 Y 与输入 X 以及权值 G（或者说增益）与输入 X 之间的关系。由图可以看出，当输入信号的范围大于门限值 CT 时，将会对信号的动态范围进行压缩。

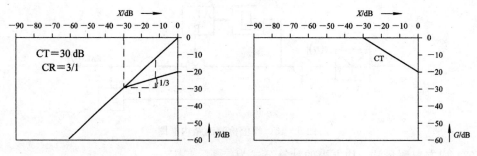

图 5-15　静态特性曲线

在对数域表示中，压缩比 CR 定义为输入信号变化量 P_{I} 与输出信号变化量 P_{O} 的比值，即

$$\mathrm{CR} = P_{\mathrm{I}}/P_{\mathrm{O}}$$

由图 5-15 可以得出

当 $X_{\mathrm{dB}}(n) < \mathrm{CT}$ 时，$Y_{\mathrm{dB}}(n) = X_{\mathrm{dB}}(n)$，则

$$G_{\mathrm{dB}} = Y_{\mathrm{dB}} - X_{\mathrm{dB}} = 0 \text{ dB}$$

当 $X_{\mathrm{dB}}(n) > \mathrm{CT}$ 时，$Y_{\mathrm{dB}}(n) = \mathrm{CR}^{-1}(X_{\mathrm{dB}}(n) - \mathrm{CT}) + \mathrm{CT}$，所以

$$G_{\mathrm{dB}} = Y_{\mathrm{dB}} - X_{\mathrm{dB}} = (\mathrm{CR}^{-1} - 1)(X_{\mathrm{dB}}(n) - \mathrm{CT}) \tag{5-23}$$

因为输入音频信号 $x(n)$ 为线性值，所以在对输入信号进行压缩处理之前，首先要对其进行一次求对数运算。求出增益 G_{dB} 之后，要对其求反对数，得到增益的线性值 $g(n)$。

3）增益平滑

除了静态特性外，动态范围控制器还有动态特性。动态特性反映了控制器在过门限状态下的反应速度。对音频信号而言，系统的增益变化并不是越快越好，增益变化太快会造成可感知的失真。衡量动态范围控制器的动态特性的参数有两个，就是我们之前所提到的启动时间和恢复时间，如图 5-16 所示。

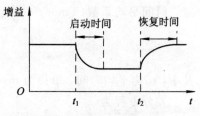

图 5-16　启动时间和恢复时间

假设一个连续时间系统的阶跃响应为 $g(t)=1-\mathrm{e}^{-t/\tau}$，$\tau$ 为时常数。对上述响应函数进行采样得到离散时间响应

$$g(nT_s) = \varepsilon(nT_s) - \mathrm{e}^{-nT_s/\tau} = 1 - z_\infty^n, \quad z_\infty = \mathrm{e}^{-T_s/\tau} \tag{5-24}$$

Z 变换为

$$G(z) = \frac{z}{z-1} - \frac{1}{1 - z_\infty \cdot z^{-1}} = \frac{1 - z_\infty}{(z-1)(1 - z_\infty \cdot z^{-1})} \tag{5-25}$$

定义上升时间 t_{set} 为信号从最大值的 10% 变化到 90% 的时间，即 $t_{\mathrm{set}} = t_{90} - t_{10}$，由 $g(t)=1-\mathrm{e}^{-t/\tau}$ 可以得出

$$0.1 = 1 - \mathrm{e}^{-t_{10}/\tau} \tag{5-26}$$

$$0.9 = 1 - \mathrm{e}^{-t_{90}/\tau} \tag{5-27}$$

$$t_{\mathrm{set}} = t_{90} - t_{10} = \ln\left(\frac{0.9}{0.1}\right) \cdot \tau = 2.2\tau \tag{5-28}$$

$$z_\infty = \mathrm{e}^{-2.2T_s/t_{\mathrm{set}}} \tag{5-29}$$

因为 $G(z) = \dfrac{z}{z-1} \cdot H(z)$，所以实现以上阶跃响应的系统函数为

$$H(z) = \frac{z-1}{z}G(z) = \frac{(1-z_\infty) \cdot z^{-1}}{1 - z_\infty \cdot z^{-1}} = \frac{\mathrm{ST} \cdot z^{-1}}{1 - (1-\mathrm{ST}) \cdot z^{-1}} \tag{5-30}$$

其中，$\mathrm{ST} = 1 - z_\infty = 1 - \exp\left(\dfrac{-2.2T_s}{t_{\mathrm{set}}}\right)$，$T_s$ 为采样间隔，T_s 和 t_{set} 的单位均为秒。

设 t_a 表示启动时间，t_r 表示恢复时间，可得

$$\mathrm{AT} = 1 - \exp\left(\frac{-2.2T_s}{t_a}\right)$$

$$\mathrm{RT} = 1 - \exp\left(\frac{-2.2T_s}{t_r}\right)$$

所以增益平滑模块的系统函数为

$$H(z) = \frac{k \cdot z^{-1}}{1 - (1-k) \cdot z^{-1}}, \quad k = \mathrm{RT} \text{ 或 } k = \mathrm{AT} \tag{5-31}$$

具体实现框图如图 5-17 所示。

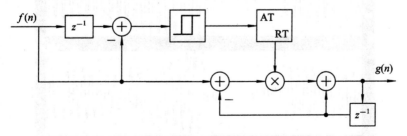

图 5-17 增益平滑控制的实现框图

增益平滑模块的仿真结果如图 5 - 18 所示。

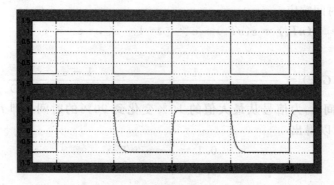

图 5 - 18　增益平滑模块仿真结果

用 SIMULINK 工具对动态范围控制器的功能进行仿真，其实现框图如图 5 - 19 所示。

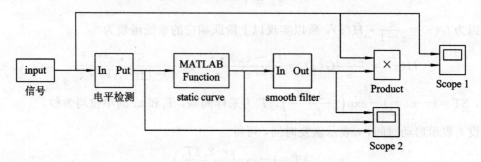

图 5 - 19　SIMULINK 仿真模型

输入/输出信号波形如图 5 - 20 所示，当输入信号的动态范围大于压缩门限时，动态范围控制器就会对信号进行压缩。

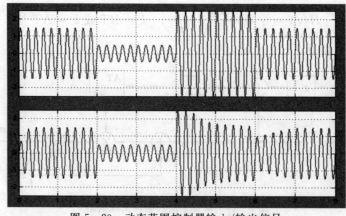

图 5 - 20　动态范围控制器输入/输出信号

5.2.4　去加重模块的设计

对于一般的语音信号而言，其低频段能量较大，高频段能量明显小。鉴频器输出噪声的功率谱密度随频率的平方而增加(低频噪声小，高频噪声大)，造成信号的低频信噪比很大，而高频信噪比明显不足，使高频信号的传输变得困难。一些音频信号发射系统中通常采用预加重技术来解决这一问题，即对音频信号中的高频成分进行提升。所以在音频信号接收端，为了真实地重现声音，要对所接收的信号进行去加重处理。

去加重(De-emphasis)模块实际上相当于一个低通滤波器，其作用是对音频信号中的高频成分进行衰减。本章所设计的去加重滤波器的频率响应特性如图 5-21 所示，其通带频率 f_{pass}=3.18 kHz，衰减为 1 dB，阻带频率 f_{stop}=10.6 kHz，衰减为 10 dB，可采用之前提到的高频 Shelving(cut)结构滤波器实现。选择合适的截止频率 f_c 和增益 G 就可以得到满足设计要求的去加重滤波器。

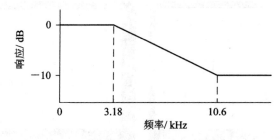

图 5-21　De-emphasis 频率响应曲线

5.2.5　直流滤波器的设计

直流滤波器(DC-blocking)的作用是滤除音频信号中的直流分量，即实现高通滤波。设计中采用一阶 Alpha 结构滤波器实现。

Alpha 滤波器的频域响应函数为

$$H(z) = \frac{\alpha}{1 - (1-\alpha) \cdot z^{-1}} \tag{5-32}$$

时域表达式为

$$y(n) = \alpha x(n) + (1-\alpha)y(n-1) = \alpha(x(n) - y(n-1)) + y(n-1) \tag{5-33}$$

其实现结构如图 5-22 所示。

选择适当的 α 值，使上述滤波器实现低通滤波的功能，即输出信号 $y(n)$ 只含低频分量。从图中可以看出 $z(n)=x(n)-y(n-1)$，所以从 $z(n)$ 处输出的信号中只含有输入信号的高频分量，选择 $z(n)$ 作为输出端，即可实现高通滤波。

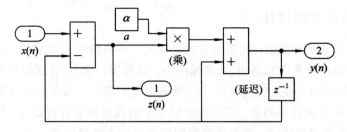

图 5 - 22　Alpha 滤波器实现框图

当输入信号的采样频率为 48 kHz 时，选择 $\alpha=0.000\ 423\ 388\ 4$，高通滤波器的截止频率小于 3 Hz 且系统性能稳定，SIMULINK 仿真结果如图 5 - 23 所示。仿真条件为：输入信号 $f(t)=0.6\sin(2\cdot\pi\cdot20\cdot t)+0.1$（其中 0.1 即为直流分量），采样频率为 48 kHz。由仿真结果可以看出，输入信号中的直流分量被滤除了。

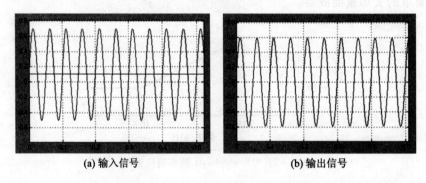

(a) 输入信号　　　　　　　　　　(b) 输出信号

图 5 - 23　直流滤波器输入/输出信号

5.2.6　采样率转换技术

采样率转换技术广泛应用于音频信号处理、通信系统和视频信号处理等领域，通过应用采样率转换技术，可以在满足奈奎斯特采样定理要求的情况下完成对数字信号的采样率转换。根据采样率转换前后采样频率间的关系，采样率转换可分为上采样和下采样，上采样指转换后的数字信号采样频率高于转换前的频率，下采样指转换后的数字信号采样频率低于转换前的频率。下采样和上采样又可根据采样频率转换的数值分为整数倍转换和有理数倍转换。本节主要对几种不同的采样率转换技术进行分析。

1. 整数 L 倍上采样技术

采样率转换技术中最常用的为整数 L 倍上采样，整数 L 倍上采样的目的是将原始数字信号采样率提高 L 倍，实现这一目的的关键问题是如何使用已知的若干个序列值来求得所需的 $L-1$ 个内插值。由奈奎斯特采样定理可知，如果采样频率大于信号截止频率的两倍，采样所得信号便可不失真地恢复原模拟信号，由此可知所插入的 $L-1$ 个新序列值的解一定存在。

实现整数 L 倍上采样的一种方案如图 5-24 所示。图 5-24 中序列 $x(n)$ 为原始数字信号，由模拟信号 $x_a(t)$ 进行采样后得到，$x(n)=x_a(n/f_s)$，其中 f_s 为采样频率，满足奈奎斯特采样定理要求。$v(n)$ 是对 $x(n)$ 进行 L 倍零值内插得到的一个新序列，零值内插就是在 $x(n)$ 的相邻两个采样值间插入 $L-1$ 个零值。$y(n)$ 为将 $v(n)$ 通过低通滤波器 $h_{up}(n)$ 所得的上采样序列，采样频率为 f_{ys}，$f_{ys}=Lf_s$。如图 5-24 所示，使用此方案实现整数 L 倍上的采样分两步完成：第一步为零值内插；第二步为低通滤波。

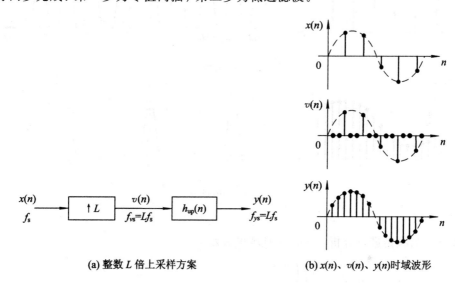

(a) 整数 L 倍上采样方案　　　　　(b) $x(n)$、$v(n)$、$y(n)$ 时域波形

图 5-24　整数 L 倍上采样原理图

此方案的关键点在如何设计低通滤波器 $h_{up}(n)$，为求得低通滤波器 $h_{up}(n)$ 应具有什么样的特性，需对各序列从频率域进行分析。假设模拟信号 $x_a(t)$ 的时域和频域波形如图 5-25 所示。由上采样转换的目的可知，序列 $y(n)$ 应该是以采样频率 f_{ys} 对模拟信号 $x_a(t)$ 采样获得，$f_{ys}=Lf_s$。当 $L=3$ 时 $x(n)$ 和 $y(n)$ 的时域、频域波形如图 5-26 所示，其中 $X(e^{j\Omega T_x})$ 为

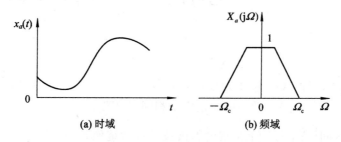

(a) 时域　　　　　　　　　(b) 频域

图 5-25　$x_a(t)$ 时域和频域波形图

$x(n)$ 频谱函数，$Y(\mathrm{e}^{\mathrm{j}\Omega T_y})$ 为 $y(n)$ 频谱函数，$T_x = \dfrac{1}{f_s}$，$T_y = \dfrac{1}{f_{ys}} = \dfrac{1}{Lf_s}$，$\Omega_s = 2\pi f_s$，$\Omega_{ys} = 2\pi f_{ys} = L\Omega_s$。为便于分析，$x(n)$ 和 $y(n)$ 的频谱均采用模拟角频率 Ω 表示。不难看出 $X(\mathrm{e}^{\mathrm{j}\Omega T_x})$ 和 $Y(\mathrm{e}^{\mathrm{j}\Omega T_y})$ 均为周期函数，周期分别为 Ω_s 和 Ω_{ys}。

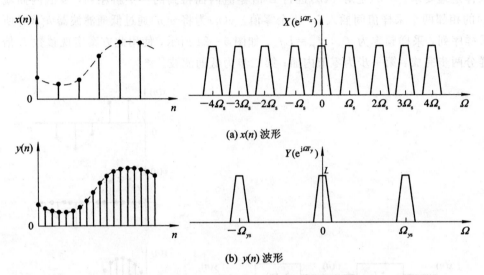

(a) $x(n)$ 波形

(b) $y(n)$ 波形

图 5-26 $x(n)$ 和 $y(n)$ 的时域和频域波形

对 $v(n)$ 的频谱进行分析，$v(n)$ 在时域可表示为

$$v(n) = \begin{cases} x\left(\dfrac{n}{L}\right) & n = 0,\ \pm L,\ \pm 2L,\ \cdots \\ 0 & \text{其他} \end{cases} \tag{5-34}$$

求 $v(n)$ 的离散时间傅里叶变换得

$$\begin{aligned} V(\mathrm{e}^{\mathrm{j}\omega_y}) = \mathrm{DTFT}[v(n)] &= \sum_{n=-\infty}^{\infty} v(n)\mathrm{e}^{-\mathrm{j}\omega_y n} \\ &= \sum_{n=-\infty}^{\infty} x\left(\dfrac{n}{L}\right)\mathrm{e}^{-\mathrm{j}\omega_y n} \qquad n \text{ 为 } L \text{ 的整数倍} \\ &= \sum_{m=-\infty}^{\infty} x(m)\mathrm{e}^{-\mathrm{j}\omega_y Lm} = X(\mathrm{e}^{\mathrm{j}L\omega_y}) \\ &= X(\mathrm{e}^{\mathrm{j}\omega_x}) \end{aligned} \tag{5-35}$$

由于序列 $v(n)$ 与 $y(n)$ 采样频率相同，所以式(5-35)中直接用 ω_y 代替 ω_v。由式(5-35)可得，$X(\mathrm{e}^{\mathrm{j}\Omega T_x})$ 与 $V(\mathrm{e}^{\mathrm{j}\Omega T_y})$ 的频谱完全相同，如图 5-27 所示。

$V(\mathrm{e}^{\mathrm{j}\Omega T_y})$ 在区间 $\left[\dfrac{\Omega_s}{2},\ \dfrac{\Omega_{ys}}{2}\right]$ 上出现的频谱波形称为镜像频谱。与图 5-27 对比可发现，为了得到序列 $y(n)$ 只需将序列 $v(n)$ 经过低通滤波器 $h_{\mathrm{up}}(n)$ 滤除镜像频谱分量，因此，低通

滤波器 $h_{up}(n)$ 也称为镜像滤波器。$h_{up}(n)$ 的理想频率特性如式(5-36)，通带内增益为 L，以补偿在零值内插过程中损失的增益。

$$H_{up}(e^{j\omega}) = \begin{cases} L & 0 \leqslant |\omega| \leqslant \dfrac{\pi}{L} \\ 0 & \dfrac{\pi}{L} \leqslant |\omega| \leqslant \pi \end{cases} \qquad (5-36)$$

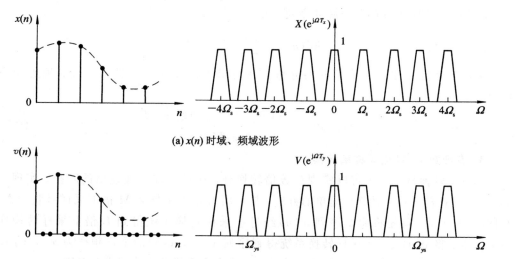

(a) $x(n)$ 时域、频域波形

(b) $v(n)$ 时域、频域波形

图 5-27　$x(n)$ 和 $v(n)$ 的时域和频域波形

由以上分析可知，在理想情况下经过整数 L 倍上采样后，输出信号的功率保持不变，但量化噪声的功率衰减为原来的 $1/L$，所以输出信号的信噪比为

$$SNR = 10 \log \left(\frac{\frac{1}{2}a^2}{\frac{\Delta^2}{12L}} \right) \approx 6.02n + 1.76 + 10 \log L \quad (dB) \qquad (5-37)$$

2. 整数 M 倍下采样

整数 M 倍下采样的目的是在满足采样定理的情况下将原始信号采样率降低为 $1/M$。下采样过程中由于将信号的采样频率降低为原采样频率的 $1/M$，因此可能会产生频谱混叠现象，为了避免频谱的混叠，必须先对原数字信号进行抗混叠滤波。一种常用的实现方案如图 5-28 所示。图 5-28 中序列 $x(n)$ 为原始数字信号，由模拟信号 $x_a(t)$ 进行采样后得到，$x(n) = x_a(n/f_s)$，其中 f_s 为采样频率。$v(n)$ 是对 $x(n)$ 进行抗混叠滤波后得到的一个新的序列。$y(n)$ 为将 $v(n)$ 进行 M 倍抽取所得的下采样序列，采样频率为 f_{dns}，$f_{dns} = f_s/M$。

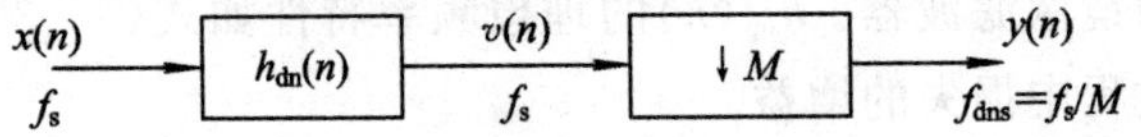

x(n)
fs
hdn(n)
v(n)
fs
↓M
y(n)
fdns=fs/M

图 5-28　整数 M 倍下采样原理图

$y(n)$在时域可表示为

$$y(n)=v(Mn)=v(n)\times\delta_M(n) \tag{5-38}$$

$\delta_M(n)$是周期为 M 的单位脉冲序列，可表示为

$$\delta_M(n)=\sum_{l=-\infty}^{\infty}\delta(n-lM) \tag{5-39}$$

采用与整数 L 倍上采样相同的分析方法可求得抗混叠滤波器 $h_{\mathrm{dn}}(n)$的理想频率特性为

$$H_{\mathrm{dn}}(\mathrm{e}^{\mathrm{j}\omega})=\begin{cases}1 & 0\leqslant|\omega|\leqslant\pi/M\\0 & \pi/M\leqslant|\omega|\leqslant\pi\end{cases} \tag{5-40}$$

3. 有理数 L/M 倍采样率转换

采样率转换技术除了可以实现整数倍转换外，还可实现有理数倍的转换。实现序列 $x(n)$的 L/M 倍采样率转换最简单的方法，是采用 L 倍上采样和 M 倍下采样级联的方式。如图5-29所示，首先将原始序列 $x(n)$经过上采样转换系统得到 L 倍上采样转换序列 $v(n)$，然后将 $v(n)$经过下采样转换系统得到序列 $y(n)$，$y(n)$的采样频率为 $x(n)$的 L/M 倍。为了最大限度地保持 $x(n)$原有频率成分，应在下采样转换前完成上采样。

x(n)
fs
↑L
hup(n)
v(n)
Lfs
hdn(n)
↓M
y(n)
fsL/M

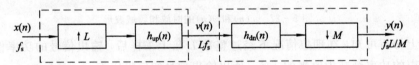

图 5-29　有理数 L/M 倍采样率转换原理

由图 5-29 可知，镜像滤波器 $h_{\mathrm{up}}(n)$和抗混叠滤波器 $h_{\mathrm{dn}}(n)$级联且均工作在频率 Lf_s 下，因此可将 $h_{\mathrm{up}}(n)$和 $h_{\mathrm{dn}}(n)$进行卷积，等效为一个滤波器 $h(n)$，从而得到有理数 L/M 倍采样率转换等效原理图，如图 5-30 所示。

x(n)
fs
↑L
h(n)
↓M
y(n)
fsL/M

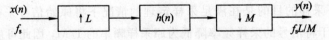

图 5-30　有理数 L/M 倍采样率转换等效图

由于 $h_{\mathrm{up}}(n)$和 $h_{\mathrm{dn}}(n)$均为低通滤波器，所以等效滤波器 $h(n)$也为低通滤波器，其频率特性为

$$H(\mathrm{e}^{\mathrm{j}\omega})=\begin{cases}L & 0\leqslant|\omega|\leqslant\min\{\pi/M,\pi/L\}\\0 & \min\{\pi/M,\pi/L\}\leqslant|\omega|\leqslant\pi\end{cases} \tag{5-41}$$

4. 采样率转换技术的多级实现

当所要求进行的采样率转换倍数很高时，由(5-36)式和(5-40)式可知滤波器的过渡带宽度将会非常窄。由于滤波器的阶数与过渡带宽度成反比，所以实现窄的过渡带宽度所需要的滤波器阶数将会非常高。因此使用多级级联的方案实现采样率转换非常必要，可以有效降低滤波器阶数。

整数 L 倍上采样多级实现方案如图 5-31 所示，其中 $H(z)=H_1(z^{L_2})H_2(z)$，$L=L_1L_2$。

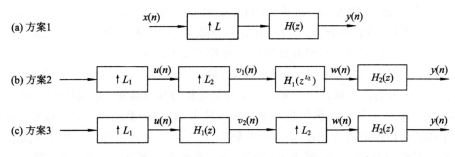

图 5-31　整数 L 倍上采样多级实现方案

下面证明图 5-31 方案的正确性。图 5-31(b)中，

$$V_1(z) = U(z^{L_2}) \tag{5-42}$$

$$W(z) = V_1(z)H_1(z^{L_2}) = U(z^{L_2})H_1(z^{L_2}) \tag{5-43}$$

图 5-31(c)中，

$$V_2(z) = U(z)H_1(z) \tag{5-44}$$

$$W(z) = V_2(z^{L_2}) = U(z^{L_2})H_1(z^{L_2}) \tag{5-45}$$

对比(5-43)式和(5-45)式发现两者一致，这说明图 5-31 所示方案正确。

采用同样的分析方法可得整数 M 倍下采样多级实现方案，如图 5-32 所示。其中 $M=M_1M_2$，$H(z)=H_1(z)H_2(z^{M_1})$。

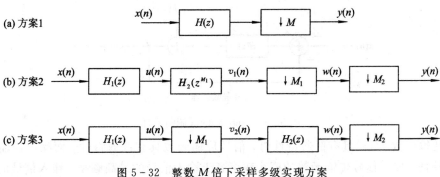

图 5-32　整数 M 倍下采样多级实现方案

5.2.7　sigma-delta 调制技术

sigma-delta($\Sigma - \Delta$)调制技术利用反馈原理，当对数字音频信号进行重量化时，可对量化噪声的功率进行重新分配，将噪声功率从音频带宽内推到带外，以保证带内的信噪比。本节主要对 sigma-delta 调制技术的原理和常用结构进行讨论。

1. sigma-delta 调制原理

由于 sigma-delta 调制技术可以改变量化噪声功率在频谱上的分布，实现将噪声功率集中到高频段的目的，因此 sigma-delta 调制技术也称为噪声整形技术。根据 sigma-delta 调制过程中噪声传输函数的阶数，可将其分为一阶、二阶或者高阶 sigma-delta 调制，也可根据调制过程的具体实现方案将其分为单级或者多级级联 sigma-delta 调制。

sigma-delta 调制原理如图 5-33(a)所示。图 5-33(a)中，$x(n)$ 为输入序列，量化比特位数较长，$y(n)$ 为输出序列，与 $x(n)$ 相比，其量化比特位数较短，输出序列 $y(n)$ 由输入序列 $x(n)$ 与输出序列 $y(n)$ 的差值经过一个传输函数为 $H(z)$ 的系统后重量化所得。可用一个加法单元和具有白噪声特性的序列 $e(n)$ 等效图 5-33(a)中的量化器。等效后 sigma-delta 调制原理如图 5-33(b)所示。对图 5-33(b)所示系统在 z 域进行分析，输出序列 $y(n)$ 的 z 域表达式为

$$Y(z) = \frac{H(z)}{1+H(z)}X(z) + \frac{1}{1+H(z)}E(z) \tag{5-46}$$

式(5-46)中，$\dfrac{H(z)}{1+H(z)}$ 称为信号传输函数，记为 $\mathrm{STF}(z)$，$\dfrac{1}{1+H(z)}$ 称为噪声传输函数，记为 $\mathrm{NTF}(z)$。

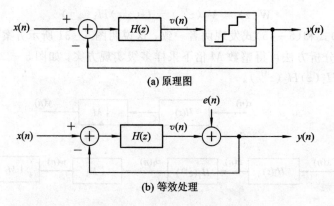

(a) 原理图

(b) 等效处理

图 5-33　sigma-delta 调制原理

当传输函数 $H(z)$ 具有低通特性时，信号传输函数具有低通特性，而噪声传输函数具有高通特性。如果信号传输函数的截止频率高于输入信号的最高频率，输入信号的传输将不会受到影响，但是量化噪声则需通过一个具有高通特性的滤波器，其低频范围内的能量

被衰减。如图 5-34 所示，与直接截断相比，经过 sigma-delta 调制后，量化噪声的功率分布发生变化，向高频范围内集中，由此可见 sigma-delta 调制技术可以有效地抑制带内噪声，保证音频信号的信噪比。

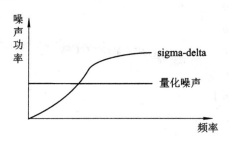

图 5-34　sigma-delta 调制噪声特性

2. 一阶 sigma-delta 调制器特性分析

一阶 sigma-delta 调制器结构如图 5-35 所示，量化器使用一个加法单元和具有白噪声特性的序列 $e(n)$ 替换。

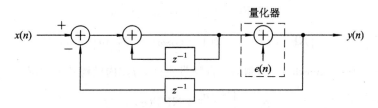

图 5-35　一阶 sigma-delta 调制器

对图 5-35 所示系统在 z 域进行分析，

$$Y(z) = (X(z) - z^{-1}Y(z)) \frac{1}{1 - z^{-1}} + E(z) \tag{5-47}$$

输出序列 $y(n)$ 的 z 域表达式为

$$Y(z) = \text{STF}(z)X(z) + \text{NTF}(z)E(z) \tag{5-48}$$

其中

$$\text{STF}(z) = 1 \tag{5-49}$$

$$\text{NTF}(z) = 1 - z^{-1} \tag{5-50}$$

由式(5-49)和式(5-50)可知，一阶 sigma-delta 调制器的噪声传输函数有一个零点，经过一阶 sigma-delta 调制后，输入信号无失真地传递到输出端，而噪声信号的传输却需经过一个具有高通特性的滤波器。图 5-36 为经过一阶 sigma-delta 器进行重量化后的输出信号频谱，可以看出量化噪声向高频段范围内移动，但是由于噪声传输函数阶数较低，所以噪声整形现象并不明显。

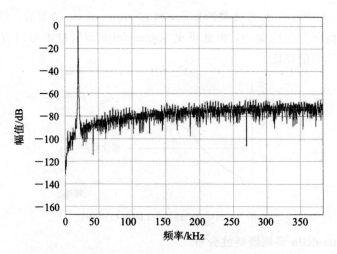

图 5-36　一阶 sigma-delta 器输出信号频谱

噪声传输函数的幅度频率特性为

$$\mathrm{NTF}(z) = 1 - \cos\omega + \mathrm{j}\,\sin\omega \qquad (5-51)$$

$$|\mathrm{NFT}(z)| = \sqrt{2(1-\cos\omega)} = 2\left|\sin\left(\frac{\pi f}{f_s}\right)\right| \qquad (5-52)$$

所以经过一阶 sigma-delta 调制后，音频带宽$[0, f_b]$内的噪声功率为

$$p_e = \int_0^{f_b} 2\,\frac{\sigma_e^2}{f_s}\,|\mathrm{NFT}(z)|^2 \mathrm{d}f$$

$$= \int_0^{f_b} 8\,\frac{\sigma_e^2}{f_s}\,\sin^2\left(\frac{\pi f}{f_s}\right)\mathrm{d}f \qquad f_s \gg f_b$$

$$\approx \int_0^{f_b} 8\,\frac{\sigma_e^2}{f_s}\left(\frac{\pi f}{f_s}\right)^2 \mathrm{d}f$$

$$= \sigma_e^2\,\frac{\pi^2}{3}\left(\frac{2f_b}{f_s}\right)^3 \qquad (5-53)$$

将$\dfrac{2f_b}{f_s}$记为$\dfrac{1}{L}$，L表示上采样转换倍数，则(5-53)式可转换为

$$p_e = \sigma_e^2\,\frac{\pi^2}{3}\left(\frac{1}{L}\right)^3 \qquad (5-54)$$

输出信号信噪比为

$$\mathrm{SNR} = 10\log\left(\frac{1}{2p_e}\right) = 6.02n + 1.76 + 30\log L - 5 \quad (\mathrm{dB}) \qquad (5-55)$$

由式(5-55)可知，上采样转换率每提高一倍，SNR 就增加 9 dB，这相当于提供了额外的 1.5 bit 的精度。

3. 二阶 sigma-delta 调制器特性分析

图 5-37 为二阶 sigma-delta 调制器结构，其噪声传输函数有两个零点。

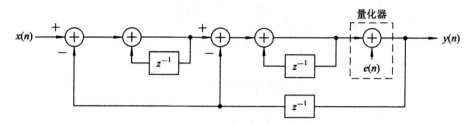

图 5-37　二阶 sigma-delta 调制器

对图 5-37 所示系统在 z 域进行分析，输出序列 $y(n)$ 的 z 域表达式为

$$Y(z) = \mathrm{STF}(z)X(z) + \mathrm{NTF}(z)E(z) \tag{5-56}$$

其中

$$\mathrm{STF}(z) = 1 \tag{5-57}$$

$$\mathrm{NTF}(z) = (1 - z^{-1})^2 \tag{5-58}$$

由 (5-58) 式可知，二阶 sigma-delta 调制器的噪声传输函数有两个零点，图 5-38 为经过二阶 sigma-delta 器进行重量化后的输出信号频谱，与一阶 sigma-delta 调制器相比其噪声整形效果已较为明显。

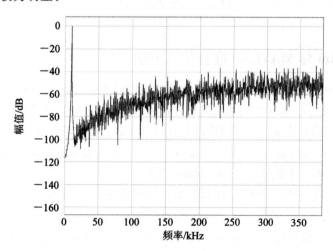

图 5-38　二阶 sigma-delta 器输出信号频谱

由于二阶 sigma-delta 调制器噪声传输函数的幅度频率特性为

$$\left| \mathrm{NFT}(z) \right| = 4 \left| \sin\left(\frac{\pi f}{f_\mathrm{s}} \right) \right|^2 \tag{5-59}$$

所以音频带宽 $[0, f_\mathrm{b}]$ 内的噪声功率为

$$p_e = \int_0^{f_b} 2 \frac{\sigma_e^2}{f_s} \mid \mathrm{NFT}(z) \mid^2 \mathrm{d}f$$

$$= \int_0^{f_b} 32 \frac{\sigma_e^2}{f_s} \sin^4\left(\frac{\pi f}{f_s}\right) \mathrm{d}f \qquad f_s \gg f_b$$

$$\approx \int_0^{f_b} 32 \frac{\sigma_e^2}{f_s} \left(\frac{\pi f}{f_s}\right)^4 \mathrm{d}f$$

$$= \sigma_e^2 \frac{\pi^4}{5} \left(\frac{2f_b}{f_s}\right)^5$$

$$= \sigma_e^2 \frac{\pi^4}{5} \left(\frac{1}{L}\right)^5 \qquad\qquad (5-60)$$

则输出信号信噪比为

$$\mathrm{SNR} = 10 \log\left(\frac{1}{2p_e}\right) = 6.02n + 1.76 + 50 \log L - 13 \quad (\mathrm{dB}) \qquad (5-61)$$

由(5-61)式可知,上采样转换率每提高一倍,SNR 就增加 15 dB,这相当于提供了额外的 2.5 bit 的精度。

5.3 系统整体功能仿真

本节首先介绍了 Modelsim 与 MATLAB 的联合仿真方法,并采用该方法对所设计的音频处理器的整体功能进行仿真。

5.3.1 Modelsim 与 MATLAB 联合仿真方法

虽然 Modelsim 的功能非常强大,仿真的波形可以以多种形式进行显示,但是,当涉及到数字信号处理算法的仿真验证的时候,则显得有些不足。而进行数字信号处理是 MATLAB 的强项,MATLAB 不但有大量的关于数字信号处理的函数,而且图形显示功能也很强大,所以在做数字信号处理算法的仿真验证时,借助 MATLAB 会大大加快算法验证的速度。

1. 用 MATLAB 产生数据进行 Modelsim 仿真

在对音频处理器的代码进行仿真验证时,我们需要产生具有不同频率的测试激励信号。如果直接用 Modelsim 产生这些信号,需要耗费很大的精力,并且所产生信号的准确性也不能保证。这时我们就可以借助 MATLAB,利用 MATLAB 内部自带的各种函数产生需要的信号,经过定点化,就可以作为 Modelsim 仿真中的输入信号了。这样做无疑会节约很多时间和精力。

音频数据通常用补码表示,其大小在 −1~1 之间。本节所设计的音频输入接口支持 16 bit、20 bit、24 bit 音频数据输入,所以激励文件中的数据可以统一采用 24 bit、1.23 格式的补码形式进行存储。

下面用一个简单的例子说明如何用 MATLAB 产生的数据进行 Modelsim 仿真。

首先，利用 MATLAB 产生一个频率为 100 Hz、幅度为 0.5 V、采样频率为 44.1 kHz 的正弦波信号，然后以十六进制补码形式写入 sin. txt 文件，如图 5－39 所示。

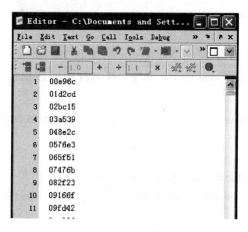

图 5－39 MATLAB 产生的数据文件的内容

通过改变程序中的 N、n 和 f 的值就可以得到不同信号频率、采样点数以及采样频率的正弦波信号。

```
N＝44100；
n＝1：2000；
f＝100；
x＝0.9 * sin(2 * f * pi * n/N)；
x_abs＝abs(x)；
y＝zeros(1, 2000)；
for i＝1：2000
    for j＝1：23
        y(i)＝y(i) * 2；
        x_abs(i)＝x_abs(i) * 2；
        if(x_abs(i)＞＝1)
            y(i)＝y(i)＋1；
            x_abs(i)＝x_abs(i)－1；
        end
    end
    if(x(i)＜0)
        y(i)＝2^24－y(i)；
```

```
        end
    end
    fid＝fopen('sin. txt', 'wt');
    fprintf(fid, '%06x\n', y);
    fclose(fid);
```

将产生的 sin. txt 文件复制到 Modelsim 的工程下，在 Verilog 文件中先定义一个 24 bit×2000 的数组，通过 $readmemh 命令，将文件中的数据读入，相关的 Verilog 代码如下：

```
    reg [23：0] data_mem[0：2000]; //定义一个 24 bit×2000 的数组
    initial
        begin
        //将 sin. txt 中的数据读入存储器 data_mem
        $ readmemh("sin. txt", data_mem);
        end
```

后面就可以将 data_mem 作为测试数据使用了。

2. 用 MATLAB 对 Modelsim 仿真生成的数据进行分析

MATLAB 对 Modelsim 仿真生成数据的处理也是通过文件读写实现的，即通过 Verilog 语句将仿真过程中的某个信号写入文件，然后在 MATLAB 中再把这个文件中的数据读出来，就可以在 MATLAB 中进行分析了。下面通过一个简单的例子说明整个过程。

以下的 Verilog 语句实现将信号 data_out 的数据写入 data_out. txt 文件：

```
    integer w_file;
    initial w_file = $ fopen("data_out. txt");
    always @(i)
    begin
        $ fdisplay(w_file, "%h", data_out);
        if(i == 11'd2000) //共写入 2000 个数据
        $ stop;
    end
```

然后就可以编一小段 MATLAB 程序将 data_out. txt 中的数据读取并进行分析了。下面一段 MATLAB 程序是将数据读取并通过图形显示出数据的波形。

```
    fid = fopen('data_out. txt', 'r');
    for i = 1:2000;
    num(i) = fscanf(fid, '%x', 1); %从 fid 所指的文件以十六进制方式读出一个数据
    end
    fclose(fid);
```

plot(num);

当利用 fscanf 函数时要注意两点：

第一，保证读取的数据格式和文件中保存的数据格式是相同的，例如这里文件中保存的格式是十六进制，所以读取的时候也应该以十六进制的形式读出。

第二，要保证文件中数据的个数和设定的读取数目（这里是 2000）保持一致。例如，要将生成文件 data_out. txt 中多余的换行符去掉（一般最后会多出一行），否则 MATLAB 会将空的行也当做一个数据，从而使这两个数目不一致，导致 MATLAB 报错。

由于 Modelsim 最后输出的也是 1. 23 格式的补码数据，所以 MATLAB 从 data_out. txt中读出的并不是数据的真实值，需要经过数据转换才能画出正确的波形。MATLAB 可以利用 fft 和 fftshift 函数对信号进行频谱分析，如

sin_fft＝fftshift(fft(num));

plot(abs(sin_fft)), grid on

图 5－40 是 MATLAB 将 data_out. txt 中的数据读出并显示出的信号波形及频谱。

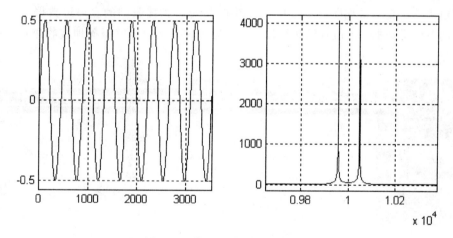

图 5.40　信号的波形图及频谱图

5.3.2　系统功能仿真

1. 仿真平台的设计

图 5－41 给出了对音频处理器 RTL 代码进行仿真的测试平台设计方案，用 MATLAB 工具产生仿真所需的数据文件如 wave. txt，通过自行设计的串行数据发送器将 wave. txt 中的并行数据转化为串行数据并以 I²S、Left-justified 或 Right-justified 格式发送给音频处理器模块，最后的仿真结果将返回到 MATLAB 中进行分析。I²C 发送器用来设置内部控制寄存器和参数寄存器。

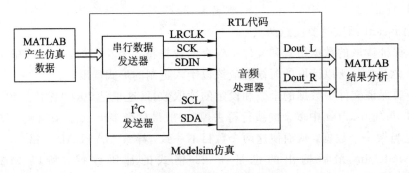

图 5-41　系统仿真平台设计

2. 功能仿真结果

1) 串行音频输入接口

仿真条件：用 MATLAB 产生仿真输入数据，其中左声道输入信号为 $y=0.4\sin(2\cdot\pi\cdot 2400\cdot t)$，右声道输入信号为 $y=0.4\sin(2\cdot\pi\cdot 4800\cdot t)$，采样频率为 48 kHz，对串行数据接收模块的仿真结果如图 5-42 所示。图中 data_L 为接收到的左声道数据，data_R 为接收到的右声道数据，由仿真结果可以看出，音频输入接口能够正确地接收用户发送过来的音频数据。

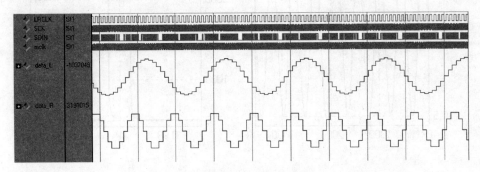

图 5-42　音频输入接口仿真波形

2) 音效均衡功能

仿真条件：仅开启音效均衡功能，左、右声道均衡器系数的更新设置为连动模式，即向均衡控制寄存器（0x0D）写入 $8'h14$，将通道 1 的第一个均衡滤波器的系数按以下条件设置：$f_s=22.05$ kHz（采样频率），$Q_\infty=3.5$（品质因数），$f_c=350$ Hz（中心频率），$G=-3.8$ dB（增益）；第二个均衡滤波器的系数按以下条件设置：$f_s=22.05$ kHz，$Q_\infty=3.5$，$f_c=6$ kHz，$G=4.0$ dB；其余滤波器均设为全通滤波器。输入信号为 $y=0.3\sin(2\cdot\pi\cdot 350\cdot t)+0.4\sin(2\cdot\pi\cdot 6000\cdot t)$，采样频率为 22.05 kHz。图 5-43 给出了均衡器的频率响应特性。

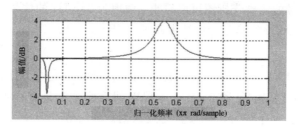

图 5-43　均衡滤波器的频率响应

输入信号的波形图及频谱图如图 5-44 所示。

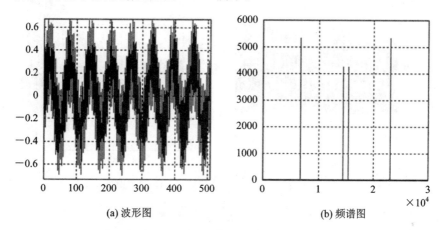

(a) 波形图　　　　　　　　　(b) 频谱图

图 5-44　输入信号的波形图及频谱图

经过音效均衡后的信号波形及频谱如图 5-45 所示。

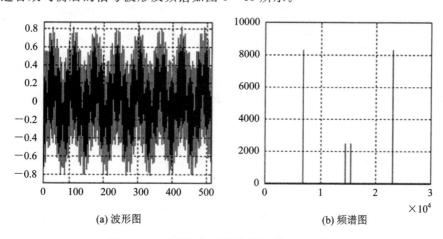

(a) 波形图　　　　　　　　　(b) 频谱图

图 5-45　音效均衡后信号的波形图及频谱图

由输入/输出信号的频谱分析图可以看出，频率为 350 Hz 的信号分量被衰减了 3.8 dB（0.65 倍），频率为 6 kHz 的信号分量被提升了 4 dB（1.58 倍）。

3）音量调节功能

仿真条件：仅对输入音频信号进行音量调节，其他功能均关闭。音量寄存器 0x07、0x08、0x09 均初始化为 $8'h30$（即 0 dB），一段时间后将主音量寄存器 0x07 设置成 $8'h10$（即 16 dB），音量配置寄存器（0x0B）设置为默认值。输入信号为 $y = \sin(2 \cdot \pi \cdot 3800 \cdot t)$，采样频率为 22.05 kHz。

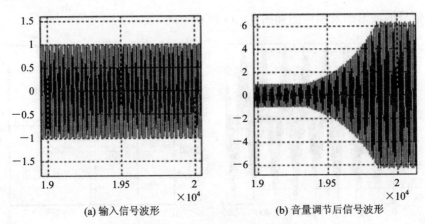

(a) 输入信号波形　　　　　　　　　　(b) 音量调节后信号波形

图 5 - 46　音量调节前后的信号波形对比

音量从 0 dB 变到 16 dB 相当于将输入信号放大 6.3 倍，从图 5 - 46(b)中我们可以看出信号的幅值从 1 变到了 6.3，并且音量的变化是一个递增的过程，在声音播放期间调节音量，声音会逐渐变大或变小，而不是直接从一个音量跳变到另一个音量。

以上仿真说明音量调节模块能够很好地完成所设计的功能。

4）动态范围控制

仿真条件：仅打开 DRC 功能，其他功能关闭，动态范围控制寄存器 0x0C 设置为 $8'h01$。设置压缩门限值 $T = -15$ dB，压缩比 R 为 4∶1，则实际输入的系数为：

$$T_{in} = \frac{T}{6.0206} = -2.4914 = 32'h\text{FEC119CF}$$

$$K = \frac{1}{4} - 1 = -0.75 = 32'h\text{FFA00000}$$

即向地址 0x1F 和 0x20 分别写入 $32'h\text{FEC119CF}$ 和 $32'h\text{FFA00000}$。

信号压缩前后的波形如图 5 - 47 所示，当输入信号的动态范围大于压缩门限时，动态范围控制器就会对输入信号进行压缩。

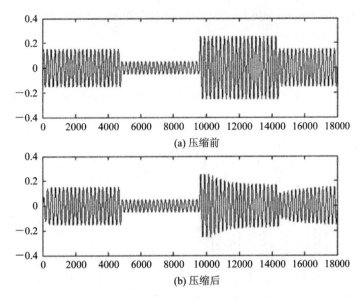

(a) 压缩前

(b) 压缩后

图 5 - 47　信号压缩前后的波形图

5）直流滤波功能

仿真条件：仅开启 DC-blocking 模块，其他功能均关闭。输入信号为 $y=0.5\sin(2\cdot\pi\cdot 350\cdot t)+0.1$，采样频率为 22.05 kHz。

直流滤波前后信号的频谱图如图 5 - 48 所示，由图可见，经过直流滤波器之后，信号频谱中的直流分量被滤除了。

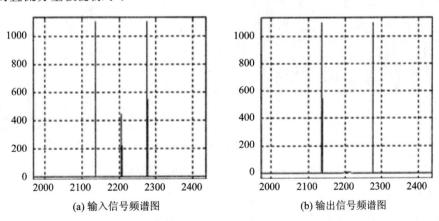

(a) 输入信号频谱图　　　　　　　　　　(b) 输出信号频谱图

图 5 - 48　直流滤波前后信号频谱图

6）去加重功能

仿真条件：仅打开去加重功能，其他功能关闭，系统控制寄存器 1 设置为 8'h02。输入

信号为 $y=0.2(\sin(6000\pi t)+\sin(10\,000\pi t)+\sin(20\,000\pi t)+\sin(40\,000\pi t))$，采样频率为 44.1 kHz。

输入信号波形及频谱图如图 5-49 所示，经过去加重处理后的信号波形及频谱图如图 5-50 所示。

由图 5-49 和图 5-50 可以看出，去加重模块可以完成对信号中高频成分的抑制功能，对于输入音频信号中大于 10 kHz 的高频分量会有 10 dB 的衰减。

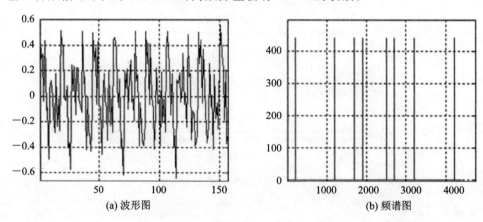

图 5-49　输入信号波形及频谱

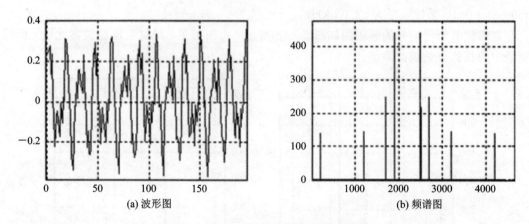

图 5-50　去加重后的信号波形及频谱

7）整体功能仿真

利用 MATLAB 中的 WAVREAD 命令读取一段音频文件作为仿真激励，将音效均衡、动态范围控制、直流滤波、去加重功能均打开，设置合适的滤波器系数，对输入的音频文件进行处理，处理结果返回到 MATLAB 后，利用 WAVWRITE 命令将处理后的数据写入".wav"文件，我们就可以听到经过处理后的声音了。

音频信号的输入/输出波形及频谱图如图 5-51 所示，由仿真结果可以看出，所设计的系统能够根据内部控制寄存器及参数寄存器的设置完成相应的声音处理功能，符合设计要求。

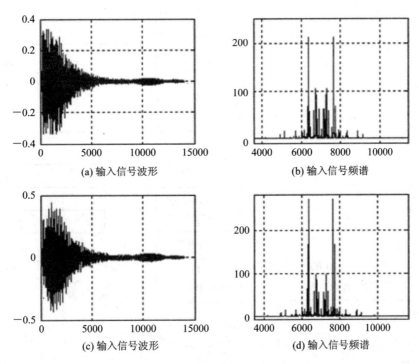

(a) 输入信号波形　　　　　　　　(b) 输入信号频谱

(c) 输入信号波形　　　　　　　　(d) 输入信号频谱

图 5-51　整体仿真结果

5.4　系统后端设计

前端设计和后端设计并没有统一严格的界限，涉及到与工艺有关的设计就是后端设计。本节提到的后端设计是从系统的逻辑综合开始到版图物理验证结束，包括逻辑综合、版图设计两个设计阶段和功能验证、物理验证两个验证阶段。

5.4.1　逻辑综合

1. 芯片逻辑综合步骤

1）工艺库信息

芯片数字部分采用某 $0.25~\mu m$ 标准数字工艺库，具体库信息如表 5-4 所述。具体 DC 综合步骤如图 5-52 所示。由于数字音频处理器系统设计是一个小于 20 万门的设计，不是大型设计，因此此处采用自顶向下的综合策略来完成芯片的逻辑综合。本设计使用了三个第三方提供的 IP，分别是 coef_mem、coef_ram 和 data_ram，且均为硬核。

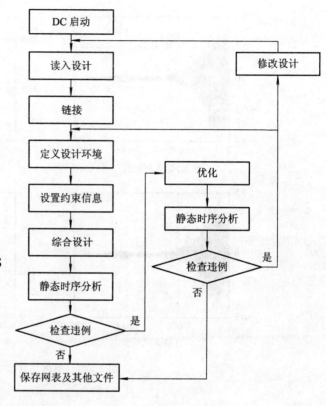

表 5 - 4　某 0.25 μm 的 CMOS 工艺库信息

工作条件	慢	典型	快
工艺版本	1.0	1.0	1.0
温度	125	25.0	-40.0
电压	2.250	2.500	2.750

图 5-52　DC 综合流程

设置综合的路径和所使用的库的语言如下：

① set search_path：设置搜索路径。

② set link_path：设置目标库。

③ set target_library：设置符号库。

具体代码可在西安电子科技大学出版社网站上查询。

2) 读入 RTL 代码并设置顶层模块

① read_file：读入 Verilog 代码。

② current_design：设置顶层。

具体程序代码可在西安电子科技大学出版社网站上查询。

3）工作环境的设置和线负载模型的确定

（1）设置工作环境：

```
set_operating_conditions -analysis_type bc_wc -min BCCOM -min_lib \
fs90a_c_generic_core_ff2p75vm40c -max WCCOM -max_lib \
fs90a_c_generic_core_ss2p25v125c
```

（2）设置线负载模型：

```
set_wire_load_model -name enG50K -lib fs90a_c_generic_core_tt2p5v25c
set_wire_load_mode enclosed
```

4）约束设置

本系统的工作时钟为 PLL_CLK，频率最高设置在 24.576 MHz，为了在实际布局布线时留有充足的延时空间，在综合时必须要严格满足建立时间。

约束设置程序如下：

```
create_clock -period 40 -waveform {0 20} PLL_CLK
set_clock_latency 1 PLL_CLK
set_dont_touch_network {PLL_CLK}
set_clock_uncertainty -setup 0.3 [get_clocks PLL_CLK]
set_clock_uncertainty -hold 0.2 [get_clocks PLL_CLK]
set_clock_transition 2e-1 PLL_CLK
set_input_delay 2 [remove_from_collection [all_inputs] [get_ports PLL_CLK]] \
-clock PLL_CLK
set_output_delay 1 [all_outputs] -clock PLL_CLK
set_drive 0 {PLL_CLK}
set_max_transition 1.8 [current_design]
set_max_capacitance 2 [current_design]
set_max_area 0
set_load 5e-1 [all_outputs]
set_driving_cell -lib_cell DFFN -pin Q -no_design_rule [all_inputs] -library\ fs90a_c_generic_
core_tt2p5v25c
```

5）检查设计单元和设计约束

在执行 compile 综合语句前，需要对设计单元和设计约束进行检查，执行命令分别是 check_design 和 check_timing。

设计单元检查主要尽量避免使用三态门和锁存器。由于锁存器在静态时序分析中较麻烦，如果在综合过程中发现了锁存器，必须检查 RTL 源代码以确定出现的锁存器是否是设计本身需要的。如果是 RTL 代码编写时疏忽所致，就必须及时修改代码，重新综合，去除锁存器。本设计经过检查排除了所有的锁存器。

在 DC 中对 RTL 代码执行 check_design 命令：

  design_vision-xg-t> check_design

  1

没有 error 和 warning，说明 RTL 代码设计良好，没有使用三态门和锁存器。

设计约束检查保证所有的路径都有约束，主要检查是否存在没有约束的 I/O 端口和是否存在没有时序约束的寄存器。如果检查出一些寄存器没有时序约束，可能是由于没有定义触发该寄存器的时钟和 RTL 代码时钟结构有问题。

在 DC 中执行 check_timing 命令：

  design_vision-xg-t> check_timing

  Warning：The following end-points are not constrained for maximum delay.

  End point

  ————————————————————————————

  XD2309_dap_u/XD2309_dap_control_u/auto_detect_u/counter_MCLK_reg[0]/next_state

  XD2309_dap_u/XD2309_dap_control_u/auto_detect_u/counter_MCLK_reg[0]/synch_enable

  1

  Current design is 'XD2309_dap_ram'.

其中，warning 语句告诉设计者 endpoint 没有设置最大延时，此时可以用 set_max_delay 语句来消除这些 warning，也可以忽略这些警告。确定设计和约束没有问题后执行 compile 综合语句对设计进行综合。

6）逻辑综合结果分析

在逻辑综合完成后，需要用 report 命令生成报告对综合后的结果进行分析。

（1）功耗分析：

执行命令 report_power，生成如下分析报告：

  ****

  Report：power

   -analysis_effort low

  Design：XD2309_dap_ram

  Version：Z-2007.03－SP5

  Date：Tue Nov 20 15：10：05 2012

  ****

  Global Operating Voltage = 2.04

  Power-specific unit information：

   Voltage Units = 1V

   Capacitance Units = 1.000000pf

Time Units = 1ns

Dynamic Power Units = 1mW　　　(derived from V, C, T units)

Leakage Power Units = 1mW

Cell Internal Power = 17.0436 mW (92%)

Net Switching Power = 1.4419 mW (8%)

Total Dynamic Power = 18.4854 mW (100%)

Cell Leakage Power = 2.8691 mW

*****End Of Report *****

由以上功耗分析报告可知：本系统数字部分动态功耗大约是 18.4854 mW，满足设计指标要求。

（2）面积分析：

执行 report_area，生成如下报告：

****

Report : area

Design : XD2309_dap_ram

Version：Z-2007.03-SP5

Date : Thu Nov 22 16:52:24 2012

****

Number of ports：	180
Number of nets：	426
Number of cells：	22
Number of references：	7
Combinational area：	606848.948120
Noncombinational area：	955676.605003
Net Interconnect area：	undefined (Wire load has zero net area)
Total cell area：	1562525.500000
Total area：	undefined

各单元模块的面积如下：

****

Report : cell

Design : XD2309_dap_ram

Version：Z-2007.03-SP5

Date : Tue Nov 20 19:34:14 2012

****

Attributes：

　　b - black box (unknown)

```
h - hierarchical
n - noncombinational
r - removable
u - contains unmapped logic
```

Cell	Reference	Library	Area Attributes
XD2309_dap_u	XD2309_dap_1		1122480.093795
			b, h, n
Total cells			1122480.093795

***** End Of Report *****

另外本设计还使用了三个第三方的 IP，它们的面积分别是：

COEF_RAM＝110880.0924；

COEF_MEM＝327614.05；

DATA_RAM＝46038.6208。

面积单位是平方微米。

由以上面积分析报告可知，本系统数字部分有 180 个端口，面积约为1562525.500000 平方微米，分别由数字标准单元面积和三个 RAM IP 核的面积组成。有了数字部分端口和面积的信息，就可以为以后版图设计的布局规划提供参考信息。

2. 芯片逻辑综合的优化

在将综合得到的网表交给版图设计工具以前，需要对所生成的网表进行静态时序分析，检查设计中是否存在违例。网表优化分自动优化和手动优化，根据违例情况的不同作出相应的修改，使设计满足所有时序的要求。如果设计的违例不是很严重，这时可以根据违例数目的多少来进行修改；当设计中违例数目较多时采用 DC 自动优化的方法来完成修改，常使用命令 compile-map_effort high-incremental_mapping。通过改变综合工具的优化程度，使综合工具可在前一次综合结果的基础上进行进一步优化而不改变电路结构。

compile_ultra 命令是一个非常简单易用的命令，它一般用于一些高性能的算术电路的优化。compile_ultra 命令有很多可选项，我们根据优化的目的来选用不同的选项。

自动优化虽然方便，但它需要消耗计算机大量的资源以及较长的优化时间，而且自动优化的过程我们难以控制。有时优化结果虽然满足了时序要求，但其所产生的电路形式是我们难以接受的。所以在违例数目不多的时候，建议进行手动修改。另外，综合的核心要放在建立时间上，因为建立时间违例实质就是数据到达得太晚了，因为这样的违例是没有办法修复的，因此程序综合后生成版图前的静态时序分析报告里必须没有建立时间违例。保持时间违例就不同了，它发生的原因是因为有时钟偏移，数据到达时序器件太早，使得数据在锁存之前就发生了改变，因此违背了保持时间的要求。如果设计有建立时间违例，没有别的办法，只有修改约束条件重新综合，如果还不行就只能修改 RTL 代码。但是如果有保持时间违例，则既可以在程序综合后生成版图前修复，也可以在生成版图后修复，一般倾向于在生成版图中修复保持时间违例。

3. 网表和约束文件的产生

综合优化且设计满足时序后使用 report_constraint -all_violators 查看设计的所有冲突。

report_constraint -all_violators

****

Report：constraint

　　　　　-all_violators

Design：XD2309_dap_ram

Version：Z-2007.03-SP5

Date：Tue Mar 20 10：18：54 2012

****

This design has no violated constraints.

执行命令 write_sdc/home/design/XD2309DCresult/XD2309_dap_ram.sdc 产生时序约束文件，用于自动布局布线输入文件。

执行命令 write_file -format verilog -hierarchy -outputhome/design/XD2309DCresult/XD2309_dap_ram_netlist_DC.v，产生综合后的网表文件，用于自动布局布线输入文件。综合后的电路图如图 5-53 所示。

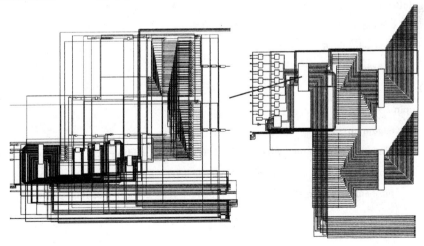

图 5-53 综合后的电路图

5.4.2 版图设计

综合产生的网表文件包含的信息是电路选用的 cell、block 和 PAD 以及它们之间的逻辑连接关系。sdc 文件包含了设计的约束信息。在网表文件中虽然已选用了 PAD，但并没有给出 PAD 在 core 外围的实际排列位置。为此，还需要一个描述 PAD 位置的文件指定 PAD 在 core 外围的实际排列位置。由于本设计工艺厂商提供的 I/O cell 可以驱动大电流（8A，16A），所以面积较大（62.780×141.900，36.120×237.360）。而本设计不需要太大的电流，为了节省面积，只能放弃工艺厂商提供的 I/O cell。因此本设计在自动布局布线软件中没有输入 PAD 位置文件，在自动布局布线中只考虑 I/O 引脚的分配，I/O cell 和 PAD 由模拟版图设计人员手动加上。

对于 Pin 引脚，若不对其进行约束，SOC Encounter 会自动进行分配。由于本芯片内部 LDO 模块和 PLL 模块是由模拟电路实现的，自动布局布线产生的版图最终需要能够跟模拟部分的版图级联，因此有必要对 Pin 的位置详细定义。Pin 的位置定义以".io"格式的文件保存，用以重复使用。

芯片的部分引脚描述如下：

```
I/O placement
Cadence Design Systems, Inc
FirstEncounter Data file for I/O Placement
Created by First Encounter v08.10-p004_1 on Fri Mar 16 15:40:16 2012
(globals
    version = 3
    total_edge = 6
    io_order = default
)
(iopin
    (edge num=1
    (pin name="pll_input" offset=420.0000 layer=2 width=0.4000 depth=0.9000)
    (pin name="data_ok" offset=1410.0000 layer=2 width=0.4000 depth=0.9000)
    (pin name="enter_sd" offset=1415.0000 layer=2 width=0.4000 depth=0.9000)
    )
        (edge num=3
        (pin name="PLL_CLK" offset=676.3100 layer=2 width=0.4000 depth=0.9000)
        (pin name="epll" offset=689.2100 layer=2 width=0.4000 depth=0.9000)
        )
```

```
(edge num=4
  (pin name="stest" offset=326.8000 layer=3 width=0.4000 depth=0.9000)
  (pin name="reset" offset=376.4000 layer=3 width=0.4000 depth=0.9000)
  (pin name="power_good" offset=426.8000 layer=3 width=0.4000 depth=0.9000)
  (pin name="outen" offset=476.4000 layer=3 width=0.4000 depth=0.9000)
  (pin name="sdaOut" offset=526.0000 layer=3 width=0.4000 depth=0.9000)
)
(edge num=5
  (pin name="i2s_mclk_i" offset=820.0100 layer=2 width=0.4000 depth=0.9000)
  (pin name="PDN" offset=1050.4900 layer=2 width=0.4000 depth=0.9000)
  (pin name="i2s_ws_i" offset=1197.5500 layer=2 width=0.4000 depth=0.9000)
  (pin name="i2s_sck_i" offset=1474.4700 layer=2 width=0.4000 depth=0.9000)
  (pin name="i2s_sd_i" offset=1801.2700 layer=2 width=0.4000 depth=0.9000)
  (pin name="sdaIn" offset=2104.8500 layer=2 width=0.4000 depth=0.9000)
  (pin name="scl" offset=2260.5100 layer=2 width=0.4000 depth=0.9000)
)
)
```

　　引脚的摆放对标准单元的放置有很大的影响。图 5-54 是本设计两种不同引脚位置的摆放导致在版图的同一个位置处标准单元的数目和位置不一样，而标准单元的分布又会影响整个版图的布局布线。标准单元摆放得过密，在连线时就容易引起版图拥堵；标准单元摆放得过度疏松，又会增加版图的面积。因此，为了得到一个比较合理的引脚分配，数字后端设计人员需要和前端设计人员进行沟通，了解各个引脚之间的关系，进行多次反复的尝试。

(a) 单元分布 1　　　　　　　　　　　(b) 单元分布 2

图 5-54　引脚位置的摆放对标准单元分布的影响

　　当 block、I/O 引脚的位置和放置标准单元的区域都确定后，SOC Encounter 根据网表和时序约束信息自动放置标准单元，同时进行时序检查和单元放置优化。布局规划后，芯片的大小、core 的面积和电源及地线的 ring 和 stripe 就都确定了。经过多次布局布线后，最终确定的数字部分版图布局规划如图 5-55 所示，其中右上脚空缺的空间是留给 PLL 和 LDO 等模拟部分的版图使用的。

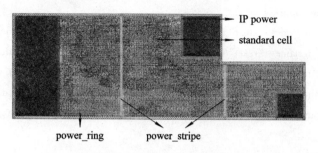

图 5 - 55 版图布局规划图

本设计在时钟树的综合时选用驱动能力为中间值的 buffer，因为驱动能力大的 buffer 面积也大，如果插入这种 buffer 太多，会影响芯片的功耗和面积，而且这种 buffer 对于上一级电路也意味着更大的负载；驱动能力太小的 buffer 虽然面积小，但是会增加时钟级数，产生的延时却是很大的，所以 buffer 的选择一定要适当。SOC Encounter 按照以上描述的时钟特性，自动产生时钟树的布局布线，插入 buffer 可提高时钟树的驱动能力，改善时钟信号延时特性。

对本设计进行时钟树综合，得到图 5 - 56 中近似 H 结构的时钟树结构。

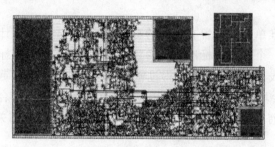

图 5 - 56 综合后的时钟网络

以下为本设计使用 SOC Encounter 完成时钟树综合后所得的时钟偏差分析报告。

    # Generated by: Cadence Encounter 08.10
    # Generated on: Wed May 24 10:55:04 2012
    # Complete Clock Tree Timing Report
    # CLOCK: PLL_CLK
    Rise Skew: 173.5(ps)
    Fall Skew: 157.3(ps)

可以看出，插入时钟树后时钟偏差只有 173.5 ps，满足设计要求。

通过多次反复的自动布局布线和时序优化，本系统数字部分最终布局布线如图 5 - 57 所示。

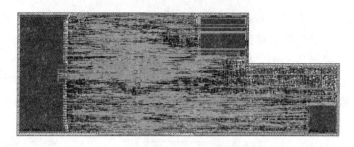

图 5-57 数字部分最终布局布线结构截图

在布线完成后，还需要给芯片添加填充单元(Filler cell)，它是标准单元库中定义的与逻辑无关的填充物，用来填充标准单元之间的间隙，主要是把扩散层连接起来，用来满足DRC 规则和设计需要。

在 SOC Encounter 环境中以 GDSII 格式导出数据，再将导出的数据导入到 Virtuoso 环境中，进行芯片的进一步整合和物理验证。数字部分最终版图如图 5-58 所示。

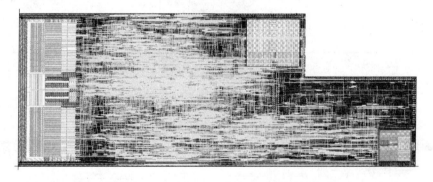

图 5-58 数字部分最终版面结构截图

5.4.3 功能验证

本节主要完成本设计的 RTL(Register Transistor Level)代码与综合后产生的网表，以及综合后产生的网表与版图实现后产生的网表的等价性验证。

在本设计中，形式验证主要用在 RTL 代码和综合后的网表以及综合后的网表和版图后的网表的比较中。对 RTL 代码和综合后的网表做等价性验证的目的是保证在逻辑综合过程中没有发生功能的变化，对综合后的网表和版图后的网表做等价性验证的目的是保证在版图设计时没有发生功能的变化。由于这两个地方的等价性验证的原理是一样的，本章只给出综合后的网表和版图后的网表的等价性验证的过程和结果。将本设计经 DC 软件综合后的网表与布局布线后的网表进行形式验证，其中 Reference 中添加的是 DC 综合后的网表，Implementation 中添加的是 Encounter 布线之后导出的网表，在 Formality 工具里先进行匹配性检查，找到 Reference design 和 Implementation design 二者相对应的对比点（compare point），把相邻两个对比点组合逻辑电路转化为数学模型，把每一个对比点的输入的各种逻辑情况都遍历一遍，比较二者是否一致，即比较每一个对比点在输入相同的情况下所得到的值是否相同，得到如图 5-59 所示的匹配性检查报告截图，从报告中可知匹配性检查通过，然后再做功能验证，得到如图 5-60 所示的验证报告截图，LVS 验证通过。

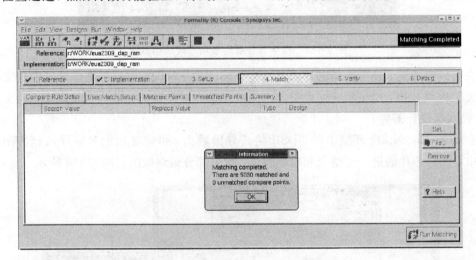

图 5-59　匹配性检查结果截图

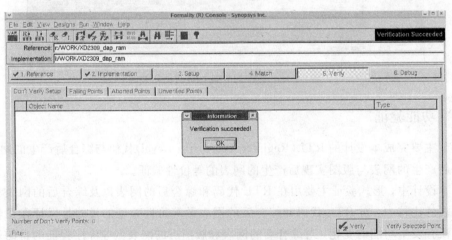

图 5-60　形式验证结果截图

　　具体形式验证报告如下：

　　****************Verification Results ***************

　　Verification SUCCEEDED

Reference design：r：/WORK/XD2309_dap_ram

Implementation design：i：/WORK/ XD2309_dap_ram

4888 Passing compare points

Matched Compare Points BBPin Loop BBNet Cut Port DFF LAT TOTAL

Passing（equivalent）	170	0	0	0	166	4552	0	4888
Failing（not equivalent）	0	0	0	0	0	0	0	0

1

从验证报告中可以看出，版图前的网表和版图后的网表在功能上是一致的。

5.4.4　物理验证

版图的物理验证指的是版图 DRC 和 LVS 验证，版图 DRC 是设计规则检查，检查版图中各掩膜层图形的各种尺寸是否符合设计规则的要求；版图 LVS 是版图与网表或电路图的一致性检查。

1. DRC 验证

用 Mentor 的 Calibre 工具对整个版图做 DRC 验证。在验证报告里可以看出有以下几种类型不符合 DRC 规则的显示：

（1）The ME4 coverage must be larger than 30% of entire chip area。

（2）Vertice is drawn off-grid。

（3）Safety：Edge violates 45 or 90 degrees。

（4）Die corner rule 1，ME1 must draw with 135 angle。

错误类型（1）可以通过 Dummy Metal 的增加来消除。加入 Dummy Metal 是为了增加金属的密度，Foundry 厂规定金属密度不能低于一定的值，以防在芯片制造的刻蚀阶段对连线的金属层过度刻蚀而降低电路的性能。通过与相关设计者讨论后确认，这些 DRC 错误是可以忽略的，因此可以认为本设计的 DRC 验证通过。

2. LVS 验证

在用 Calibre 对本设计进行 LVS 验证正确后，通过手工方法把数字部分自动布局布线产生的版图与模拟版图整合在一起，再用 Cadence 的 Dracula 工具对整体版图做 LVS 检查，验证结果报告如下所示：

```
***************************************************
*************** DEVICE MATCHING SUMMARY BY TYPE **********
***************************************************
```

TYPE	SUB-TYPE	TOTAL DEVICE		UN-MATCHED DEVICE	
		SCH.	LAY.	SCH.	LAY.

MOS	PT	5875	5879	0	4
MOS	P	181505	181505	0	0
MOS	NT	5934	5938	0	4
MOS	N	213172	213172	0	0
RES	RD	10	10	0	0
RES	RC	13	13	0	0
RES	RB	1	1	0	0
RES	M1	1	1	0	0
RES	M5	2	2	0	0
RES	M2	1	1	0	0
DIO	D1	87	87		

从上面的结果报告中可以看出 LVS 有一些错误显示，有 4 个 PT 类型的 MOS 管和 4 个 NT 类型的 MOS 管不匹配，通过在版图和原理图上查找修改后再次做 LVS，得到如下 LVS 验证报告：

```
*****************************************************************
*******DEVICE MATCHING SUMMARY BY TYPE ***************
*****************************************************************
```

TYPE	SUB-TYPE	TOTAL DEVICE		UN-MATCHED DEVICE	
		SCH.	LAY.	SCH.	LAY.
MOS	PT	5879	5879	0	0
MOS	P	181505	181505	0	0
MOS	NT	5938	5938	0	0
MOS	N	213172	213172	0	0
RES	RD	10	10	0	0
RES	RC	13	13	0	0
RES	RB	1	1	0	0
RES	M1	1	1	0	0
RES	M5	2	2	0	0
RES	M2	1	1	0	0
DIO	D1	87	87	0	0

```
*****************************************************************
******/W * - - SCHEMATIC AND LAYOUT MAY NOT MATCH ***
***********CHECK ALL ABOVE DISCREPANCY *********
********** AND WARNING MESSAGES *********
*****************************************************************
```

以上 LVS 报告显示本设计没有错误。

3. 整体版图产生与版图寄生参数提取(LPE)

当完成了整个芯片的设计和验证流程的工作，修改了所有的错误以后，可以得到整个设计的 GDSII 格式文件，交付给 foundry 流片。

整体版图如图 5 - 61 所示。

集成电路通过版图设计最终转化到硅片后，由于同层和不同层材料之间寄生参数的影响会使电路性能与最初的仿真结果产生偏差，导致芯片无法正常工作。因此在完成了整个芯片的 DRC 和 LVS 验证后，需要对版图进行寄生参数提取(Layout Parasitic Extraction)。提取后会生成一个含有大量寄生参数信息的 CDL 电路网表，用来做模数混合的后仿真。如果后仿真结果满足电路设计的要求，就确定版图设计没有问题；如果后仿真结果不满足设计要求，就要对影响电路指标的部分版图进行修改，重新进行 DRC 和 LVS 检查。

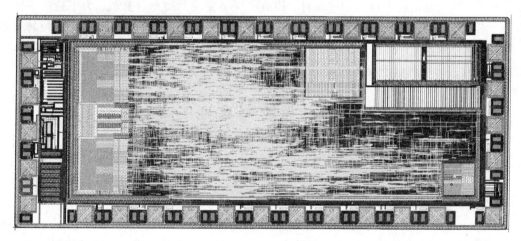

图 5 - 61　整体版图

第六章　一款兼容 MCS－51 指令的 8 位微控制器设计

　　微控制器(Microcontroller)，又称 MCU 或者单片机。微控制器在一块芯片上集成了中央处理器、程序存储器 ROM 或者 FLASH、数据存储器 RAM、定时器/计数器、中断控制器、并行及串行 I/O 接口等部件，构成了一个完整的微型计算机。为了适应不同的需要，不同系列的微控制器加入不同的外围功能电路，例如模数转换器 A/D、数模转换器 D/A、脉宽调制器 PWM、USB 接口、CAN 总线接口等。微控制器是复杂数字系统的核心，它的性能直接影响到电子设备的性能。

6.1　微控制器概述

6.1.1　微控制器的发展历史

　　1) 低档 4 位微处理器(1971)

　　1971 年，Intel 公司设计出集成度为 2000 只晶体管/片的 4 位微控制器 Intel 4004，其配有 RAM、ROM 和移位寄存器，构成了第一台 MCS－4 微控制器。这种微控制器虽然只能用于简单的控制场合，但价格具有相当的优势，至今仍不断有多功能的 4 位机问世。

　　2) 低档 8 位微控制器(1974～1978)

　　此类 MCU 不带串行通信接口，寻址范围一般在 4 KB 以内，其功能可满足一般工业控制和智能化仪器的需要，例如 Intel 公司的 8048，Mostek 公司的 3870 等。

　　3) 高档 8 位微控制器(1978～1982)

　　此类 MCU 有串行通信接口功能，寻址范围可达 64 KB。有多级中断处理系统、16 位的定时器/计数器。此类型的 MCU 功能较丰富，目前应用非常广泛，其产品如 Intel 公司的 8051、Motorola 公司的 Z8 和 NEC 公司的 MPD7800 等。

　　4) 16 位微控制器(1982～1990)

　　Mostek 公司于 1982 年首先推出了 16 位 MCU68200，随后处理器巨头 Intel 公司于 1983 年推出 16 位 MCU8096，其他公司也相继推出了同档次的产品。此时 MCU 开始采用了新的制造工艺，使得其计算速度和控制能力大幅度提升，具有很强的实时处理能力。

5）新一代微控制器（1990 年以后）

此类型 MCU 在结构上采用流水线设计，CPU 位数有 8 位、16 位、32 位，工作时钟频率可高达 20 MHz，芯片内嵌了脉宽调制器 PWM、看门狗 WDT、可编程计数器 TIMER、DMA 传输、调制解调器 MODEM、USB 接口、I^2S 接口等。丰富的模块使得 MCU 在数据处理、高级通信系统、工业过程控制、高级机器人设计以及汽车电子等方面得到了大规模的应用。

微控制器在发展过程中出现了两类指令体系，分别是复杂指令体系 CISC 和精简指令体系 RISC。MCU 最初是采用 CISC 构架进行设计的，它拥有丰富的指令，编程效率高，是比较经典的架构体系，现在电脑上的 CPU 都采用此构架。RISC 处理器是 20 世纪 80 年代发展起来的新型处理器，ARM、MIPS 都是经典的 RISC 处理器，它的指令少而精，简化了控制器设计的难度，但编程效率不高，产品有美国微芯（Microchip）的 PIC 系列 MCU。微控制器内部总线也出现了两种构架，最早的是冯·诺依曼构架，即程序总线和数据总线是结合在一起的，而现在采用的哈佛总线架构，其程序总线和数据总线是分离的。

6.1.2　微控制器的应用

我们日常生活中的大多数电子设备都用到微控制器，例如手机、各种音视频手持电子设备、洗衣机、打印机、电子游戏机等。

1）测控系统

微控制器可以构成各种工业控制系统、自适应系统、数据采集系统等。该类应用系统如温室气候控制、车辆控制与检测等。

2）智能仪表

用微控制器改造原有的机械式仪器仪表或分立电子器件式的测量与控制仪表，能促进仪表向数字化、智能化、多功能化发展，提高测量精度，简化仪器结构。该类应用系统如矿井气体成分检测、超声波的测量及其显示等。

3）实时控制

微控制器广泛用于实时控制系统中，例如对工业中各种窑炉的温度、酸度、化学成分的测量和控制。微控制器可利用测量数据进行自动控制，使系统工作在最佳状态，提高系统的生产效率和产品的质量。

4）消费电子

微控制器在消费电子领域也有极其广泛的应用。由于消费电子涉及的领域非常广泛，所以功能的需求会有很大的差异，而微控制器以其可编程性和片内集成的丰富外围功能非常容易实现各种不同的功能。该类应用系统如家用电器、玩具、音视频电子设备、汽车电子、厨房电子设备等。

5）多机系统

在大型复杂的控制系统中,微控制器也有广泛的应用。此种系统由若干台功能各异的微控制器组成,完成各自特定的任务,同时相互间通过通信协调工作。该类应用系统如数控机床的控制系统、实时图像处理系统等。

6）片上系统 SOC 设计

现代集成电路的设计已经进入了片上系统 SOC 时代。有别于 ASIC,SOC 具有把处理机制、模型算法、芯片结构、各层级的电路直到器件紧密结合在一起,在一个芯片上完成整个系统的功能。功能丰富、可编程的微控制器是 SOC 的主角,它负责管理整个系统,协调和控制各部分功能电路的工作。

6.1.3　微控制器的发展趋势

未来微处理器将朝着专用性和通用性两个大方向发展。现在电子技术发展突飞猛进,各种电子系统功能差异越来越大,从而不同领域的电子系统对微处理器的性能要求各异,所以专用性的需求迫使各大公司设计专用的微控制器内核,针对不同的应用领域采用不同系列的微控制器。例如 Silicon Laboratories 公司 Si825x 系列芯片,整合了该公司的微控制器和电源管理功能电路,此芯片要求微控制器对 AD 采集的电压信号作快速的处理并控制模拟电路工作,所以要求微控制器执行指令速度快;又如美国微芯(Mircochip)公司的 DsPIC33f06g2202 是一款高性能的数据处理器,是 MCU 与 DSP 结构的组合,而且指令执行速度快,非常适合实时信号处理场合。微控制器的通用发展方向主要体现在微控制中集成的外围功能电路的丰富程度上,由于电子设备品种繁多,各种设备使用不同类型的通信协议,而微控制器要控制和协调它们工作,其内部必须集成相应通信协议功能电路或者其他功能电路(例如 ADC、DAC、PWM 等),这就要求微控制器的通用性要强。

6.2　微控制器的结构及其指令说明

本节主要介绍微控制器设计的总体架构及其指令集。本设计主要由算术运算单元(ALU)、数据存储器(RAM)、程序存储器(ROM)、定时器/计数器单元、中断控制单元、并行 I/O 口控制及其驱动单元、中央处理器(CPU)组成,图 6-1 是该微控制器的框架图。该微控制器所用指令体系是复杂指令集 MCS-51 指令体系,共有 111 条指令。

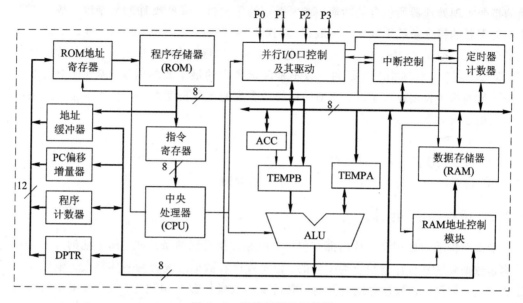

图 6 - 1 微控制器的结构图

6.2.1 微控制器的构架

目前流行的单片机类型众多，但都是基于两大构架体系进行设计的。微控制器的两大构架分别是精简指令集构架（RISC）和复杂指令集构架（CISC）。早期的单片机都是基于复杂指令集构架的，所以，复杂指令集在微处理器设计上占绝对主导的地位，目前大部分功能更强大的 CPU 也是基于该指令集构架进行设计的。精简指令集构架微控制器在设计难度及其代码执行效率方面比 CISC 更具优势，下面对这两种构架系统进行简单的说明。

1. 复杂指令集构架的特点

复杂指令集系统的基本思想是在硬件中实现尽可能多功能的指令，从而减少汇编语言条数，增加编程的效率。这是由于当时的技术原因造成的，当时微控制器控制部分的设计大多采用微程序控制技术，使得增加一条复杂指令是一件轻而易举的事情，所以，人们把指令系统设计得越来越庞大，越来越复杂。由于上述原因，复杂指令集具有以下几个特点：

（1）指令的条数较多。

（2）指令寻址方式多样。

（3）指令的长度不一。

（4）指令执行周期不固定。

2. 精简指令集构架的特点

精简指令集的处理器是 20 世纪 80 年代发展起来的新型处理器。其主要思想是用最精简的指令实现处理器所包含的功能，减少指令的重复性，降低硬件的复杂度。基于该指令集的处理器的指令条数不固定，一般在 30 到 40 条左右，Microchip 公司的 PIC 系列单片机指令条数一般是 35 条。由于此时新工艺新技术的出现，芯片内集成大容量的存储器变得相对简单，所以，程序指令代码的总数不是应该考虑的最主要的因素。基于上述原因，精简指令集的指令长度是固定的，典型的精简指令集的指令长度为 12 位。总而言之，精简指令集的指令有如下特点：

(1) 指令数目少。

(2) 指令长度固定，比较规则。

(3) 指令执行的周期固定，一般为一个机器周期。

6.2.2　微控制器的结构

　　哈佛结构的微处理器芯片内部有程序总线和数据总线两条总线，而早期的冯·诺依曼结构是数据总线和程序总线合为一体的。由于程序和数据总线合为一体极大地制约了处理器的速度，而程序和数据总线分开时，取指令和取操作数互相独立，互不干扰，可以同时进行，极大地提高了资源的利用率和处理器的速度，所以，现在微处理器都采用哈佛结构进行设计。正如大多数数字系统设计可以把设计分为数据通路和控制通路一样，微控制器设计也可以划分为数据通路和控制通路，即由运算器和控制器组成。但是如果只有运算器和控制器，只能进行数值的运算处理，远不能满足各种控制应用场合的需求，所以，一个完整的微控制器还需要其他功能不同的模块电路组成，例如，中断模块、定时器/计数器模块、I²C 总线模块等。

　　下面介绍微控制器的主要功能模块。

1. 运算器单元

　　运算器单元相当于该微控制器的数据通路部分，担负着输入数据的加工处理任务，即数据的各种运算处理。此模块会根据相应的指令进行基本的四则运算(加、减、乘、除)、关系运算(大于、小于、等于)、逻辑运算(与、或、异或等)、位操作、数据的传送等。下面介绍该模块的主要组成部分。

　　1) 算术逻辑单元 ALU

　　ALU 是运算器的核心，根据指令发出的控制信号，对 8 位二进制数据进行加、减、乘、除运算和逻辑与、或、非、清零等运算操作。由于复杂指令集系统包含丰富的跳转指令，而很多情况下跳转条件是某两个数的关系(例如相等)，即需要对两个数进行运算才能判断程序是否要跳转，而 ALU 模块是处理各种运算的，所以，此模块需要提供程序跳转的控制信号。此模块除了对宽度为 8 位的数据处理外，还可以进行数据的位操作处理，如置位、清零以及与、或等布尔运算，这在实时逻辑控制或者其他工业控制中非常实用。

2）累加器 ACC

累加器实际上是一个 8 位的数据寄存器，它是微控制器中使用最为频繁的寄存器，在算术运算和逻辑操作中，ACC 可存储其中一个操作数或者运算的结果。在与外部存储器通过 I/O 口进行数据传送时，都要经过累加器 ACC 来完成。

3）寄存器 B

寄存器 B 主要用在乘、除运算中，与累加器 ACC 配合使用。在运算时，主要存放乘数或者除数，而在运算结束后，存放乘积的高 8 位或存放除法运算的余数部分。

4）程序状态寄存器 PSW

程序状态寄存器是一个 8 位的寄存器，主要存储指令执行后操作结果的某些特征，例如，操作结果溢出，运算后的结果为零等。其各位的定义如下：

Cy	AC	F0	RS1	RS0	OV	保留	P

　　　Cy：进位标志位。当操作结果在最高位有进位或者有借位时，该位会置位；否则为零。此位可以作为条件转移指令的条件判断信号，也可以用于十进制调整指示信号。

　　AC：辅助进位标志位。如果操作结果的第 4 位有进位或者有借位，该位会置位；否则为零。该位可以用作十进制的调整指示信号。

　　F0：用户标志位。用户可用软件对 F0 赋予一定的含义，决定程序的执行方式。

　　RS1、RS0：通用工作寄存器组的选择位，指示当前使用的工作寄存器。微控制器中由 4 组 R0～R7 组成工作寄存器组，用户可以通过设置这两位选择相应的工作寄存器组。

　　OV：溢出标志位。它反映运算结果是否溢出，溢出时 OV＝1；否则 OV＝0。该位可作为条件转移指令的条件判断信号。

2. 中央控制单元(CPU)

中央控制单元控制整个微控制器的运行，是控制通路部分。本章所设计的微控制器严格遵守 MCS‐51 单片机的时序，所以该部分首先要提供整个处理器的工作节拍，控制各部分协调工作。除了时序节拍控制信号外，还应有其他各种控制信号控制各模块工作，才能实现不同的功能。这都是 CPU 控制单元提供的，它从程序存储器 ROM 中获取相应的指令，然后对指令进行译码，根据不同的指令给出不同的控制信号和时序。由上面的内容可以总结该单元的功能如下：

（1）提供微控制器的工作时序。

（2）指令的获取和寄存。

（3）指令的译码。

（4）控制指令地址的更新。

3. 定时器/计数器

在 MCU 系统应用场合，往往需要对时钟分频，从而产生一定频率的时钟信号，或者对外部的脉冲信号进行计数。如果采用软件定时，会占用 CPU 的宝贵资源，这样会造成资源的极大浪费。所以，采用专用的可编程硬件电路无疑是一个两全其美的选择，一方面达到释放 CPU 资源的目的，另一方面可以非常灵活地实现定时和计数功能而不影响 CPU 正常工作，这也是 MCU 在检测、控制及智能仪器中获得广泛应用的原因之一。定时器/计数器使用非常灵活，用户可以通过配置寄存器实现不同的计数功能。

当定时器/计数器配置成为定时器功能时，定时器会记录内部时钟经过 12 分频后脉冲的个数，即定时器在 12 分频的时钟驱动下进行计数，每来一个脉冲定时器就增加 1，当定时器计算到最大值时会产生计满溢出信号，从而实现定时功能。由上述原理可知定时时间 T 的计算公式为：

$$T = \frac{12 \times (2^N - M)}{f} \tag{6-1}$$

其中：N 是定时器的数据位宽；M 是用户设置的参数，即计数的初值；f 是微控制器的内部时钟频率。

当定时器/计数器配置为计数器功能时，计数器记录来自引脚 T0 和 T1 外部信号脉冲的个数。输入信号由高变低时，计数器的计数值增加 1，当计数到最大值时会产生溢出中断信号。由于微控制器每个机器周期内只采样一次外部信号，即完成一次计数需要两个机器周期，所以，外部输入信号的频率不能太高，否则会出现计数不准的现象。

由于定时器/计数器是可编程的，所以需要相应的控制寄存器控制其工作。本节所设计的微控制器中有两个控制寄存器与定时器/计数器相关，分别是定时器/计数器的工作方式控制寄存器(TMOD)和定时器/计数器的计数及溢出标志控制寄存器(TCON)。

(1) TMOD 主要设置定时器/计数器的工作方式及其运行控制，其各位的定义如下：

GATE	C/$\overline{\text{T}}$	M1	M0	GATE	$\overline{\text{C}}$/T	M1	M0

GATE：门控位。GATE＝0 时，只要用软件使 TR0(或 TR1)置 1，就启动了定时器；GATE＝1 时，只有外部中断为高电平且使用软件使 TR0(或 TR1)置 1 时，才能启动定时器。

C/$\overline{\text{T}}$：定时方式和计数方式选择位。当该位为 1 时，定时器/计数器为计数器；否则，为定时器。

M1、M0：定时器/计数器的工作方式选择位。有四种工作方式供用户选择，各种方式的情况如表 6-1 所示。由于本节设计的微控制器有两个定时器/计数器，所以，控制寄存器有两套功能完全相同的控制信号，D7～D4 控制定时器/计数器 1，而 D3～D0 控制定时器/计数器 0。

表 6-1　定时器的工作方式

M1	M0	工作方式	功　　能
0	0	0	13 位的定时器/计数器
0	1	1	16 位的定时器/计数器
1	0	2	常数自动装载的 8 位定时器/计数器
1	1	3	只对 T0 有效, 分为两个独立的 8 位计数器, T1 停止工作

（2）TCON 寄存器中各位表示的控制信号的定义如下：

TF1	TR1	TF0	TR0	IE1	IT1	IE0	IT0

　　TF1：当 T1 被允许计数后，T1 从初值开始加 1 计数，当 T1 计数溢出时，硬件自动将中断标志位 TF0 置位，并向 CPU 申请中断。当 CPU 响应并进入中断服务程序后，TF0 又被硬件自动清零。由此也可以看出，定时器/计数器占用非常少的 CPU 资源。

　　TR1：定时器/计数器 T1 的运行控制位。由前面介绍可知，TMOD 控制寄存器中的 GATE 信号主要控制定时器/计数器的工作时钟，而 TR1 是控制定时器/计数器 T1 进行计数和溢出寄存，两者的分工不同。

　　TF0：定时器/计数器 T0 的计数溢出标志位，作用与 TF1 一样。

　　TR0：定时器/计数器 T0 的运行控制位，作用与 TR1 一样。

　　IE1：外部中断 1 的标志位，此位的作用将会在中断单元作介绍。

　　IT1：外部中断 1 类型控制位，控制对外部中断 1 进行电平采样还是下降沿采样。

　　IE0：外部中断 0 的标志位，与 IE1 意义一样。

　　IT0：外部中断 0 类型控制位，与 IT1 作用一样。

4. 中断系统

　　中断系统是一个极大释放 CPU 资源的功能单元。所谓中断，是指当 CPU 正在处理某些事务时，外界发生了更为紧急的请求，要求 CPU 暂停当前的工作去处理外界的请求，当 CPU 把外界的事务处理完后又转到原来的事务继续执行。图 6-2 展示了这一执行过程。其实，除了中断还有另外一种方法——查询，可以实现处理外部紧急事件的功能。查询时，CPU 会一直查询外部紧急事件是否有请求而不能执行其他事务。可以用等待客人事件来解说查询和中断的区别：用查询方法时，主人一直在门口等待来访的客人而不能处理别的事务；采用中断方法时，主人可以一直工作直到

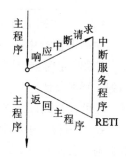

图 6-2　中断执行流程图

来访客人敲门时，才停下手头的工作开门接待来访客人。由此可以看出，查询方法极大地占用了 CPU 宝贵的资源，降低了资源的利用率。

　　MCS-51 系列 MCU 有五个中断源，分别是定时器/计数器 0 溢出中断 TF0、定时器/计数器 1 溢出中断 TF1、外部事件中断 IE1、外部事件中断 IE0、串行口中断。由于中断事件发生的时间是不可预知的，有可能两个或者两个以上的中断事件同时发生，这就会出现 CPU 要选择哪个中断请求进行响应的问题。可以通过设置中断响应优先级来解决这个问题，本设计所设计的微控制器的中断优先级如表 6-2 所示，这与 MCS-51 系列 MCU 完全一致。微处理器以其极强的现场可编程能力见长，其中断系统也不例外，用户可以通过设置中断优先级寄存器改变中断源的优先级别，从而适应具体应用系统的需求。

表 6-2　中断说明

中断源	中断服务地址	中断优先等级
外部中断 IE0	0003H	5
定时器 T0 中断	000BH	4
外部中断 IE1	0013H	3
定时器 T1 中断	001BH	2
串行口中断	0023H	1

　　要使微控制器的中断正常工作，用户需要设置好两个中断控制寄存器：中断允许寄存器(IE)和中断优先级控制寄存器(IP)。下面对这两个寄存器进行说明。首先介绍中断允许寄存器(IE)，其各位的定义如下：

EA	保留	ET2	ES	ET1	EX1	ET0	EX0

　　EA：总中断允许位。EA=0 时，禁止 CPU 响应一切中断；而 EA=1 时，允许用户开放的中断源进行中断。

　　ET2：定时器/计数器 2 中断允许位。只是为了扩展而用，只在 MCS-52 系列 MCU 中用到，而本设计的 MCU 属于 MCS-51 系列的，所以在本设计中此位并没有相应的中断源，但可以留到以后升级用。

　　ES：串行口中断允许位。当该位设置为 1 时，每当微控制器发送或接收完一个字节的数据时，会向 CPU 发送中断请求；否则，禁止串行口中断。

　　ET1：定时器 1 中断允许位，即定时器/计数器计数溢出中断位。当此位为 1 时，允许定时器/计数器 1 计数溢出中断；否则，禁止定时器/计数器 1 计数溢出中断。

　　EX0：外部中断 0 中断允许位。如果此位为 1，允许外部中断 0 进行中断；否则，禁止

162

外部中断 0 进行中断。

ET0：定时器/计数器 0 中断允许位，即定时器/计数器 0 计数溢出中断位。当此位为 1 时，允许定时器/计数器 0 计数溢出中断；否则，禁止定时器/计数器 0 计数溢出中断。

EX1：外部中断 1 中断允许位。如果此位为 1，允许外部中断 1 进行中断；否则，禁止外部中断 1 进行中断。

中断优先级控制寄存器（IP）主要作用是提升某个中断源的优先等级，以满足系统应用的需要。MCS-51 具有两个优先等级，设置为高优先级的中断源比所有低优先级别的中断源优先级都要高。当有中断请求时，CPU 首先响应高优先级的中断请求，然后响应低优先级的中断请求，而且设置为高优先级的中断可以中断低优先级的中断服务程序，但任何同级别的中断源不能中断正在执行的同级别的中断服务程序。下面介绍中断优先级控制寄存器，其各位的定义如下：

保留	保留	PT2	PS	PT1	PX1	PT0	PX0

PT2：定时器/计数器 2 中断优先级设定位。与 IE 中的 ET2 相对应，此位在本设计中是用于扩展的，只有在 MCS-52 系列 MCU 中才用到。

PS：为串行口中断优先级设定位。当 PS=1 时，串行口为高优先级别；否则，为低优先级别。

PT1：定时器/计数器 1（T1）中断优先级设定位。当 PT1=1 时，定时器/计数器 1 为高优先级别；否则，为低优先级别。

PX1：外部中断 1 中断优先级设定位。当 PX1=1 时，外部中断 1 为高优先级别；否则，为低优先级别。

PT0：定时器/计数器 0（T0）中断优先级设定位。当 PT0=1 时，定时器/计数器 0 为高优先级别；否则，为低优先级别。

PX0：外部中断 0 中断优先级设定位。当 PX0=1 时，外部中断 0 为高优先级别；否则，为低优先级别。

由以上的介绍可以总结出中断系统的工作框图，如图 6-3 所示。图中有的中断源的采集可采用不同的方式，这主要是针对两个外部中断源 $\overline{INT0}$ 和 $\overline{INT1}$ 来说的。由特殊功能寄存器 TCON 的说明可知：当 TF1 位设置为 0 时，微控制器对外部中断 1（P3.3）进行电平采样，低电平有效；当 IE1 设置为 1 时，微控制器对外部中断 1 进行沿采样，下降沿有效。串口中断源是把串口发送中断申请和接收中断申请合成为一个中断申请源信号后再进行中断申请，即把两个信号相或后再送到中断源采集电路。图 6-3 中的中断源均代表最终采集进 CPU 的中断源信号，而不涉及采用什么方式对中断源进行采集。控制寄存器 IE1 相当于实际中的开关，控制是否接通该路的中断申请。控制中断优先级的寄存器 IP 相当于实际中的选择器，控制该路中断申请的优先等级。

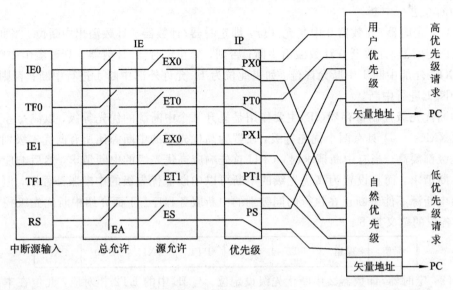

图 6-3 中断系统工作框图

5. 串行口通信

串行口单元主要负责微控制器与外部电子设备之间的串行通信。MCS-51 系列 MCU 中有一个全双工的串行通信接口，既可以设置为通用的异步接收和发送数据串行接口，又可以设置为同步移位寄存器。电路实现上只需要两根线，一个是负责发送数据的发送数据线（TXD），另一个是负责接收数据的接收数据线（RXD）。图 6-4 是两个微控制器实现串口通信的简单连接图。

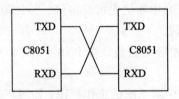

图 6-4 串口通信连接图

串行接口系统由两个特殊功能寄存器控制串行口的工作，这两个控制寄存器分别是串行口控制寄存器（SCON）和波特率控制寄存器（PCON）。除这两个寄存器外，还有一个发送接收数据缓冲器（SBUF）。串行口没有专门启动其发送操作的命令，假如微控制器需要发送数据，只需要把要发送的数据写入发送缓冲寄存器 SBUF 中，串行口电路就启动一次发送操作。同样，当接收完一个 8 字节的有效数据后，串行口电路会把接收的数据寄存到缓冲寄存器 SBUF 中等待 CPU 读取。下面主要介绍寄存器 SCON 和 PCON。寄存器 SCON 各位的定义如下：

SM0	SM1	SM2	REN	TB8	RB8	TI	RI

SM0、SM1：用于选择串行口的工作模式，两个选择位对应四种工作模式。表 6-3 说明相应的工作模式。其中 f 是微控制器的工作频率，UART 为通用异步接收和发送器的英文简称。

表 6-3　串行口操作模式的选择

SM0	SM1	模 式	功 能	波 特 率
0	0	0	同步移位寄存器	$f/12$
0	1	1	8 位 UART	可变（T1 的溢出率）
1	0	2	9 位 UART	$f/64$ 或 $f/32$
1	1	3	9 位 UART	可变（T1 的溢出率）

SM2：多机通信时的接收允许标志位。在模式 2 和模式 3 中，若 SM2＝1，且接收到的第 9 位数据为 0 时，接收中断标志(RI)不会被激活。在模式 1 中，若 SM2＝1 且没接收到有效的停止位，则 RI 不会被激活。在工作模式 0 时，SM2 必须是 0。

REN：允许接收位，由软件置位或者清零。REN＝1 时，串行接口允许接收数据；否则，禁止接收数据。

TB8：发送数据的第 8 位。在模式 2 和模式 3 中是发送数据的第 9 位数据，在许多通信协议中，该位用作奇偶校验位，可以由软件清零或者置位。在多机通信中，此位可用于表示发送的数据是地址帧还是数据帧。

RB8：接收数据帧的第 8 位。在模式 2 和 3 中是接收数据的第 9 位数据。在模式 1 中，若 SM2＝0，则 RB8 接收的是停止位。在模式 0 中，该位未使用。

TI：发送中断标志位，串口发送完成一个字符后，该位由硬件置 1，需通过软件清零。

RI：接收中断标志位，串口接收到一个字符后，该位由硬件置 1，需通过软件清零。

寄存器 PCON 中的最高位 PCON.7(SMOD)控制串行口发送或者接收数据的波特率。当该位为 1 时，串行口工作在模式 1、模式 2、模式 3 时，通信的波特率增加 1 倍。此位可以由软件清零和置位。

由于串口通信有四种工作模式，每种工作模式各具特点，所以，无论是设计串口通信电路还是应用串口进行通信都有必要了解各种操作模式的情况。下面分别介绍这四种工作模式。

1) 串口通信模式 0

串口工作在模式 0 时，串口通信变成一种同步的移位寄存器输入/输出模式。发送数据线 TXD 变成时钟线，时钟周期为微控制器工作时钟周期的 12 倍，RXD 变为双向数据传输线。当微控制器发送数据时，RXD 数据线作为发送数据线；否则，作为接收数据线。数据线 RXD 在时钟线 TXD 的每个时钟周期接收或者发送 1 位数据。此种模式主要用于输入/输出 I/O 口的扩展。

2）串口通信模式 1

当串口工作在模式 1 时，是一种 8 位波特率可变的异步串行通信接口。与模式 0 不同，此种工作模式是全双工的，其发送和接收数据帧的格式如图 6-5 所示。

图 6-5 串口模式 1 的数据帧格式

此种通信方式由第一位数据传送起始位（逻辑值为 0）来发起一次串口传输通信，接着是从低位到高位一个字节的数据，最后是一位停止位（逻辑值为 1）。同样，串行口在此工作模式下也没有专门指令来启动串口发送和接收数据，需要设置相应的寄存器来启动串口通信。当微控制器需要发送数据时，把要发送的数据写入 SBUF 寄存器中，串行口在发送中断标志位为 0 的情况下启动发送数据操作，数据帧从发送数据线（TXD）逐位移出，当发送完一帧数据后，硬件会自动把发送中断标志位置位。当接收中断标志位 RI＝0 且允许接收位 REN＝1 时，接收器以选定波特率的 16 倍速率进行采样接收数据线 RXD 的电平，然后，对 7、8、9 三个脉冲期间的采样值以三中取二的原则确定采样值。这是保证接收数据正确率、抑制干扰的需要。当数据线 RXD 有下降沿出现且采样值为零时，串行口就开始接收数据，在接收脉冲的控制下，接收完一帧数据。当接收到停止位或者 SM2＝0 时，接收的停止位送入 RB8 中，8 位数据送入 SBUF 中寄存，并且硬件置位接收中断标志位 RI，向 CPU 申请一次接收数据中断；否则，所接收到的一帧数据将会丢失，串行接口电路将会复位，继续检测接收数据线 RXD 的电平，以接收下一帧数据。

3）串口通信模式 2 和模式 3

串行口的工作模式 2 和工作模式 3 工作原理是一样的，只是发送的波特率不一样，所以把这两种模式放在一起介绍。串行口的这两种工作模式被定义为 9 位异步串行通信接口，其数据帧的格式如图 6-6 所示。

图 6-6 模式 2 和模式 3 数据帧格式

这两种操作方式的数据帧与模式 1 几乎一样,都需要起始位和停止位,但比工作模式 1 多了一位用户自定义位(数据帧的第 10 位),发送时由串行口控制寄存器(SCON)的 TB8 位进行填充。串行口工作在模式 2 和模式 3,也与其他工作模式一样没有专门的发送或者接收数据启动指令,需要靠对相应的寄存器操作来启动串行口进行发送或者接收数据。发送过程和原理与模式 1 一样,只是发送的数据帧多了一位用户自定义位,用户可以通过对 TB8 操作来设置该数据位,它既可以作为数据的奇偶校验位,也可以作为多机通信的地址、数据标志位。假如是奇偶校验位,可以在发送数据之前先将数据写入 TB8 中。接收过程也与模式 1 的接收过程几乎一样,有检测起始位,进行抑制干扰处理,不同的是当接收完一帧数据后,只有在 SM2=0 或者接收到的第 9 位数据为 1 且 RI=0 时,第 9 位才装入 RB8 中,前 8 位数据寄存在缓冲器 SBUF 中。

前面提到串行口工作模式 2 和工作模式 3 的操作原理和数据帧是一样的,但是这两种模式的波特率是不一样的。模式 2 的波特率是固定的,其计算公式为:

$$f_b = f_{osc} \times \frac{2^{SMOD}}{64} \tag{6-2}$$

式中,f_b 为串口的波特率;f_{osc} 为微控制器的工作频率;SMOD 为波特率控制位,当 SMOD=1 时波特率翻倍。

模式 3 的波特率是可以变的,它由定时器/计数器 1 的溢出率决定,其计算公式为:

$$f_b = f_{T1\_ov} \times \frac{2^{SMOD}}{32} \tag{6-3}$$

$$f_{T1\_ov} = \frac{f_{osc}}{12 \times (256 - TH1)} \tag{6-4}$$

上两式中,f_b 是串行口的波特率;f_{T1_ov} 是定时器/计数器 1 的溢出率;f_{osc} 为微控制器的工作时钟;SMOD 为波特率的控制位;TH1 是定时器/计数器 1 的高 8 位。由式(6-3)、(6-4)可以看出,通过对 TH1 设置不同的值会得到不同的波特率,这又一次体现了微控制器的灵活性和极强的现场可编程性。在串口通信应用中一般采用的波特率为 9.6 kb/s。

6.2.3 并行输入/输出端口

MCS-51 系列 MCU 总共有 32 个通用输入/输出端口(GPIO),分为四组,分别为 P0、P1、P2、P3。每组都包含一个 8 位的端口驱动器和一个 8 位的三态输入数据缓冲器。每个端口的内部结构都差不多,但 P0、P2 端口与其他组端口有一点差别,因为在访问外部存储器时,P0 端口是地址/数据复用的,所以,P0 组端口比其他组端口多了一个地址/数据复用控制功能。P2 端口在功能上兼有 P0 和 P1 端口的特点。图 6-7 是 P0、P2 的内部结构图。由结构图可以看出 P0、P2 端口主要有三套控制信号线,因而会有三种不同的功能,分别是地址/数据复用总线功能、通用 I/O 端口(GPIO)功能、读—修改—写功能。下面说明每种功能的工作原理。

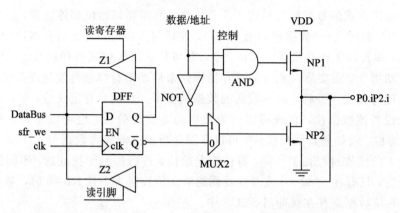

图 6-7 P0、P2 端口内部结构图

1. 地址/数据复用功能

当使用"MOVX A，@R0"类型指令时，即访问外部数据存储器时会用到此功能，地址或者数据信息从 P0、P2 端口输出，此时控制信号为高电平，驱动 NP1 管的与门 AND 打开，驱动 NP2 管的二选一选择器 MUX2 选择数据/地址通路，因此，内部的数据/地址总线就可以输出到 P0、P2 端口实现对外部数据存储器的访问。当要从外部数据存储器输入数据时，数据会从 Z2 输入到微控制器的数据总线 DataBus。

2. 通用 I/O 口功能

当使用"MOV A，P0"类型指令读取 P0 端口电平时，并行端口作通用 I/O 端口（GPIO）功能使用。P0 处于这种功能时，控制信号为低电平，把 AND 锁住，输出为零，从而关闭 NP1 管。由于控制信号为低电平，所以二选一选择器 MUX2 选择 DFF 的反相端口 $\overline{Q}$ 的输出信号作为 NP2 管的驱动信号驱动 NP2 管工作，这样，经过两级取反后，P0 口的电平值为微控制器内部数据总线的逻辑值。当微控制器要读取 P0 端口的电平值时，读引脚使能信号有效，P0 端口接至微控制器内部数据总线，从而实现微控制器对端口电平的读取。在读取 P0 口电平时要先向 DFF 写入 1，从而把 NP2 管关断，防止其影响 P0 口上的电平。

3. 读—修改—写功能

此功能主要是对端口驱动寄存器 DFF 的访问，相关指令是先把寄存器的值取出来，然后进行某种处理，最后把处理的结果写回寄存器中，例如指令"ANL P0，A"就属于此类指令。当 P0 选择此种功能时，首先通过 Z1 读取寄存器的值，然后进行某种处理，接着通过写使能把操作后的结果再次写回寄存器中。

正如前面介绍一样，其他两组端口的原理与 P0、P2 一样，唯一的差别是比它们少了地址/数据功能。P1 是准双向端口，P3 端口为了减少芯片外围引脚，进行了功能复用，其第二功能如表 6-4 所示。图 6-8 是 P1 端口的内部结构图，图 6-9 为 P3 端口的内部结构图。由于它们的原理和 P0 端口一样，所以这里不再介绍。

表 6 - 4　P3 端口的第二功能说明

P3 口的引脚	第二功能	说　　明
P3.0	RXD	串行口数据接收输入端口
P3.1	TXD	串行口数据发送输出端口
P3.2	$\overline{INT0}$	外部中断 0 请求输入端口
P3.3	$\overline{INT1}$	外部中断 1 请求输入端口
P3.4	T0	定时器/计数器 0 输入端口
P3.5	T1	定时器/计数器 1 输入端口
P3.6	$\overline{WR}$	外部数据存储器写选通输出端口
P3.7	$\overline{RD}$	外部数据存储器读选通输出端口

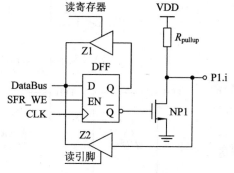

图 6 - 8　P1 端口的内部结构图

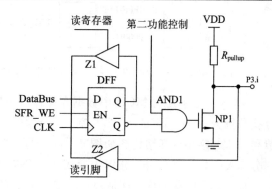

图 6 - 9　P3 端口的内部结构图

6.2.4　存储器系统

在一般微控制器中都会有两种类型的存储器，分别为程序存储器(ROM)和数据存储器(RAM)。程序存储器主要是存储用户的应用程序代码，掉电后存储器的内容不会丢失。现在程序存储器的类型有掩膜 ROM、EEPROM、FLASH 等。早期的存储器一般是掩膜 ROM，即在出厂前厂家会把程序代码固化好，以后就不能改变。由于此种方法无论从技术难度还是芯片面积上都占有绝对优势，所以现在在一些专用的小型应用系统中仍然使用。现在的 MCU 里面都有一部分可以编程的 ROM，甚至有多种类型的 ROM。MCU 有片内和片外程序存储器之分，图 6 - 10 是 MCS - 51 系列 MCU 程序存储器系统结构图，片内程序存储器的地址范围为 0000H～0FFFH，共 4 KB；外部地址分为两部分，一部分是 0000H～0FFFH，另一部分是 1000H～FFFFH。外部存储器的低 4 KB 存储空间要在 $\overline{EA}$

为低时,微控制器才使用;而存储地址大于 4 KB 时,无论$\overline{EA}$是高还是低,微控制器都会使用外部程序存储器。

上面内容主要是介绍程序储存器(ROM),接下来要介绍的是数据存储器(RAM),这是数据易失性存储器,该类型存储器可分为动态 RAM(DRAM)和静态 RAM(SRAM)两大类。这两类 RAM 有不同的特点,SRAM 的特点是集成度高,存取数据快,功耗低;DRAM 则具有存储器单元结构简单,集成度远大于 SRAM 等优点,但其应用较为复杂,存取速度相对较慢。现代多数的数字芯片中一般采用 SRAM,其单元结构如图 6-11 所示,它主要是利用双稳态原理进行设计的。

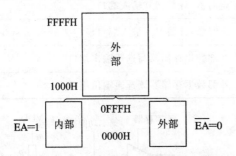

图 6-10 MCS-51 系列 MCU 程序存储器系统结构图

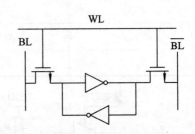

图 6-11 SRAM 基本单元结构图

MCS-51 系列的 MCU 中数据存储器(RAM)的寻找范围为 00H~FFH,共 256 字节,分为低 128 字节和高 128 字节,其结构图如图 6-12 所示。低 128 部分 RAM 分为三部分,分别为通用工作寄存器区、位寻址区、数据缓冲区,这是根据功能来划分的。

通用工作寄存器区由 4 个区组成,每区包含 8 个通用工作寄存器 R0~R7,所用区的选择由状态控制寄存器 PSW 中的 RS1 和 RS0 确定,工作寄存器和 RAM 地址的对应关系如表 6-5 所示。通用寄存器分为四个区,为软件设计带来了极大方便,在中断应用中可以灵活选择不同的寄存器区,以实现现场保护的目的。

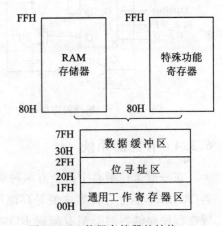

图 6-12 数据存储器的结构

在控制应用或者数据运算中往往会涉及位的操作,所以,在数据存储器 RAM 中专门开辟一块可位寻址的区域。在需要进行位操作的应用中,位寻址区的每一位都可以视作软件触发器,大大简化了程序编写的复杂度,同时缩短了程序代码的长度。表 6-6 说明了 RAM 中位寻址区的地址映射。RAM 的低 128 字节还开辟了一个地址为 30H~7FH 的数据缓冲区,一般可作为开辟堆栈区用。

表 6－5　工作寄存器与 RAM 地址对照表

通用寄存器	RAM 地址			
	0 区	1 区	2 区	3 区
R0	00H	08H	10H	18H
R1	01H	09H	11H	19H
R2	02H	0AH	12H	1AH
R3	03H	0BH	13H	1BH
R4	04H	0CH	14H	1CH
R5	05H	0DH	15H	1DH
R6	06H	0EH	16H	1EH
R7	07H	0FH	17H	1FH

表 6－6　位寻址区的 RAM 地址映射表

RAM 地址	D0	D1	D2	D3	D4	D5	D6	D7
20H	00H	01H	02H	03H	04H	05H	06H	07H
21H	08H	09H	0AH	0BH	0CH	0DH	0EH	0FH
22H	10H	11H	12H	13H	14H	15H	16H	17H
23H	18H	19H	1AH	1BH	1CH	1DH	1EH	1FH
24H	20H	21H	22H	23H	24H	25H	26H	27H
25H	28H	29H	2AH	2BH	2CH	2DH	2EH	2FH
26H	30H	31H	32H	33H	34H	35H	36H	37H
27H	38H	39H	3AH	3BH	3CH	3DH	3EH	3FH
28H	40H	41H	42H	43H	44H	45H	46H	47H
29H	48H	49H	4AH	4BH	4CH	4DH	4EH	4FH
2AH	50H	51H	52H	53H	54H	55H	56H	57H
2BH	58H	59H	5AH	5BH	5CH	5DH	5EH	5FH
2CH	60H	61H	62H	63H	64H	65H	66H	67H
2DH	68H	69H	6AH	6BH	6CH	6DH	6EH	6FH
2EH	70H	71H	72H	73H	74H	75H	76H	77H
2FH	78H	79H	7AH	7BH	7CH	7DH	7EH	7FH

上面主要说明 RAM 的低 128 字节部分,高 128 字节部分在 MCS-51 系列 MCU 中没有真正的 RAM,只是用于地址复用,而其以后系列的 MCU 都有对应真实的 RAM,这是由于当时的技术原因所导致的。因为此部分的 RAM 地址进行了复用,所以必须有相应的控制来指定微控制器是访问该地址范围的 RAM 还是特殊功能寄存器。MCS-51 指令中,访问高 128 字节 RAM 必须用间接寻址方式,否则,只能访问相应地址的特殊功能寄存器。MCS-51 系列 MCU 中有 18 个特殊功能寄存器(SFR),表 6-7 说明了它们的地址对应关系。如果寄存器地址是可以被 8 整除的,SFR 寄存器还可以进行位寻址操作。

除了片内 RAM 外,还可以通过 P0 和 P2 端口访问外部数据存储器,由专门的指令 MOVX 对外部数据存储器进行访问。本微控制器的设计中并没有设计 ROM 和 RAM 的具体电路,只是设计了它们的访问控制代码,这是因为它们属于模拟电路部分,但是在微控制器仿真验证时,采用 Verilog 语言描述它们的行为。

表 6-7 特殊功能寄存器地址映射表

特殊寄存器符号	地址	特殊寄存器名称	特殊寄存器符号	地址	特殊寄存器名称
P0	80H	P0 端口驱动寄存器	PCON	97H	电源控制寄存器
SP	81H	堆栈指针	SCON	98H	串行口通信控制寄存器
DPL	82H	数据指针 DPTR 低字节	SBUF	99H	串行口通信数据缓冲器
DPH	83H	数据指针 DPTR 高字节	P2	A0H	P2 端口驱动寄存器
TCON	88H	定时器/计数器控制寄存器	IE	A8H	中断使能控制寄存器
TMOD	89H	定时器/计数器方式选择寄存器	P3	B0H	P3 端口驱动寄存器
TL0	8AH	定时器/计数器 0 低字节	IP	B8H	中断优先级控制寄存器
TL1	8BH	定时器/计数器 1 低字节	PSW	D0H	程序状态寄存器
TH0	8CH	定时器/计数器 0 高字节	ACC	E0H	累加器
TH1	8DH	定时器/计数器 1 高字节	B	F0H	B 寄存器
P1	90H	P1 端口驱动寄存器			

6.3 MCS-51 指令系统

指令是微控制器的思维,它的作用是安排微控制器各部分电路协调工作,以完成一定的功能。ROM 中只能存储二进制的数据,所以,指令必须用二进制形式的数据来表示。例如"MOV A,♯30H"指令由两个字节组成,分别是 74H 和 30H,其中前面字节是操作码,后面字节是操作数。由于下载到 ROM 里面的必须是二进制数据,即机器语言,所以,汇编语言或者其他高级语言必须翻译成机器语言,这样微控制器才能识别,因而汇编器应运而生。这使得人们从难懂苦涩的机器语言中解脱出来，把精力集中在算法实现上。因此，下面先介绍一下汇编器，再介绍 MCS-51 指令。

6.3.1 汇编器

汇编语言是机器语言的符号描述，是与机器语言最接近的语言。但是汇编语言只是机器语言的符号描述，是用来方便人们记忆指令的助记符，并不能替代机器语言，所以必须有一部分工作是把汇编语言翻译成相应的机器语言。由于汇编语言与硬件密切相关，所以，不同系列的 MCU 一般都需要本系列专用的汇编器。因为汇编语言与机器的相关性，人们开发了更高级的与机器无关的语言，例如 C 语言。但其都需要先翻译成汇编语言，然后通过相应的汇编器编译成微处理器可执行的目标代码。高级语言翻译成汇编语言的工具叫做编译器。

汇编器实质是特定处理器的汇编语言翻译程序，所以其规定了该处理器的有关指令，并定义该系列处理器的相关硬件资源，一般是该处理器的所有寄存器。由于指令的含义有了非常明确的说明，所以编译程序就按照指令所规定的规则翻译成机器代码。汇编器的使用使得用户与处理器之间可以进行无缝链接。

6.3.2 MCS-51 指令

MCS-51 指令属于复杂指令集(CISC)指令系统，共有 111 条指令。该指令系统中有 42 种助记符，代表了 33 种功能，有的功能(如数据传送和跳转功能)可以有几种助记符(如 MOV、MOVC、MOVX 和 SJMP、LJMP)，且各指令功能助记符与各种可能的寻址方式相结合从而形成了同一功能不同的寻址方式。指令格式一般由操作码部分和操作数部分组成。操作码表示指令的功能，操作数则表示指令的操作对象。

1. 指令的分类

虽然 MCS-51 的指令多达 111 条，但可以按指令的功能、字节、指令执行周期把它们分类，这样便于微控制器的设计与学习。下面按这三种分类方式介绍 MCS-51 指令。

1) 按功能分类指令

(1) 数据传送，共 29 条，例如，"MOV A,30H"。

(2) 算术运算，共 24 条，例如，"ADD A,R1"。

(3) 逻辑运算，共 24 条，例如，"AND A,30H"。

(4) 位操作，共 17 条，例如，"SETB EA"。

(5) 控制转移，共 17 条，例如，"SJMP LABEL1"。

2) 按字节分类指令

(1) 单字节指令，例如，"MOV A,R1"。

（2）双字节指令，由操作码和操作数组成，例如，"ADD A，♯30H"。

（3）三字节指令，由一个操作码和两个操作数组成，例如，"MOV 30H，40H"。

3）按执行周期分类指令

（1）单机器周期指令。

（2）双机器周期指令。

（3）四机器周期指令，只有乘法和除法两条指令。

2. 指令寻址方式

从上面指令功能的分类来看，指令的功能只有 5 类，但是指令数目多达 111 条，这与复杂指令集的多种寻址方式有很大关系，相同的命令助记符和不同的寻址方式组合会形成不同的指令，例如"MOV A，30H"指令和"MOV A，@R0"指令，同样是数据传送功能，但它们的寻址方式不同，一个是直接寻址，一个是间接寻址。由于寻址方式在指令和微处理器的设计中有着举足轻重的地位，所以下面分别对 MCS－51 指令中的七种寻址方式进行说明，方便后面的设计和有关内容的介绍。

1）立即寻址方式

立即寻址方式是指令中提供了操作数，它们的格式是指令后面是参与运算的常数，该常数就是所说的立即数。立即数有不同的长度，一般是一个字节，也有两个字节的。例如指令"MOVA，♯30H"，它的指令代码是 74H 和 30H，其中 74H 是操作码，30H 是操作数。

2）直接寻址方式

直接寻址方式是指令中直接给出操作数的操作地址，其代码格式是操作码后面是操作数的直接地址。此种指令可以访问内部数据存储器 RAM 的低 128 字节单元、所有的特殊寄存器、位地址空间，此种寻址方式在汇编编程中使用特别广泛。

3）寄存器寻址方式

寄存器寻址方式中，指令的操作数是相应寄存器中的值，指令中会指定寄存器的地址。寻址的寄存器可以是 8 个通用寄存器 R0～R7、寄存器 ACC、数据指针寄存器和位累加器 C。其中寻址的寄存器的 R0～R7 的指令格式如图 6-13 所示，指令的高五位是操作码，后三位用于指示寻址用的通用寄存器（由于每个区的通用工作寄存器有 8 个，所以三位组合即可）。

图 6-13 Rn 寻址的指令格式

4) 寄存器间接寻址方式

在寄存器间接寻址方式中，寄存器的内容为操作数的地址。用间接寻址方式访问片内 RAM 时，间接寻址的寄存器只能是通用寄存器 R0、R1。编程时在这两个寄存器前面加上 @ 符号表示间接寻址方式。在说明数据存储器 RAM 时提到，微控制器要访问片内 RAM 低 128 地址区间只能用此种寻址方式，如果是用直接寻址方式访问低 128 地址区间，只能访问上面所提及的特殊功能寄存器。用间接寻址方式访问片外 RAM 时，可用来做间接寻址的寄存器有 R0、R1、DPTR。

5) 基址寄存器加变址寄存器间接寻址方式

这种寻址方式用于访问程序存储器中的数据表格，即预定义的常数，它以基址寄存器 DPTR 或者 PC 的内容为基本地址，加上变址寄存器 ACC 的内容作为操作数的地址。这种寻址在语音领域或者复杂的周期波形发生器等应用场合中常常用到。

6) 相对寻址方式

复杂指令系统中有丰富的转移指令，分为两大类：一类是直接转移指令，例如，"LCALL FUN1"；另一类是相对转移指令，例如"SJMP LABEL"，此类指令的寻址采用相对寻址方式。相对寻址方式是以 PC 的内容为基本地址，加上指令中给定的偏移量。偏移量是一个 8 位的有符号数，通常会在指令中给出。

7) 位寻址

位寻址主要是针对 RAM 中或者特殊功能寄存器中可以位寻址的单元而设置的，其指令格式为操作码加操作位地址。

6.4　微控制器的模块规划及其设计实现

本设计采用自顶向下的分析方法对 MCU 的功能进行分析，进而规划微控制器的各功能模块，最后介绍各功能模块的设计实现。

6.4.1　微控制器模块的规划

在进行模块规划前，首先要了解 MCS－51 单片机的工作时序。微控制器实质是一个复杂的同步时序电路，所有的工作都是在时钟信号的控制下进行的。微控制器的指令执行按机器周期来计算，一个机器周期由 12 个时钟周期组成，机器周期分为 6 个状态，用 Sn 表示，一个状态分为 2 个相，用 Pn 表示。不同的指令会有不同的执行时序，但可以归结为取指、译码、执行、回写四个阶段。图 6－14 是 MCS－51 系列 MCU 的指令执行时序。图中取指令是指从程序存储器取操作码，执行是指取得指令和操作数后完成指令相应的功能。由图 6－14 可以知道，MCS－51 系列 MCU 执行指令可以分为四类：单字节单周期类型

（如 MOV A，R0）、双字节单周期类型（如 MOV A，♯30H）、单字节双周期类型（如 INC DPTR）、访问外部指令类型（MOVX）。其中，三字节双周期指令（例如，MOV 30H，♯20H）是双字节单周期指令类型的扩展，所以把其归入双字节单周期指令执行时序类型中。MCU 会在指令周期 S1P1 取指令的操作码；取出指令码后硬件电路进行指令译码，执行该指令或者等待取下一个操作数；指令执行完后的步骤一般是结果的回写，通常是在指令最后一个机器周期 S6P2 进行结果的回写操作。

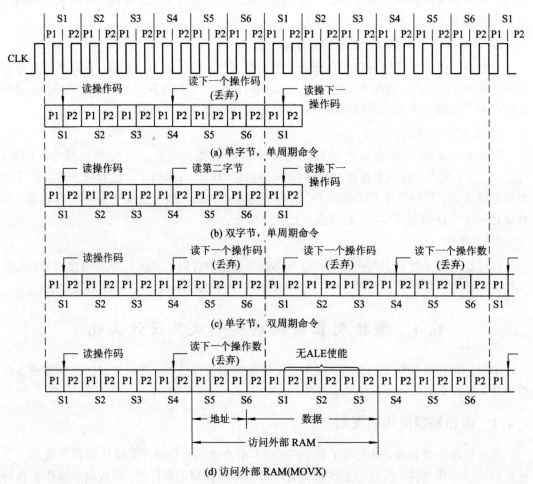

图 6-14　MCS-51 系列 MCU 的指令执行时序

基于上面对微控制器指令时序的分析，现在对整个 MCU 的工作时序有了全面的把握，这只是规划前必须要做的工作。下面采用自顶向下的方法对设计的 MCU 进行模块规划：

（1）把微控制器的功能流程归结为：取操作码→准备操作数→数据操作→保存结果→

取下一条指令。

（2）把功能流程的每阶段划分为相应的功能模块。

（3）最后是各模块的详细定义。

图 6-15 是微控制器简单的功能流程图。该流程图主要由五大部分组成，分别是程序地址产生器、程序存储器（ROM）、特殊功能寄存器（SFR）、数据存储器（RAM）及算术逻辑运算单元（ALU）。程序地址产生器负责 ROM 地址的更新，ROM 负责存储程序代码和为微控制器提供指令。特殊功能寄存器（SFR）和数据存储器（RAM）提供 ALU 所需的操作数并且存储 ALU 处理后的结果，算术逻辑运算单元（ALU）是对操作数进行各种数据运算处理，同时也包括数据的传送操作。

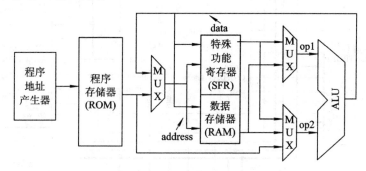

图 6-15　微控制器的功能流程图

图 6-15 是微控制器功能的高度简化，它属于多周期类型处理器，所以必须有一个控制器控制各功能模块有序地工作，控制器会根据相应指令给处理器各模块提供相应的工作时序和控制信号。由于 MCS-51 指令有丰富的寻址方式及其 RAM 高 128 地址和特殊功能寄存器地址进行了复用，所以，必须设计一个功能模块控制微控制器对数据存储器 RAM 和特殊功能寄存器（SFR）的访问，提供数据访问地址和读写控制信号。

上面主要说明微控制器的核心部分，它只能称做运算器，要使得微控制器能应用到工业控制中还必须要有相应工业控制模块，例如，定时器/计数器、中断模块、串口通信电路。现在微控制器的外围电路非常丰富，不但有数字模块，还有模拟模块（例如 ADC、DAC、PWM 等）。外围电路模块与微控制器相关性较小，主要是和微控制器进行数据的交换和少量控制信号的交互，所以通过微控制器的内部数据和地址总线很容易把外围功能电路融入到微控制器中。

本例所设计的微控制器最终模块规划图如图 6-16 所示，共由 8 大功能模块组成，分别为定时器/计数器功能模块（TIMER）、中断控制模块（INT_CONTROL）、串口通信模块（SERIAL）、并口控制模块（PORTS）、中央控制器单元（CONTROL_UNIT）、程序存储器控制单元（ROM_CONTROL）、数据存储器控制单元（RAM_CONTROL）、算术逻辑运算单元（ALU）。规划图中大多数功能模块在之前已经介绍过，所以，这里主要对程序存储器控制功能模块和数据存储器控制功能模块的功能进行介绍。

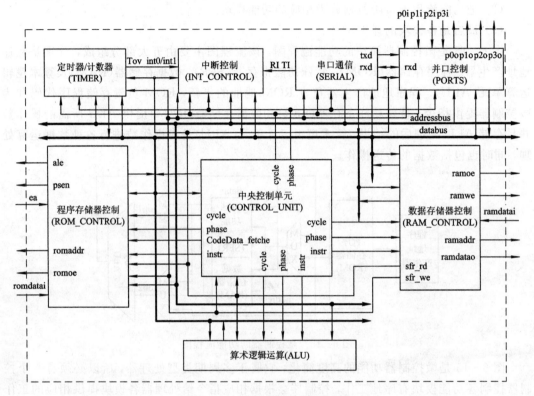

图 6-16 微控制器功能规划图

　　(1) 程序存储器控制功能模块主要负责 ROM 地址的更新及其读使能控制,由于 MCS-51指令系统中有丰富的程序跳转指令,例如"SJMP label"、"CJNZ label"、"LCALL label"等指令,并且微控制器有时还会使用指令访问 ROM,所以必须有一个专门的电路来负责 ROM 地址的更新,以满足多种跳转指令及微控制器对程序存储器 ROM 访问的需要。访问 ROM 还需要使能信号的控制,由于微控制器访问 ROM 可以是取指令操作码、取操作数和指令读 ROM(例如"MOVC A,@A+PC"),所以也需要专门的电路控制微控制器对 ROM 的访问。

　　(2) 数据存储器控制功能模块的功能主要是为微控制器访问 RAM 和特殊寄存器(SFR)提供地址、数据和读写控制信号。由前面的介绍可知,MCS-51 指令系统有七种寻址方式,其中有五种寻址方式涉及到对 RAM 和特殊功能寄存器的访问,所以必须由相应的电路处理各种寻址方式,与访问 ROM 一样必须有相应读写控制信号配合才能完成微控制器对 RAM 或者特殊功能寄存器的访问。由于访问数据 RAM 的指令和寻址方式的多样性,所以也必须由专门的电路控制 RAM 和特殊功能寄存器的读写使能信号。

图 6-16 的微控制器功能规划图中有两条非常重要的总线,分别为地址总线(address-bus)和数据总线(databus)。数据总线的宽度是 8 位,主要负责从某个模块取得操作数然后送到相应的功能模块,特别是 ALU 单元模块,其操作数一般从数据总线上获得。地址总线也是 8 位,主要为微控制器访问 RAM 和特殊功能寄存器提供地址。正是由于数据总线和地址总线的使用,极大地减少了模块之间的连线,这对当今 CMOS 工艺越来越小的趋势(即器件占芯片面积越来越小,而互连线所占的空间越来越大)来说,是非常珍贵的和值得推崇的。更重要的是,当微控制器需要增加新的电路功能时,这些电路功能可以通过与地址总线和数据总线的连接,非常轻易地融入到原来所设计的微控制器中,从而增强微控制器的功能。易于扩展也是当今数字集成电路设计的一大趋势和要求。

6.4.2 微控制器模块的设计

前面一节是基于 MCU 功能和时序的分析用自顶向下的方法对 MCU 进行模块的规划,而接下来的工作是实现各模块,这要用到电路设计中自底向上的设计方法。自底向上的设计方法是先从子功能模块入手,从小到大逐步实现整个设计,此种方法特别适合大型数字系统设计的实现,它不但简化了设计的难度,同时也大大提高了数字系统设计的效率,这是因为各子模块可以由不同的设计者同时进行设计。另外,由于各模块在设计时已经进行了仿真验证,因而减少了顶层设计的错误,降低了仿真调试的难度。

1. 算术逻辑运算单元模块

算术逻辑运算单元部分是微控制器重要的组成部分,可以说是微控制器的躯体,此模块的功能框图如图 6-17 所示。此模块主要由三部分组成:累加器(ACC)、操作数暂存器(TEMPA 和 TEMPB)、算术运算处理器(ALU)。

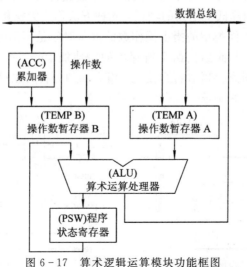

图 6-17 算术逻辑运算模块功能框图

1）累加器

累加器（ACC）既可以为 ALU 提供操作数据，也可以寄存 ALU 处理后的结果。

2）操作数寄存器

设置两个操作数寄存器 TEMPA 和 TEMPB 的主要目的是为 ALU 准备好操作数，而设计这两个寄存器关键是解决数据来源问题，所以接下来分别通过指令的分类来分析这两个寄存器的数据来源。

操作数暂存器 TEMPA 主要为双目运算指令的目的操作数提供寄存（例如 ADD A、R0、CJNZ R0、N 等指令），由 MCS - 51 指令分析可知，此类指令的目的操作数来源主要是累加器（ACC）、通用寄存器和直接寻址时 RAM 中的数据。由于后面两种数据来源对于此模块来说是来自内部的数据总线，所以在此模块中，此寄存器只有两种数据来源，一个是 ACC，另一个是数据总线，微控制器会通过指令分析控制该寄存器选择哪个数据源进行寄存。

操作数暂存器 TEMPB 主要是寄存双目算术逻辑运算指令中的源操作数或者是传送指令中的源操作数，因为这两种类型的指令数目较多且寻址方式多样，所以有多种数据来源，具体的数据来源要对相应的指令进行具体的分析。在此模块中该寄存器主要有三种数据来源：一是来源于累加器 ACC，这类指令是把 ACC 作为源操作数（例如"MOV R0，A"）；二是来源于程序存储器的输出，这类指令的操作数中有一个操作数是常数或者是访问程序存储器的指令（主要是 MOVC 指令）；三是来源于数据总线，此类指令的源操作数来源于 RAM 或者除 ACC 之外的特殊功能寄存器。

上面分析解决了两个数据寄存器的数据来源问题，接下来还要设计它们的写使能控制，这是时序的要求也是低功耗设计的要求。它们所提供的数据将送到 ALU 进行算术逻辑运算，而操作数是在需要运算的时候才使能寄存器进行寄存，避免了 ALU 电路在每个时钟发生逻辑变化，从而降低了电路的功耗，此种方法称之为操作数隔离方法。在时序上，由于各种数据来源对于不同类型的指令操作数的准备时间是不同的，所以要对不同的指令进行分析，然后在合适的时间给出两个暂存器的写使能信号。指令一般安排在 MCS - 51 工作时序中的偶数相位对寄存器进行写使能。由上面的分析可以得出两个寄存器的实现结构图如图 6 - 18 和图 6 - 19 所示。

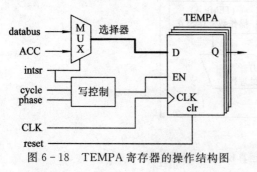

图 6 - 18 TEMPA 寄存器的操作结构图

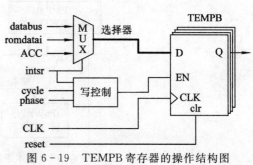

图 6 - 19 TEMPB 寄存器的操作结构图

3）算术逻辑运算单元

此功能模块中另一个重要的模块是算术逻辑单元 ALU，这也是此模块的核心功能所在。ALU 可以进行四则算术运算、逻辑运算、移位操作和布尔运算（位操作功能）等。

由于加减法会影响程序状态寄存器 PSW 中的 Cy、OV、AC 位（它们的含义在第二章已作介绍），所以设计中用三个加法器实现两个 8 位数相加，在运算过程给出更新程序寄存器 PSW 所需的信息。加法运算的实现结构图如图 6-20 所示，减法器的原理与加法器的原理一样，这里就不再进行说明。由于影响 PSW 上述的各位不单只是加减法运算操作，移位操作也会对它们产生影响，所以，在每条指令执行结束的 S6P2 时钟周期需更新寄存器 PSW 的内容，以便用户在该指令后面利用上述信号进行其他操作，例如数据运算结果溢出判断、十进制相加后结果的调整等数据处理场合。

乘法和除法操作也是算术逻辑运算中重要的组成部分，它们是两个 8 位二进制数的乘法和除法。乘法和除法其实在软件编程中可以通过加法和减法来实现，但是这样编程效率过低，而且大大增加了程序复杂度和代码的长度，极大地占用了 CPU 的资源，所以 MCU 中设计了专门的乘法和除法硬件电路。现在高性能的 MCU 中支持符号运算和浮点运算，非常适合信号处理的应用场合。Microchip 公司的 dsPIC33FJ06GS101/X02 系列中融合了 DSP 部分功能，极大地增强了 MCU 的数据运算能力，是一款高性能的 16 位数字信号处理 MCU。由此看出 MCU 中集成高性能的乘法和除法器显得十分重要和必要。下面分别对乘法器和除法器进行设计。

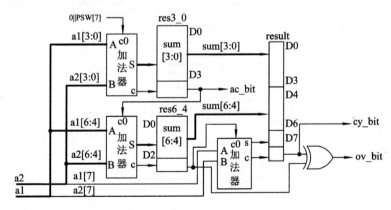

图 6-20 加法运算的实现结构图

在 MCS-51 系列的 MCU 中，执行一条乘法指令需要用四个机器周期，这就是制约 MCS-51 单片机在数字信号处理中应用的原因。现在乘法器实现电路分为两大类，一类是组合逻辑乘法器，另一类是时序乘法器。组合逻辑乘法器处理速度快（例如阵列乘法器），但面积非常庞大；时序乘法器刚好与组合逻辑乘法器相反，完成一次乘法运算需要多个时钟周期，但它的面积比组合逻辑乘法器小得多。由于 MCS-51 系列 MCU 中执行一条乘法指令需要 4 个机器周期，而且操作数是由专门指令装载，所以执行乘法指令期间纯粹是乘法运算，而不涉及操作数装载指令时序。乘法器的乘数和被乘数分别寄存在累加器 ACC 和存储器 B 中，在进行乘法之前，必须用相应的指令把被乘数和乘数装入这两个寄存器中。当微控制器调用 MUL AB 指令时，ALU 就进行乘法运算操作。手工计算两个数相乘的过程是乘数从低位到高位逐位与被乘数相乘，每一次乘积都会向左缩进一位，所有位相乘完后，把所有的乘积相加就得到两个多位数的乘积，按这个思路设计出来的乘法器为组合逻辑乘法器。时序逻辑乘法器是把上面的步骤进行分解，它是进行了每一次乘法后就立即与前面的乘积进行相加，然后再进行乘数的下一位与被乘数的相乘操作。为了说明本设计的 MCU 中乘法器的设计，我们设置一个 8 位寄存乘数的寄存器 mda、一个与乘数下一位乘积相加的被加数寄存器 mdb、一个 9 位变量 sum 表示两个 8 位数相加的结果。在进行乘法运算时，首先要把累加器 ACC 的数据装入 mda 中，mdb 和 sum 初始为 0。图 6-21 是乘法器实现的流程图。

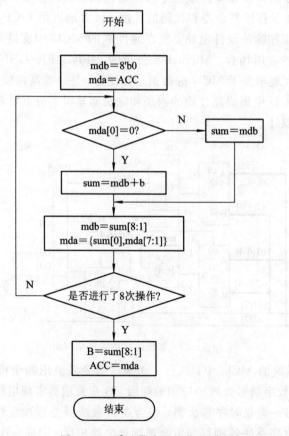

图 6-21　乘法器实现的流程图

　　除法是四则运算中比较复杂的运算，在硬件电路实现中可以分为组合逻辑除法器和时序除法器两大类，它们各有优缺点。组合逻辑除法器是用各种非时序器件(例如 NAND、XOR、NOR 等)实现的，运算速度快，一次运算就能得出结果，但与组合逻辑乘法器的问题一样，它的面积比较大，所以在对除法速度要求比较高并且除法位数较少的场合才使用。时序除法器是用时序器件(一般是 D 触发器)和一部分组合逻辑器件实现的，它需要多个工作时钟周期后才能得到最终的结果，但其面积比组合逻辑除法器要小得多。在MCS-51系列 MCU 中除法器是 8×8 的，除法指令执行的时间为 4 个机器周期。由此看来，除法完全可以用时序除法器来实现，不但能极大地节省芯片的面积，而且可充分利用了除法指令执行周期长的特点。时序除法器实现流程图如图 6-22 所示。

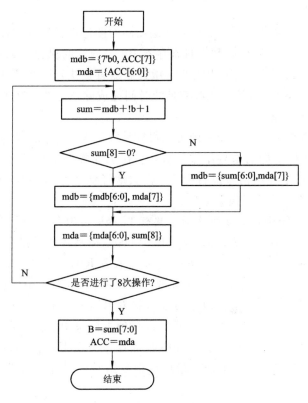

图 6-22　除法器实现的流程图

　　用手工方法计算二进制除法的步骤：首先被除数从最高位到低位一位一位地组合与除数比较，直到组合后的数大于等于除数为止，商对应的该位为 1，商在此位之前的所有位都为 0。接着用最高位到该位组合的数减去除数的结果再与被除数下一个位结合组成新的数据与除数比较大小，如果大于等于除数，则商的该位为 1，同时用该数减去除数再与被除数的下一位进行组合形成新的数据；否则，商的该位为 0，同时直接用该数与被除数的下一位组合形成新的数据。如此循环直到被除数的最后一位，这时可以得出两个二进制数相除的商和余数。时序除法器正是基于上述思想进行设计的，与设计乘法器一样，为了说明 MCU 除法器的设计，设置一个中间组合数寄存器变量 mdb，一个暂存被除数中间结果的寄存器变量 mda，一个 9 位变量 sum 表示组合数与除数相减的结果。在进行除法运算时，首先初始化各个变量，mda 初始化为 $\{ACC[6:0], 1'b1\}$，mdb 初始化为 $\{7'b0, ACC[0]\}$。在设计过程中，为了方便设计，在两个数相减时，使用了一个小小的技巧，假设 A、B 为 N 位二进制数，那么 $A-B=A+(2^N-1-B)+1-2^N=A+!B+1-2^N$，在实际中将 2^N 表示为 $(A+!B)$ 的最高位进位，所以在进行两数相减时只计算 $A+!B+1$，通过判断最高位进位可以得出这两个数的大小。MCS-51 中的除法指令是

> DIV AB

该指令包含了除法所需要的信息：DIV 是除法功能的助记符；AB 说明两个操作数的来源，被除数来自累加器 ACC 中，而除数来自寄存器 B，它们的商保存在累加器 ACC 中，余数保存在寄存器 B 中。当程序调用此指令时，微控制器直接执行除法操作，而不用进行操作数装载的指令时序。这样，微控制器有充足的时间完成除法运算，这也正是该微控制器中可以选用时序除法器的原因。

由以上的分析和图 6-22 的流程图可以很容易地用 Verilog 语言实现该除法器。

位操作也是 ALU 功能的重要组成部分，它在工业控制的应用场合非常有用。MCU 可以很方便地对某一个控制信号进行操作，极大地降低了编程的复杂度，同时也提高了编程的效率，减少了代码的长度。

MCS-51 指令系统中，位操作的指令共有 17 条，可以分为布尔变量传送类指令（例如 MOV C，bit）、逻辑运算类指令（例如 SETB bit）、控制转移类指令（例如 JNB bit，rel）三大类。位操作是对可进行位寻址的 8 位寄存器或者 RAM 可位寻址区间中的数据的某一位进行操作，对寄存器来说比较容易实现，因为 Verilog 语言中可以直接进行位操作，但是 RAM 不可以进行位读写，所以不可以直接对其进行位操作。为了位操作设计的统一性，本设计是先把整个数据取出来，然后寄存到本模块中的暂存器 TEMPB 中，此时，因为数据寄存在寄存器中而 Verilog 语言中非常容易实现寄存器的位操作，所以可以对 TEMPB 中的数据相应的位进行操作，最后再把数据回写到寄存器或者数据存储器 RAM 中，进而实现位操作功能。

在位操作指令代码中，bitaddress[6:3] 是重构该数据位所在数据地址（即 8 位寄存器地址或者 RAM 数据地址）的信息，关于地址重构会在 RAM_CONTROL 模块中说明；bitaddress[2:0] 指示指令要进行操作的数据位，在此模块中主要用到该指令的操作码和数据位指示位 bitaddress[2:0]。

由于位指令在该模块中的设计原理几乎一样，所以下面只给出"MOV C，bit"指令在该模块中的 Verilog 实现代码：

```
always@(Cy or bit_value or TEMPB)
begin
    case(bit_value)
        3′b000：bool_res[7：0]<={TEMPB[7：1]，Cy}；
        3′b001：bool_res[7：0]<={TEMPB[7：2]，Cy，TEMPB[0]}；
        3′b010：bool_res[7：0]<={TEMPB[7：3]，Cy，TEMPB[1：0]}；
        3′b100：bool_res[7：0]<={TEMPB[7：4]，Cy，TEMPB[2：0]}；
        3′b011：bool_res[7：0]<={TEMPB[7：5]，Cy，TEMPB[3：0]}；
        3′b101：bool_res[7：0]<={TEMPB[7：6]，Cy，TEMPB[4：0]}；
        3′b110：bool_res[7：0]<={TEMPB[7]，Cy，TEMPB[5：0]}；
        default：bool_res[7：0]<={Cy，TEMPB[6：0]}；
    endcase
end
```

2. RAM_CONTROL 模块

此功能模块为微控制器读写数据提供地址、数据及读写使能，这里读写操作对象包括特殊功能寄存器和 RAM。由前面的章节说明可知，MCS-51 指令有非常丰富的寻址方式，这无疑给设计读写访问电路增加了难度。所以，在设计此模块时，首先要对指令操作数的寻址方式和访问存储器的类型进行分类。指令操作数的寻址方式可以划分为两大类：一类是由指令中直接得出操作数地址；另一类是指令中只包含地址寄存器的信息，而不能直接从指令中得到操作数地址。访问寄存器的类型可以分为特殊功能寄存器和 RAM 两大类，这种分类在访问高 128 位地址区间的数据时会用到。实现本模块的功能可以按上面指令的寻址方式分类（两大类）来设计。在设计前，对设计中的几个变量进行说明，如表 6-8 所示。data_addr 变量对于不同指令有不同的装载方式，表 6-9 说明了其装载情况。表 6-9 中的寻址方式与 MCS-51 指令系统的寻址方式定义不完全一致，表中的直接寻址包括特殊功能寄存器寻址和 RAM 的直接寻址，这些指令代码的格式是一样的，所以把它们统一划分为直接寻址类。有了前面的分析，现在可以进行此模块的功能设计了。图 6-23 是能直接得到操作数地址的流程图，图 6-24 是间接获得操作数地址的流程图。

表 6-8 变 量 说 明

变量名称	说　　　明
ram_we	RAM 的写使能信号，高有效
ram_oe	RAM 的读使能信号，高有效
data_addr	特殊功能寄存器或者 RAM 的操作地址
sfr_we	特殊功能寄存器的写使能信号，高有效
sfr_oe	特殊功能寄存器的读使能信号，高有效

表 6 – 9   变量 data_addr 装载说明

寻址方式	赋　值
寄存器 Rn 寻址	data_addr<＝{3′b000, RS1RS, romdatai[2:0]}
直接寻址	data_addr<＝romdatai
间接寻址	data_addr<＝{3′b000, RS1RS, 2′b00, romdatai[0]}

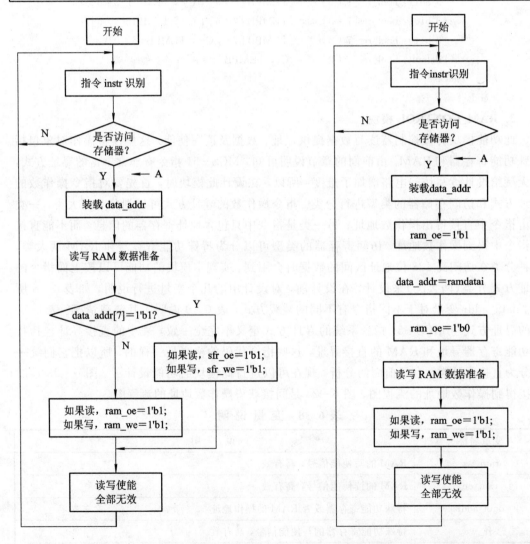

图 6 – 23   直接寻址访问数据存储器的流程图　　图 6 – 24   间接寻址访问数据存储器的流程图

图 6-23 和图 6-24 两图中 A 点以上部分是完全相同的，这是为了流程图的完整性才设计了完全相同的部分，其实两图合起来才是最终的设计，为了分析和设计方便把 A 点的两个分支拆分成两个完整的流程图。读写存储器或者寄存器还需要一个重要的功能，就是为读操作提供数据寄存和为写操作提供数据，这其实是微控制器中的数据总线功能。多驱动双向总线一般用三态总线来实现，虽然 Verilog 语言也比较容易实现，但后端工具处理三态总线非常麻烦，因为三态总线难以进行静态时序分析（STA）和可测试性设计（DFT）。

基于上述原因，本设计采用另一种方法实现微控制器中的数据总线，那就是分段驱动的方法。因为数据总线的数据流向是"存储器→ALU 模块→存储器"，所以数据总线分为存储器到 ALU 模块和 ALU 模块到存储器两大段，前一段由本模块驱动，后一段由 ALU 模块处理后的结果驱动。本模块中驱动数据总线的数据源有特殊功能寄存器和 RAM 两大部分，在工作时钟上升沿，如果 sfr_oe 有效，数据总线寄存器读入 data_addr 指定寄存器的数据；如果 ram_oe 有效，数据总线寄存器读入 ramdatai 的数据；如果两个信号无效，总线寄存器保持原值不变。ALU 模块到存储器段总线是 ALU 模块处理后的结果直接驱动，连接到特殊功能寄存器的输入端和 ramdatao 端口，为写操作提供数据。此模块还有堆栈存储功能，操作地址由堆栈指针寄存器 SP 给出，其操作实际是 RAM 的读写操作，与上述直接寻址流程相似，这里不再说明。

3. ROM_CONTROL 模块

此功能模块为访问程序存储器 ROM 提供读地址和读写使能信号。ROM 地址一般由 PC 计数器提供，但是 MCS-51 中的跳转指令和访问 ROM 指令使得程序不是顺序执行的，所以要分情况给出相应的地址。由以上分析可知，本模块中的地址控制主要是处理跳转指令和微控制器访问 ROM 的情况。此模块功能可以使用一个多选一选择器来实现，即 Verilog 语言中的 case 语句，其中 case 的选择变量 addr_sel 由 PC 加 1 控制信号 pc_inc_sel 和各种跳转情况控制信号组成，跳转控制信号情况在表 6-10 说明。

表 6-10 跳转控制信号

控制信号名称	地址寄存变量名	指 令 举 例
pcaddsel	pc_add	MOVC A，@A+PC
dpsel	dptr	MOVX A，@DPTR
dpaddsel	dptr_add	MOVX A，@A+DPTR
pcrel_sel	pcrel	SJMP rel、CJNE rel、JNB bit，rel
buffsel	membuff	LCALL addr
ri_sel	ri_buff	MOVX A，@Ri

由于中断请求的执行比主程序执行优先级别要高，所以在每次地址更新时，先判断中断响应信号 intcall 是否有效，如果该信号有效，立即装载中断入口地址，同时也把入口地

址装入 PC 中为下一条指令执行作准备。优先装载中断的入口地址可用 Verilog 语言中的优先级语句 if - else if - else 来实现。由以上的分析可知，现在可以实现本模块的地址选择功能，其结果如图 6 - 25 所示。

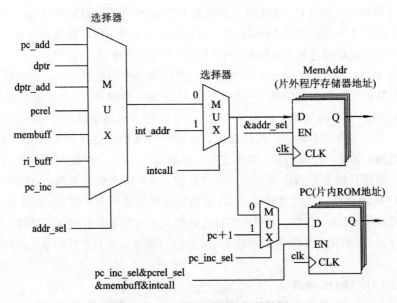

图 6 - 25　ROM 地址更新的结构图

　　程序存储器可分为片内 ROM 和片外程序存储器，可以通过管脚控制信号$\overline{EA}$控制低 4K 地址区间用的是片内 ROM 还是片外 ROM，而高于 4K 地址时，用 MemAddr 信号来控制，当其大于 4K 时，自动访问片外 ROM。用上面两条件控制 P2 和 P0 端口的控制信号 P2access 和 P0access，当上述其中之一条件满足时，两端口控制信号有效，MemAddr 高位输出到 P2 端口，MemAddr 低位输出到 P0 端口，从而实现对片外 ROM 的访问。访问 ROM 还需要有一个读使能信号 romoe，此信号在取指令或者读操作数时有效，通过 CONTROL_UINT 模块中的 codefetch 和 datafetch 信号使能，当 codefetch||datafetch＝1 或者执行访问 ROM 指令(例如 MOVC A，DPTR)时，romoe 置位为 1。至此，地址更新功能和读使能信号设计完毕，微控制器可以对程序存储器 ROM 进行访问。

4. 定时器/计数器 TIMER 模块

　　定时器/计数器 TIMER 模块主要是定时和计数功能，属于 MCU 外围功能电路模块，所以与前面三个功能模块单元相比，它的功能显得相对独立，依靠数据总线和地址总线与 MCU 相融合。MCS - 51 系列 MCU 中有两个 16 位的定时器/计数器，它们的工作原理和工作方式(除在工作方式 3 外)都一样，所以在此处只对 timer0 的设计进行说明。

　　timer0 实际是一个计数器，由计数使能信号和计数时钟驱动计数器工作，这样可以实现功能的多样化。定时器/计数器使能由特殊功能寄存器 TCON 中 TR0、方式控制寄存器

TMOD 中的 GATE(TMOD[3])和外部中断输入信号 INT0 控制,驱动计数器的时钟有内部工作的 12 分频时钟(高脉宽只有一个时钟周期)和外部的计数时钟 T0,计数器初值加载的数据来源可以是数据总线(16 位计数器都适用)也可以是计数器的高 8 位(只适用于低 8 位计数器)。设计时为避免多时钟驱动给后端进行静态时序分析、时钟树插入和 DFT 设计带来麻烦,本设计采用另一种设计方法——用计数器时钟作为计数使能信号、芯片工作时钟 clk 作为计数器真正的驱动时钟,这样便大大简化了后端工具的处理难度。要把外面本来是时钟的 T0 信号变为计数器的使能信号,内部必须有检测 T0 下降沿的检测电路,此电路是由寄存器 t0_ff 和 t0_ff0 组成的移位寄存器电路,低位由 T0 填充,一个机器周期左移一次,即 t0_ff0≤T0,t0_ff≤t0_ff0,同时用 t0_ff0=0&&t0_ff=1 是否满足来判断 T0 是否有下降沿出现,如果条件满足,寄存 T0 下降沿的 t0_fall_clk 变量在下一个机器周期将有一个时钟周期的高电平,否则为低电平。

　　由于 TIMER 有四种工作方式,在各种工作方式下高低 8 位计数器的工作方式也有所区别,所以分开高低 8 位来对 timer0 进行设计。timer0 的低 8 位计数器记为 TL0,在四种工作方式中它都是作为计数器,所以其设计比较容易,实现结构图如图 6-26 所示。

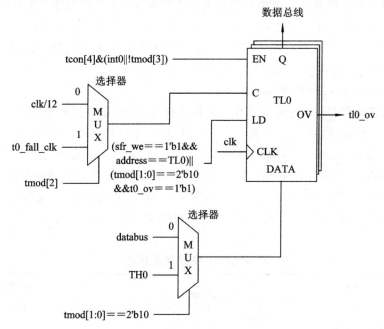

图 6-26　TL0 的实现结构图

　　timer0 的高 8 位计数器记为 TH0,在工作方式 2 中它只作 TL0 计数初值的寄存器,在工作方式 3 中作为定时器,其结构图如图 6-27 所示。

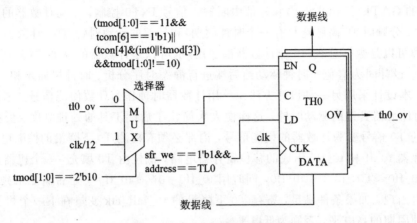

图 6-27　TH0 的实现结构图

在本模块中的特殊功能寄存器 TCON 不单控制两个计数器的工作和它们的计数溢出中断，还控制外部两个中断源的工作方式及其中断标志。用 tcon[2] 和 tcon[0] 控制电路是采集外部中断源的低电平还是采集其下降沿作为中断事件发生的标志。采集电平时，可以直接用一个寄存器在一个机器周期采集一次电平值来实现，当采集下降沿时，要用到两个寄存器来实现，其原理和 t0_fall_clk 一样，这里不再进行说明。中断的标志位由相应的中断源驱动，而清除由中断模块送来的 intack 信号进行。

5. 中断 INT_CONTROL 模块

此模块功能主要是识别中断源中断，并根据优先级向 CPU 提出中断请求和提供相应的中断向量，中断向量如表 6-11 所示。当 CPU 响应中断后给 TIEMER 功能模块送出对应的中断响应信号，清除中断标志。由于中断有用户优先级和原始优先级，所以在设计中设置 intl1 和 intl0 两个变量寄存这两个级别的中断事件请求。中断源到中断请求由 EA 和相应中断源使能两个开关控制，因而设置一个变量 intmask 实现中断源的开关过滤功能。intmask 每一位的值是对应中断源与中断源使能信号相与的结果，即 intmask＝{riti, tf1, ie1, tf0, ie0} &ie[4:0]。

表 6-11　中断向量说明

中断向量名称	符　号	向量值
外部中断 1	VECT_EXT0	000B
计数器 0 溢出	VECT_TF0	001B
外部中断 1	VECT_EXT1	010B
计数器 1 溢出	VECT_ TF1	011B
串行口中断	VECT_ RITI	100B

接下来要实现中断优先级功能。中断优先级有两个要求，一个是同级同时有中断申请时，微控制器优先响应优先级高的中断请求；另一个要求是同级的中断不能中断正在执行的同级中断服务程序，但可以响应高优先级的中断请求。第一个要求是装载中断向量有优先级，可以用 Verilog 语言中 if‐else if‐else 语句实现，这也是该语言的基本语句，后端工具也容易处理这种语句。中断的第二个要求是不同级别的中断向微控制器递交中断申请有优先，这可以用两个监管中断执行的状态变量 is_reg 和 is_nxt 来实现，is_reg 表示正在执行的中断服务情况，is_nxt 表示下一次将要执行的中断服务情况，两个变量的高位表示用户设置的优先级中断，低位表示原始优先级中断。is_nxt 只在中断服务程序返回标志 intret 有效或者高优先级有中断发生时才进行更新(实现高优先级可以中断低优先级服务程序的要求)，而 is_reg 在中断响应信号 intack 或者中断返回信号 intret 有效时才进行更新，即在 intret＝＝1′b1 || intack＝＝1′b1 时，is_reg＜＝is_nxt。由上面的分析设计可以得出本功能模块的实现结构图如图 6‐28 所示。图中的中断向量并不是最终的中断向量程序入口地址，它在 ROM_CONTROL 中组合成最终地址(vectaddress＝{10′b0, vect, 3′b011}，之所以这样安排，是为了减少模块间的连线，改善在自动布局布线中的布通率，这也是编写程序中经常用到的技巧。

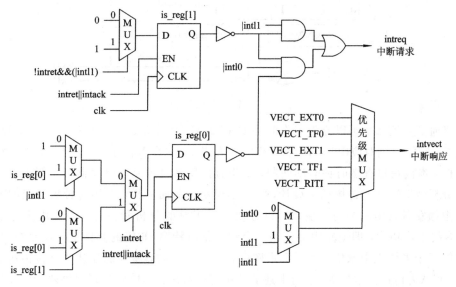

图 6‐28　中断模块结构图

6. 串口 SERIAL 功能模块

此模块主要完成 MCU 与外部电子设备的串行口通信功能，这在工业控制环境中非常实用，其连线简单、误码率低，而且是全双工的通信。MCU 的串口通信有异步和同步两种通信方式，同步通信时，TXD 输出移位时钟，RXD 接收或者发送数据。当串口进行异步通信时，TXD 是数据输出端口，RXD 是数据输入端口。由于通信是全双工的，所以设置一个接收数据缓冲器 buf_r 和一个发送数据缓冲器 buf_t，还要有一个接收移位寄存器 r_shift 和一个发送移位寄存器 t_shift。本模块主要由寄存器 SCON 控制，串行口接收数据的条件是 RI＝0&&REN＝1，当满足此条件并且微控制器检测到接收数据线 RXD 有下降沿时，串口开始接收 RXD 上的数据。本模块的结构图如图6−29所示。与其他外围功能模块一样，本模块也是通过内部数据总线和地址总线与微控制器相融合，用指令读 SBUF 时，微控制器只能读取接收缓冲器 buf_r 的值，而写 SBUF 时，只能把数据写入发送寄存器 buf_t 中。图6−29可以分为波特率控制器和数据接收与发送器两大部分，其中前面部分主要提供适合的波特率，而后面部分负责发送或者接收数据，接下来分别介绍这两部分的设计。

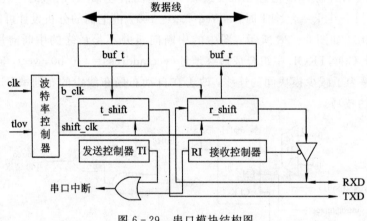

图 6−29　串口模块结构图

　　串口通信的波特率可以分为工作时钟的 12 或者 32 分频、timer1 溢出率 tlov 的 16 分频两大类，它们分别对应串口工作的方式 0 和方式 2、方式 1 和方式 3。与前面设计计数器模块一样，本模块也有多时钟驱动问题，如果直接用多时钟驱动触发器会不利于后端的静态时序分析(STA)和时钟树插入设计，所以本模块与前面一样，采用时钟做使能的方法使得设计中触发器只用一个时钟驱动，以方便后端工具的分析和设计。串口用于异步通信时，设有抗干扰功能，即电路中会使用一个频率是波特率 16 倍的时钟采样接收端的数据，并在中间三个采样点中取值，当三个采样点有两个为 1 时，微控制器认为该位传送的数据为 1，否则认为传送的数据为 0。由上述的分析可以得出：本模块主要提供两个使能时钟信号，一个是串口通信的移位时钟 shift_clk，另一个是端口信号采样时钟 b_clk，为了与芯片工作的时钟同步，它们为高电平的时间是一个工作时钟周期。此模块的实现结构图如图6−30所示。图中的 scon 是串口控制寄存器 SCON，涉及 SMOD＝1 的情况虽然在图中未给出，但是只要对图中的 shift_clk 和 b_clk 进行二分频即可得到。r_start 信号复位模 16 计数器是为了和外部的波特率同步。

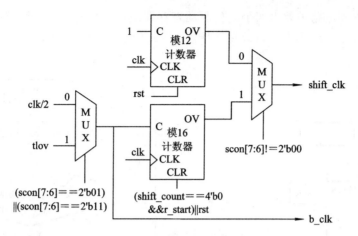

图 6 - 30 串口模块结构图

本模块的另外一部分功能是数据的接收和发送，它在前面设计所提供的 shift_clk 驱动下串行发送或者接收数据。发送与接收是两个相反的过程，前者是把并行数据转换成串行数据，而后者是把串行数据转换成并行数据提供给微控制器使用，接下来分别对这两个功能进行设计。MCS - 51 系列 MCU 中，当 CPU 对数据缓冲寄存器 SBUF 进行写(sfr_we＝1′b1＆＆address＝SBUF)时，此模块就启动一次发送数据操作：首先根据控制寄存器 SCON[7:6]设置的模式装载发送移位寄存器 buf_t，接下来 buf_t 中的数据在移位时钟 shift_clk 的驱动下从低到高通过 TXD 管脚串行发送出去；当发送完一帧数据后，置位串口发送中断标志位 TI，完成一次串口数据的发送。此过程的设计流程图如图 6 - 31 所示。MCS - 51 系列 MCU 串口的接收启动是靠检测 RXD 管脚电平的变化进行的。空闲期间此线上的电平为高电平，当变为低电平时，表明串口要进行通信。本设计中设计一个检测 RXD 下降沿的电路，此种电路的设计在计数器模块的设计中已有介绍，这里就不再进行说明。当电路检测到下降沿时，置位 r_start 并装载接收数据计数初值，同时开始接收数据。每位数据是在模 16 计数器计数到 8 期间接收的，除了模式 0 外，其他模式都要判断接收的第一位数据是否为 0，即是否是传输数据帧的开始位。如果是开始位，则继续接收余下的数据；否则停止接收，并复位接收控制寄存器 r_start 和 shift_count。当接收完数据且接收的数据帧符合要求时，则置位串口接收中断标志位 RI。此过程的设计流程图如图6 - 32所示。

本设计的微控制器中的中央控制单元(CONTROL_UINT)模块和并口 I/O 管理(PORTS)模块的设计在此不进行说明，因为这两模块的设计相对简单。中央控制单元主要是为整个微控制器提供指令时序，包括工作周期 cycle(1 个机器周期分为 2 个 cycle)，工作相位 phase(1 个 cycle 由 6 个 phase 组成)，这可用两个计数器实现，此模块还负责指令的译码，可以用一个 case 语句来实现，在 case 中给出相应指令执行的周期数和取字节的次数。并口 I/O 管理电路主要由四个 8 位驱动寄存器组成，通过内部总线与微控制器连接，此外，P3 管脚进行功能复用，可以用选择器（case 语句）实现。至此，整个 MCU 设计工作完成。

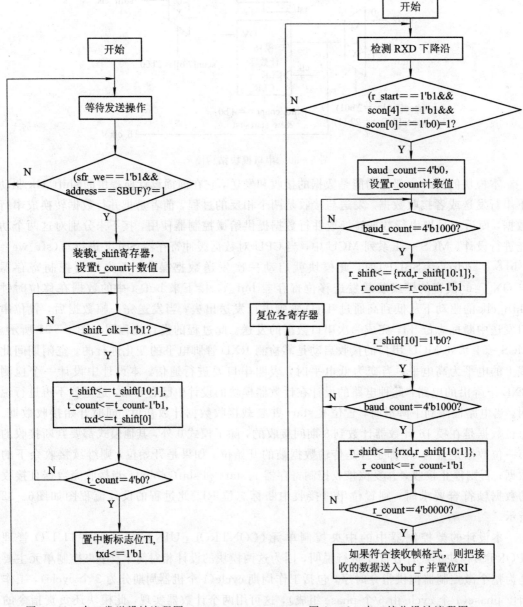

图 6-31　串口发送设计流程图　　　　　图 6-32　串口接收设计流程图

第七章　GPIB 控制芯片设计

7.1　GPIB 接口系统概述

7.1.1　GPIB 接口系统的发展背景及意义

GPIB(通用接口总线)是自动测试系统(ATE)中各设备之间相互通信的一种协议。所谓自动测试,是在计算机的控制下由各种测量仪器对电量、非电量进行自动测量、数据处理,并以显示或打印等适当的方式给出测量结果。其中接口是自动测试系统的一个重要组成部分,其作用是将为某一测量目的所选用的各种装置相互连接起来,组成一个自动测试系统。这种接口可以理解为一个系统或一台装置与周围环境的理想分界面,这个假设分界面切断该系统或该装置与周围环境的一切联系,当一个系统或装置与外界环境进行信息交换和传输时必须通过这个假想的分界面。我们称这个假想的分界面为接口。

在组成一个自动测试系统时,必须采用合适的接口,以使各装置间进行有效而可靠的信息交换和传输。如果系统中的各装置均由一个工厂按一定的标准生产,接口问题就比较容易解决。但是,在现代化的生产条件下,任何一个工厂乃至一个公司,都难以生产出满足各种需要的产品,在组成一个自动测试系统时往往要采用不同工厂甚至不同国家的产品。由于各种装置的接口不统一,给用户带来了极大的不便,需要花费很大的力气去更改或重新设计各种接口转换电路。

在 20 世纪 60 年代末,美国 HP 公司设计了一种新型的接口系统,并生产了与之相应的专用计算机。新的接口系统的特点是把接口卡箱装在专用的计算机内,接口卡的设计与该公司生产的一些主要的可程控仪器相适应。在组成一个新的自动测试系统时,只要更换程控仪器的接口卡,或者在接口卡上更改几个跳线就可工作,而不必做大量的或全面的改动。这种接口系统比初期的接口系统有了较好的灵活性和适应性,然而,这种接口系统仍具有相当大的专用性,它只能使用该公司的专用计算机和部分程控仪器。同时,这种接口卡与程控仪器之间的连线相当多,比较复杂。

美国 HP 公司经过大约八年的研究,于 1972 年发表了一种标准接口系统,经过改进,于 1974 年命名为 HP‐IB 接口系统。该接口系统的主要特点是:可组成任何所需要的自动测试系统;积木式结构,可拆卸,可重新组建,也可将系统中的装置单独使用,作为普通仪器；控制器可以是复杂的计算机、微处理器，也可以是简单的程序器；数据传输正确可靠，使用灵活；价格低廉，使用方便。正因为它有一系列比较突出的优点，先后得到了 IEEE 和 IEC 等组织的承认，并分别定为 IEEE-488 和 IEC625 标准。另外，美国国家标准化学会（ANSI）也将这种接口系统定为 ANSI MC1.1-1975 标准（IEEE Std 488-1975），本例称这种接口系统为通用接口总线标准，这种接口系统的总线叫做通用接口总线。

随后，IEEE 和 IEC 等组织对这一标准做了进一步的完善。例如，对于装置消息的编码，IEC 组织提出了"编码和格式惯例"的补充草案。我国在 1985 年制定了通用接口总线标准——GPIB 标准。此后，国内许多大学、测试研究所设计了许多 GPIB 的硬件接口卡和软件平台，并开始走向商业化。

GPIB 标准对接口系统的基本性能做了以下几方面的规定：

- 母线电缆包括 16 条信号线和 9 条地线。
- 系统中，用母线电缆互相连接的装置的数目不得超过 15 台。
- 母线电缆的传输长度小于 20 m，或装置数目乘各装置之间的距离不超过 20 m。
- 数据的传输采用比特并行、字节串行、三线连锁挂钩技术、双向异步的形式。
- 数据的传输速率为 250 KB/s（最高可达到 1 MB/s）。
- 地址容量：单字节地址为 31 个讲地址，31 个听地址；双字节地址为 961 个听地址，961 个讲地址。
- 在系统中允许有多个控制器，对系统的控制权可以在各个控制器之间转移，但是在某一时刻只能由一台控制器为当前的责任控制者。
- 在母线电缆上所传输的消息采用负逻辑。低电位（≤+0.8 V）为 1，即真值；高电位（≥+2.0 V）为 0，即假值。

GPIB 一般用于干扰轻微的实验室或生产环境。有较好的兼容性和灵活性。这一协议标准的出现有效地降低了测试系统组建的复杂度，提高了各种仪器资源的利用率，并随着计算机技术的快速发展，组建的工作变成一种完全的积木化形式。在此基础上建立的测试系统比以往更加灵活、高效。

7.1.2 用 CPLD 实现 GPIB 控制芯片的意义

GPIB 虽然已经有了很长的历史，但是这种测量总线方便易用，组建自动测试系统也较方便，而且费用低廉。虽然近来出现了 VXI 等更加快速先进的测试总线，但它们大多昂贵而又麻烦，大多是插卡式的。所以，GPIB 总线在使用台式机组建测试系统的时候有不可替代的作用。此外，在很多对测试速度要求不高、对测试仪器的体积也不作要求的情况下，GPIB 总线也有相当的优势。而 GPIB 控制芯片是自动测试系统中的关键芯片，因此对 GPIB 控制芯片有一定的需求量。国外目前只有德州仪器（TI）、NATIONAL INSTRUMENT 和 NEC 三家公司生产的基于 IEEE-488 协议的芯片，国内还没有生产此类芯片的厂家。随着集成电路的飞速发展，集成电路在各行各业中发挥着越来越大的作用。特别是 ASIC 技术的发展，用 FPGA/CPLD 对各类芯片进行设计和仿真，再在底层对 FPGA/CPLD 进行布线，实现专用芯片的功能，从而对所要设计的芯片实现原型验证。这种技术已经得到广泛的应用。此课题的研究正是针对 ASIC 的发展而开展的。有了 IEEE - 488 协议的 IP core，再加上以后继续深入的研究，就能实现测控领域芯片的自主化，所以用 CPLD 实现 GPIB 接口控制电路有一定的意义和价值。

7.1.3　GPIB 控制芯片设计的总体思路

GPIB 控制芯片的内部结构如图 7 - 1 所示，它包括 16 个读写寄存器、地址译码器、多线消息译码器、IEEE - 488 状态机和各类逻辑。

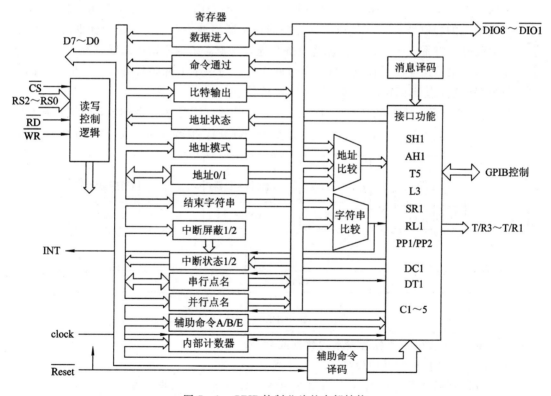

图 7 - 1　GPIB 控制芯片的内部结构

总体的设计思想是用可写寄存器中的数值和 IEEE - 488 数据总线以及控制总线对状态机进行控制，把状态机产生的各类信息写入可读寄存器。计算机就可以通过对可写寄存器赋值来控制状态机并通过对可读寄存器读值而获得状态机的当前状态。从而计算机通过驱动程序来控制 GPIB 总线上的各类测量仪器。芯片结构由数据通道、存储单元、状态机组成。在 GPIB 芯片中，十六个读写寄存器就是存储单元，状态机由听功能、讲功能、源功能、串行点名、并行点名、器件远控、设备清零、设备触发、受功能和控功能组成，数据通道是由寄存器和组合电路组成的，它应用在芯片数据线和 GPIB 总线上数据发送和接收的时候。其中控功能包括负责控者功能和系统控者功能。

7.2 GPIB 总线技术特点及状态机实现

7.2.1 IEEE–488 总线协议介绍

典型的 GPIB 自动测试系统主要由计算机、GPIB 卡和若干台带有 GPIB 接口的仪器通过标准的 GPIB 母线电缆组成，连接各程控仪器设备的 GPIB 总线实际上是由八根数据线、五根管理接口的控制线和三根传送数据控制的挂钩联络线组成的。它是用标准的带 24 芯插头的无源电缆将系统中各台程控仪器设备互连在一起，组成 GPIB 总线系统。八根双向数据总线由三根传送控制线控制，采用字节间串行、同一字节的各位并行、异步应答的方式进行数据传送，使不同速度的各台设备间互传信息。

如图 7-2 所示，挂接在 IEEE–488 总线上的设备可能是多种多样的，但就其在总线系统中的作用大致可分为讲者(Talker)、听者(Listener)、控者(Controller)三种。

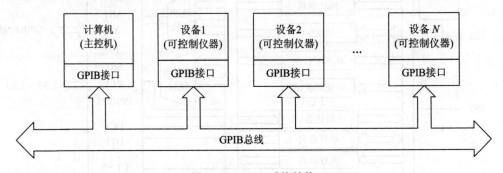

图 7-2 GPIB 系统结构

Listener：接收讲者或控者发来的数据或命令；

Talker：发送数据到其他设备；

Controller(通常是计算机)：负责组织总线上各设备进行数据交换。

控者、讲者、听者之间的信息传递都是通过总线完成的。GPIB 系统中的各种消息都在母线上传输，IEC 标准规定母线电缆为 25 线，美国 IEEE 标准和我国国家标准都规定为 24 线。母线及其插头虽然略有差别，但用于传递消息的 16 条信号线在各种标准中是完全相同的，这 16 根信号线按其功能可分为数据母线(8 条)、挂钩线(3 根)、管理线(5 根)。

（1）数据母线：数据母线有 8 条(DIO1~DIO8)，用来传递系统内的多线消息，如控者发送的通令、址令、地址和向被控设备发的程控指令，设备间发送和接收的数据及向控者报告自己运行情况的状态数据等，是系统中的控者和其他设备共用的。

（2）挂钩线：GPIB 总线系统有三条挂钩线，即数据有效（DAV）、数据未收到（NDAC）和未准备好接收数据（NRFD）。设置这三条线的目的是为了在工作速度各不相同的仪器之间进行可靠的双向异步通信。

（3）管理线：GPIB 系统的管理线为 ANT、IFC、REN、SRQ 和 EOI。

① ATN（attention）注意线。此线为控者所用，用来区分数据线上所载信息是数据类型的还是命令类型的。当 ATN 为"1"时，表明控者正使用，DIO1～DIO8 向各设备发送总线命令或地址信息；当 ATN 为"0"时，表明当前的讲者正使用 DIO1～DIO8 向已寻址的听者发送程控命令、测量数据或状态字节。

② IFC（interface clear）接口清除线。当系统控者发出 IFC＝1 消息时，所有设备的听、讲功能均处于"空闲"态，其他的控功能亦处于空闲态（初始态）；当 IFC＝0 时，各设备接口功能不受影响，仍按各自状态运行。在测试开始、测试结束及系统重新组态时，常使用 IFC＝1 来使其返回初始态。

③ REN（remote enable）远地使能线。可程控仪器有本地及远地两种工作方式，系统控者利用 REN 来设定它们的工作方式。当 REN＝1 时，表示系统控者发出了远控命令，所有挂接在总线上的设备均有可能被设定为远地方式，这时只要控者发出该设备的讲（或听）地址去寻址该设备并则它就被设定为远地方式并接受系统控者的控制，使手动方式失效；当 REN＝0 时，则各设备脱离 GPIB 总线，进入本地方式，回到面板手动控制状态。

④ SRQ（service request）服务请求线。它由系统中所有配备有 SR 功能的设备所共用，该线类似于微机系统中的中断请求线。各设备的服务请求经"线或"后，经过 SRQ 线向控者提出服务请求。若 SRQ＝1，表示至少有一台设备提出服务请求，请求控者中断当前事务，经查询确定是哪一台设备请求服务，然后转去服务；SRQ＝0 则表示系统中没有设备提出服务请求。

⑤ EOI（end or indentify）结束或识别线。该线有两个作用，它在系统控者发布并行点名识别消息（IDY）或者在讲者发布数据发送已结束消息时使用。此线与 ATN 线联合使用：当 EOI＝1 时，如果 ATN＝0，表明使用 EOI 的是讲者，且讲者已发完最后一个字节；如果 ATN＝1，表明使用 EOI 的是控者，控者正进行识别操作（并行点名），表示控者发布并行点名识别消息 IDY，此时控者以并行方式进行查询，各有关设备收到 IDY 消息后给予响应，以便控者识别出是哪一台或哪几台设备发出服务请求。当 EOI＝0 时表示既非结束也非识别。

7.2.2　接口功能与设备功能

GPIB 接口标准规定了十种接口功能，利用它们就可以保证 GPIB 系统通信正常可靠。总线系统中的每种设备都具有设备功能和接口功能。设备功能的强弱完全取决于仪器设计者的意图，而与总线标准无关。

1. 接口功能

接口功能指接口所具有的某种能力，IEEE-488 总线标准对接口功能做出了严格的规定。接口功能共 10 种：

(1) 源挂钩功能(简称 SH 功能)：向总线发送信息的设备为了完成信息交换时的挂钩过程而具备的能力。源挂钩功能配置在讲者或控者设备上与一个或多个接收多线消息设备的受挂钩功能(AH)相配合实现三线挂钩技术，用以保证异步通信顺利进行。源方根据接收到的 NRFD 及 NDAC 信号状态来决定何时发出 DAV=1，何时 DAV=0，以实现三线互锁联络。源挂钩功能通常与讲功能及控功能配合使用。

(2) 受挂钩功能(AH)：从总线接收信息的设备为完成信息交换时的挂钩过程而具备的能力。受挂钩功能配置在各个接收多线消息的设备上，它与源挂钩功能相配合，实现三线挂钩技术，与听功能一起使用。

(3) 讲功能(T)：能够向总线发送设备信息的能力。设备信息包括测量数据、状态字节等。它将仪器的测量数据或状态字节、程控命令或控制数据通过接口发送给其他仪器，只有控者指定仪器为讲者时它才具有讲功能。

(4) 听功能(L)：能够从总线接收讲者功能所发出的信息的能力。当仪器被指定为听者时，它从总线上接收来自控者发布的程控命令或由讲者发送的测量数据，系统所有仪器一般都必须设置听功能。

(5) 服务请求功能(SR)：能够按照设计者规定的条件向控者发出服务请求信号的能力。有些设备在工作时不免会出现溢出、过载、过量程等现象，此时设备可通过该功能发 SRQ 信号。该功能允许仪器向控者发出服务请求信息，包括存储数据请求和故障处理请求等。为提高计算机的工作效率，采用中断方式进行数据传输也可利用此功能。

(6) 远地/本地功能(R/L)：能按总线命令使设备具有远地操作或面板操作状态的能力。仪器接收来自总线的命令称为远控，接收来自面板按键的人工操作称为本控。任何仪器在某一时刻只能有一种控制方式，并由控者通过总线配置。远地/本地是互相排斥的工作模式。当设备处于远控状态时，面板除电源开关及"退回本地"开关外，其他按钮均告失效。

(7) 并行点名功能(PP)：为控者快速查询服务而设置的点名功能及能对并行点名指令做出响应的能力。控者进行点名是查询设备有无故障，一次查询 8 台，从而可快速确定有故障的设备。

(8) 设备触发功能(DT)：从总线接收触发消息，进行触发操作；能按照控者发来的命令使设备执行一次预定操作的能力，如进行一次测量。

(9) 设备清除功能(DC)：该功能将仪器恢复到预先指定的初始状态，按控者发来的命令将设备置于预定的初始状态。

(10) 控功能(C，指系统控者功能与责任控者功能)：系统中通常有一个系统控者，可以有多个具有控者功能的设备,但任何时候只允许有一个责任控者,控制权可以在具有控功能的设备之间转移。系统控者拥有对系统的绝对控制能力,即它在任何时刻都可以发出IFC接口清除和REN远控使能消息。系统控者可以不是责任控者。但是一旦系统控者发出IFC消息,将使当时的责任控者处于空闲态而系统控者自己兼任责任控者,所以说系统控者对系统的控制权是绝对的。责任控者具有下列功能:转移控制权、发送各种接口消息、任命讲者听者、处理各种服务请求、进行串行点名及并行点名。

2. 设备功能

设备功能是指设备(如电压表、计测仪器等)本身所具有的功能,也包括对接口来的信息接收、发送、清除、点名等命令的响应能力。既可在自身控制下测得对象的具体量值,也可通过自身的 GPIB 接口接收总线发来的程控命令,控制完成指定的远程调控任务。

7.2.3　接口功能的设计

总的来说,控者通过控功能 C 寻址并指定讲者,讲者通过源挂钩 SH 与听者联络,并将仪器测得的数据或状态字节等发送给指定的听者,听者通过受挂钩 AH 向讲者说明当前状态,并从总线上接收控者的程控命令或讲者的测量数据。

在 GPIB 标准中,规定数据字节是按三线挂钩的方式控制传送。所以 T 必须和 SH 配合,L 和 AH 配合使用。控者和其他设备间的接口消息也是以三线挂钩方式控制传送的,而每个设备又必须接收接口命令和地址,所以 AH 功能便是每个接口都需要的。由此可知讲者属性设备和听者属性设备接口的基本功能配置如下:讲者设备有 T、SH;听者设备有L、AH。多数情况下,一台设备希望既可程控又可手动控制,所以 RL 功能也是常需要的。有些设备常需要紧急处理,如测量设备可能超量程、产生溢出、发生测量错误,对这类情况就需要 SRQ 功能。计算机通常都是系统的控者,它能发接口消息和设备程控命令,并能接收处理信息,所以它的基本配置应是 C、SH、T、AH、L。因此,一个可程控仪器应具有与其设备功能相应的 GPIB 接口功能,具体功能视需要而定。可选用 10 种中的若干项,不一定 10 种全具备。因而,不同功能的仪器所具有的 GPIB 接口的功能会有很大差异。

7.2.4　GPIB 总线系统中的信息

总线系统中信息的种类较多。按信息传送的距离可分为"远地信息"和"本地信息";按信息所使用的总线条数有"单线信息"和"多线信息"之分;按信息所作用的对象又可分为设备信息和接口信息。有些信息如 ATN,既是单线信息,又是远地信息,同时还是接口信息。

设备信息指由设备本身功能产生的或者是能直接改变设备本身状态的信息,如测量数据、程控指令等。接口信息是指管理接口系统的信息,一般只在接口功能与总线之间传送,其中包括地址、总线命令、三线挂钩信息及并行点名响应信息等。接口信息与设备信息的明显标志是 ATN 的逻辑状态:ATN 为"1"时,传送接口信息;反之传送设备信息。接口信息主要有两种：一种是总线命令，另一种是地址。

（1）总线命令有两类：

① 通令。通令是控者发出的对其他所有设备都有效的命令。通令一旦发出，其他设备都必须接收，且必须完成相应的操作。单线消息的通令有 ATN、REN、IFC 三个。多线消息的通令有五条：本地封锁（LLO）、设备清除（DCL）、串行点名可能（SFE）、串行点名不可能（SPD）、并行点名不组态（PPU）。

② 址令。址令是由被寻址为讲者或听者的设备所接收的命令。址令也有五条，其中主令有三条，副令有两条。三条主令为：进入本地（GTL）、并行点名组态（PPC）、取控（TCT）等。

副令是主令的补充，只有并行点名可能（PPE）和并行点名不可能（PPD）两条。它们都是主令 PPC 的补充。

（2）地址：挂在总线上的每个设备都有自己的地址，以便控者对各设备发布命令。通常一个设备在某时刻是讲者，在另一时刻可能又是听者，所以一个设备必须既有讲地址，又有听地址。IEEE-488 标准规定：ASCII 七位编码表的第 2～3 列（即编码 20H～3FH）分配为听地址，第 4～5 列即编码 40H～5FH 分配为讲地址。3FH 为非听指令 UNL，5FH 为非讲指令 UNT。在实际应用中，通常一个设备的听、讲地址的低 5 位相同，而用高 2 位来区分是听地址还是讲地址。低 5 位地址用一组 5 位的拨码开关预先设定。一个系统内不能有两个相同地址的设备，否则控者寻址时会发生混乱。

7.2.5 状态机设计

有限状态机（FSM）就是时序电路的数学抽象，一个有限状态机分为同步状态机和异步状态机，对绝大多数设计来说，用得最广泛的是同步状态机。而同步状态机分为 moore 状态机和 mealy 状态机。

moore 状态机输出只依赖于其当前状态，与输入信号无关，这是 moore 状态机的优点。moore 状态机的模型如图 7-3 所示。moore 状态机比较容易用数学的方式来分析，因此被更广泛地用在代数状态机理论中。

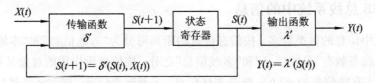

图 7-3 moore 状态机

mealy 状态机输出依赖于机器现在的状态和输入的值，如果输入改变，输出将在一个时钟周期中发生改变。其模型如图 7-4 所示。mealy 状态机通常可以有更少的状态变量，因此在工程领域有更为广阔的应用，状态变量越少，则所需的存储单元就越少。通常可以用状态图和转换表两种工具来简化状态表的建立过程。

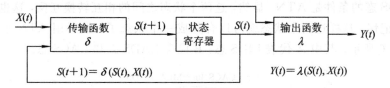

图 7-4 mealy 状态机

本设计中涉及的状态图依据以下原则进行化简：第一，两个或几个相邻状态所发出的远地消息是否相同；第二，从两个或几个相邻状态变迁到另一个状态的条件（表语）是否相同；第三，两个或几个相邻状态之间的表语是否互为非量或存在彼此区别的条件。如能满足其中一个或两个条件，状态就可以合并，简化状态图，一直到最简为止。

限于篇幅，本节只对 L、T、SH、AH、C 功能的设计进行说明，具体如下。

1. L(听者)功能的实现

器件内配置 L 功能的目的是为了从母线上接收其他器件发来的器件消息和控者发来的指令。对于多台仪器组成的测试系统，在某一段时间内哪一台或几台仪器应该接收器件消息，哪些仪器不应该接收消息完全由测试程序决定，所以对于一台具体的仪器而言，其 L 功能可能处于空闲状态或者参与接收数据这两种情况。即使参与接收数据，也只有在受命(被寻址)后，并在适当条件下(ATN 为假)才进行。故 L 态功能必须设立三个态。

第一态：听者空闲态，LIDS。在此态 L 功能不能参与接收器件消息。LIDS 态没有发送远地消息的能力。

第二态：听者受命态，LADS。在此态 L 功能已接受寻址，受命为听者，准备参与接收器件消息。LADS 没有发送远地消息的能力。

第三态：听者作用态，LACS。在此态 L 功能参与接收来自母线的器件消息，LACS 态也没有发送远地消息的能力。L 功能的状态图如图 7-5 所示。

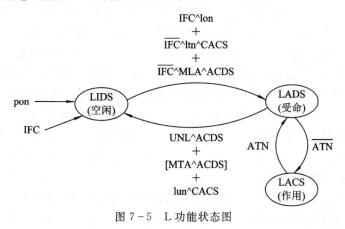

图 7-5 L 功能状态图

从 L 功能状态图可以看出，由 LADS 态变迁到 LACS 态的条件是 $\overline{\text{ATN}}$；而由 LACS 态变到 LADS 态的条件是 ATN。显然，这两个状态之间的相互转换互反，这也说明这两个状态不需要记忆，这样这两个状态就可以合并成一个状态了，最后用 ATN 消息来加以区别。如图 7-6 所示，其中 A 代表 LIDS 态，B 代表 LADS 态和 LACS 态。

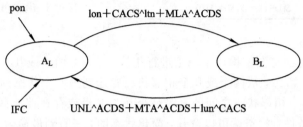

图 7-6　化简后的 L 功能状态图

L 状态图中的 LADS 是必须记忆功能。当器件收到 MLA 消息后就消失，以使控者或讲者在 DIO 线上发送其他消息。所以对于任何一个器件来说，它的 MLA 消息在 DIO 线上只能存一定时间，然后就消失。在 MLA 消息消失后，要求被寻址的听者必须保持在 LADS 态，以便一旦 ATN 消息出现后，立即能从 LADS 态变迁到 LACS 态，并开始接收器件消息。

由图 7-5、7-6 可知，听者功能各个状态的逻辑关系为

$$\text{LIDS} = A_L$$
$$\text{LADS} = B_L \,\&\, \text{ATN}$$
$$\text{LACS} = B_L \,\&\, (\sim\text{ATN})$$

2. T(讲者)功能的实现

T 功能是接口功能中的主要功能之一。就一般器件而言，有两种情况需要向接口系统发送器件消息：第一种情况是发送一般的数据比特 DAB(例如频率计欲将所测的数据送往打印机去打印时，频率计就要向打印机发送器件消息)；第二种情况是器件本身出现故障需要排除，在向控者发出服务请求后，响应控者发起的串行点名时，该器件向控者发送"混合状态比特"，这也是一种器件消息。对于控者器件而言，还需发送第三种器件消息——程控指令。

T 功能就是为了上述两方面的需要而设置的。就发送数据比特和程控指令等两种器件消息而言，T 功能的状态设立与 L 功能的状态设立有类似之处，即需要设立三态。但 T 功能不同于 L 功能，T 功能应该发送三种远地消息：在 DIO 线上发多线器件消息；在 EOI 线上发 END 真或假消息；在 DIO7 线上发 RQS 消息(RQS 消息表示是否要求服务)。

如图 7-7 所示，T 功能应该设立六个态，分成两组。第一组为 TIDS、TADS、TACS、SPAS；第二组为 SPIS、SPMS。

第一态：讲者空闲态(TIDS)。在此态 T 功能不参与数据或状态比特的发送。

第二态：讲者受命态(TADS)。在此态 T 功能收到了它的讲地址，即接受了讲受命，

但尚未开始"讲"消息比特。

第三态：讲者作用态（TACS）。在此态 T 功能与 SH 功能相配合，能向接口母线上发送数据比特消息（即 DAB 消息）或字行结束消息（EOS 消息）和在 EOI 线上发出 END 消息（如果 END 消息被使用）。消息的内容完全取决于器件功能。

第四态：串行查询空闲态（SPIS）。在此态 T 功能不参与串行查询。SPIS 没有发送远地消息的能力。

第五态：串行查询模式态（SPMS）。在此态 T 功能参与串行查询。SPMS 没有发送远地消息的能力。

第六态：串行查询作用态（SPAS）。在此态 T 功能与 SH 功能相配合，使得一个状态比特消息能送到接口母线上去。

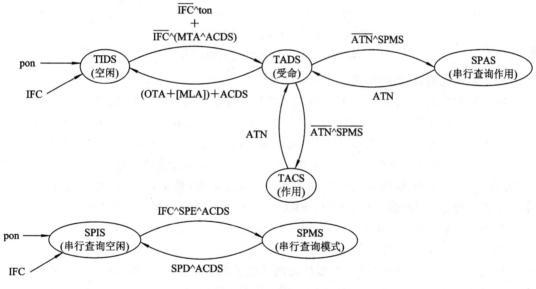

图 7-7　T 功能状态图

基于前面所述的原理，将 TADS、TACS、SPAS 三态合并为一个状态，称为 B 态，保留 TIDS 态，称为 A 态。故进行逻辑设计时将 TIDS、TADS、TACS、SPAS 四态简化为 A、B 两态，如图 7-8 所示。

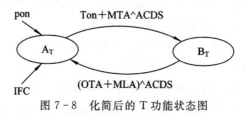

图 7-8　化简后的 T 功能状态图

二组包括 SPIS 态和 SPMS 态。由于两态都需要记忆，所以也要用一个触发器来构成，变迁条件如图 7-9 所示。

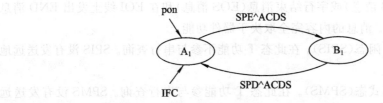

图 7-9　化简后的 T 功能状态图

由图 7-8、7-9 可知，讲者功能各个状态的逻辑关系为

$$SPIS = A_1，SPMS = B_1$$
$$TIDS = A_1，TADS = B_1 \& ATN$$
$$TACS = B_1 \& (!ATN) \& (!SPMS)$$
$$SPAS = B_1 \& (!ATN) \& SPMS$$

3. SH(源挂钩)功能的实现

SH 功能(配合 T 功能)是担任讲者的器件与听者器件的 AH 功能(配合 L 功能)进行挂钩的，以使有关的器件消息能够准确、异步地在器件间传递。所以源功能的状态设立与 AH 功能比较类似，即必须设立用来挂钩循环的四个状态及不参与挂钩循环的空闲态。

此外，为了解决因某种原因(例如控者处理服务请求)可能迫使正在传递的数据序列暂时"中断"，为了在恢复原数据序列时不致丢失(或多发)数据，SH 功能增设了一个状态——源等待态，因此设立六个状态，SIDS、SGNS、SDYS、STRS、SWNS、SIWS。

第一态：源空闲态(SIDS)。

第二态：源产生态(SGNS)。

第三态：源延迟态(SDYS)。当器件功能发出了本地消息 nba，SGNS 进入到 SDYS 态。在此态，SH 功能将消息比特送上了 DIO 线，并等待消息比特在 DIO 线上建立稳定，等待各受者器件的 AH 功能发出 RFD 消息。在此态仍发 DAV=0 消息。

第四态：源传递状态(STRS)。当各受者都已准备好接收数据，并且 DIO 线上的消息比特经过 T1 时延后已建立稳定，SH 功能就由 SDYS 态进入 STRS 态。在此态发出 DAV 消息，表明源功能正在发出一个有效的消息比特。一切已受命的受者器件开始以不同的速率接受 DIO 上的消息，直到全部受者都接收完毕为止。

第五态：源等待新循环状态(SWNS)。当源功能发现 NDAC 线变为高态，说明各受者都已经接受完毕，则 SH 功能就由 STRS 进入 SWNS，以等待新的一次挂钩循环。本地消息 nba=0，表示 DIO 线上的消息比特已经撤消，则状态又回到 SGNS 态；若还有新的消息需要传递，则每传递一个消息比特即进行一次 SGNS→SDYS→STRS→

SWNS→SGNS。

第六态：源等待态（SIWS）。

SH 功能状态图如图 7 - 10 所示。

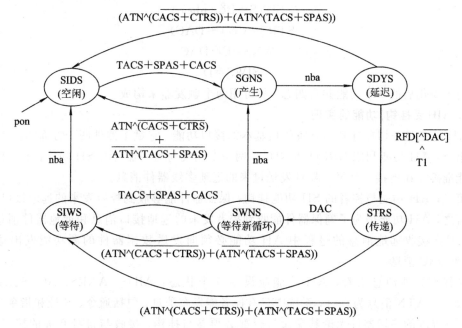

图 7 - 10 SH 功能状态图

由图 7 - 10 可见，SDYS 态与 SGNS 可以合并，STRS 态与 SWNS 态可以合并，保留 SIDS 态和 SIWS 态。这样 SH 功能即化为四态，分别用 A、B、C、D 表示。如图 7-11 所示。

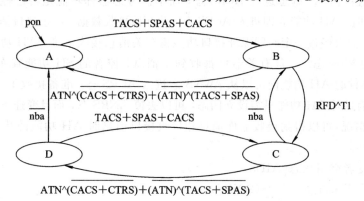

图 7 - 11 化简后的状态图

图 7-11 中的状态可用如下逻辑关系表示：

$$SIDS = A$$
$$SGNS = B \& (\sim nba)$$
$$SDYS = B \& (nba)$$
$$STRS = C \& (\sim DAC)$$
$$SWNS = C \& DAC$$
$$SIWS = D$$

由于简化后的 SH 功能共有四态，故可用两个触发器来构成。

4. AH(受挂钩)功能的实现

AH 功能是一切器件必须具备的最基本的接口功能，它赋予器件两个方面的能力。

第一，AH 功能利用 NRFD 和 NDAC 两条专用线与另一器件的 SH 功能挂钩，保证该器件能准确无误地接收到另一器件发送过来的远地多线器件消息。

第二，AH 功能与控者的 SH 功能挂钩，保证器件能够收到控者发来的远地接口消息。总而言之，AH 功能是为了确保器件能收到控者发来的远地接口消息和远地器件消息而设置的，且在接收远地消息的过程中 AH 功能必须向发送数据器件的源功能发出适当的 RFD 和 DAC 消息。

从接收器件消息来看，AH 功能应设立 5 个状态：AIDS、ANRS、ACRS、ACDS、AWNS。在 ATN 消息为真时，系统中只有控者能发布消息，包括通令、地址和指令等接口消息。系统内的一切器件无论其受命与否都必须参与挂钩，接收与自身有关的接口消息。由于这时传递的消息仅为接口所利用或处理，而不需要传到器件功能去，因此在接收接口消息的挂钩过程中，AH 功能将不受器件功能的约束。所以一旦 ATN 消息出现为真时，AH 功能可以直接由 AIDS 态进入 ACRS 态，而不需考虑器件功能是否已经准备好。等到 DAV 消息出现时，AH 功能立即进入 ACDS 态，并开始接收数据。由于接口消息只在接口功能区域内传递，只要经过一定时间保证接口功能将有关消息接收下来，AH 功能便可以脱离 ACDS 态进入 AWNS 态。一旦有关器件都收到了消息，控者的 SH 功能宣布数据无效(发 DAV 为假)，器件的 AH 功能便可以从 AWNS 态进入 ACRS 态，准备接收下一个接口消息。因此接收接口消息时 AH 功能只需设立四态，可以去掉 ANRS 态，而且变迁条件也更简单。

综合上述情况，可以得到接收器件消息和接收接口消息时 AH 功能的状态图及变迁条件如图 7-12 所示。

第一态：受者空闲状态(AIDS)。

第二态：受者未准备好状态(ANRS)。

第三态：受者准备好状态(ACRS)。

第四态：接受数据状态(ACDS)。

第五态：受者等待新循环状态(AWNS)。

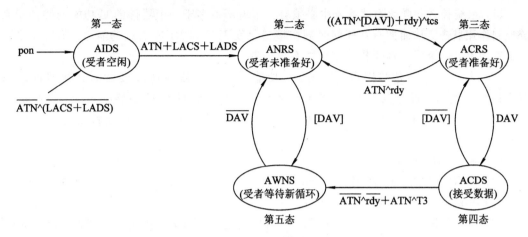

图 7 - 12　AH 功能状态图

从图 7 - 12 可见 AH 功能共需设立 5 个状态。如前所述的原理，在进行功能的逻辑设计时，可将 ACRS 态和 ACDS 态合并，必要时由表语 DAV 和（∼DAV）来加以区别。同理，ANRS 态和 AWNS 态也可以合并，仍由 DAV 和（∼DAV）来区别这两态。故第一步便可将 AH 功能简化为三态。如果我们对已经简化的状态图进一步分析，不难看出：AIDS 态和 ANRS 态之间的变迁条件也是互为非量的，故 AIDS 态和 ANRS 态也可以合并，最后得到 AH 功能的简化状态图只有 A、B 两态，变迁条件如图 7 - 13 所示。

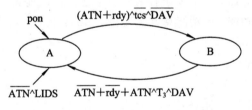

图 7 - 13　化简后的 AH 功能状态图

由化简后的状态图可得，AH 功能各个状态的逻辑关系为
$$AIDS = A \& (!ATN) \& LIDS$$
$$ANRS = A \& (ATN + (!LIDS)) \& (!DAV)$$
$$ACRS = B \& (!DAV)$$
$$ACDS = B \& DAV$$
$$AWNS = A \& (ATN + (!LIDS)) \& DAV$$

5. C(控者)功能的实现

C 功能是接口功能中最复杂的一种接口功能，它能够赋予器件多方面的能力，归纳起来可以分为下述 10 种：

（1）系统控者。自动测试系统中必须有一个但不得多于一个器件的 C 功能能够处于系统控制作用状态，从而拥有在任何时刻在接口上发 IFC 和 REN 消息的能力，不管它是否是负责控者，这个器件称为接口系统的系统控者。

（2）发送 IFC 消息并作负责控者。C 功能可以赋予器件通过接口向其他器件发送器件地址、通令、址令及办理并行点名查询，这种功能只有 C 功能在发出 ATN 消息时才能实现。这时的控者功能必定不处于 CIDS（控者空闲态）。此控者成为当时的负责控者。

（3）响应 SRQ 的能力。

（4）发 REN 的能力。此消息发出后，全体器件均可由控者器件进行远地程控。

（5）发送接口消息的能力。

（6）接收控制，一个系统中若有多个具有控功能的器件，根据需要可由具有控功能的器件轮流担任负责控者。这种现象称为控者转移。具有从别的控者器件接收 TCT 消息取控而成为负责控者的能力就称为能接收控制。

（7）将控制转移给别人的能力。具有这种能力的控者能在完成所负担的任务之后将控制权转给别的具有控者能力的器件。

（8）将控制转移给自己的能力。

（9）同步取控的能力。

（10）执行并行点名的能力。

从接口系统的管理方面来看，要求控者具备上述广泛的能力，不难推断 C 功能是接口功能中状态最多的一种功能。C 功能总共需要设立 19 个状态，可将它们分为 5 个组。

第一组：SNAS、SACS；

第二组：CSNS、CSRS；

第三组：SIIS、SINS、SIAS；

第四组：SRIS、SRNS、SRAS；

第五组：CIDS、CADS、CACS、CSBS、CSWS、CPWS、CPPS、CAWS、CTRS。

其中，各态定义如下：

SNAS：控制不作用态	CIDS：控者空闲态
SACS：控制作用态	CADS：控者受命态
CSNS：控者未被要求服务态	CACS：控者作用态
CSRS：控者被请求服务态	CSBS：控者转移暂停态
SIIS：系统接口清除空闲态	CSWS：控者转移态
SINS：系统接口清除循环态	CPWS：控者并行查询等待态
SIAS：系统接口清除作用态	CPPS：控者并行查询态
SRIS：系统远地程控空闲态	CAWS：控者同步取控态

SRNS：系统远地程控循环态　　　　　CTRS：控者传递态

SRAS：系统远地程控作用态

C 功能状态图如图 7 - 14 所示。

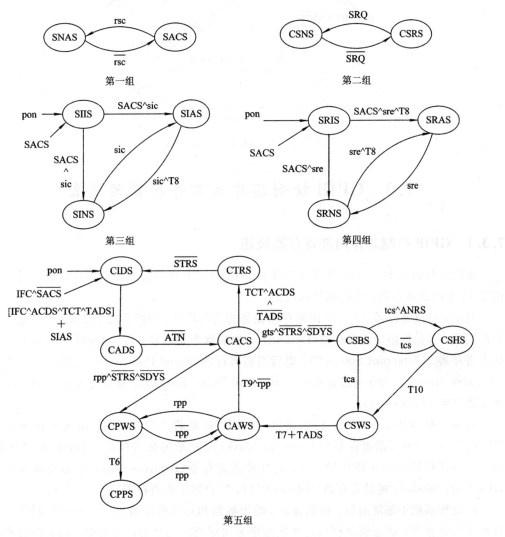

图 7 - 14　C 功能状态图

因图 7-14 中 C 功能图的第五组态状态机相对复杂，故给出此态的逻辑化简。从第五组状态不难看出 CIDS 态与 CTRS 态可以合并，称之为 A 态；保留 CADS 态，称之为 B 态；CACS 态、CPWS 态、CAWS 态、CSWS 态、CPPS 态等五个状态合并，称之为 C 态；保留 CSBS 态，称之为 D 态，故第五组 C 功能由 9 态化简为 4 态。其状态图如图 7-15 所示。

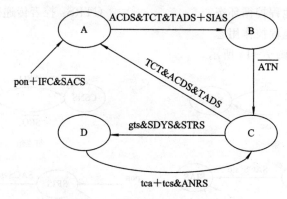

图 7-15　化简后的 C 功能状态图

7.3　GPIB 控制芯片内部寄存器的设置

7.3.1　GPIB 控制芯片内部寄存器概述

在深入分析 IEEE-488 协议的基础上，在该 GPIB 接口总线控制芯片的设计过程中使用了 16 个内部寄存器，它们都是八位的。

其中，可读寄存器共 8 个，用来存储设备的当前状态、中断情况、仪器地址、输入数据和控制线，包括数据输入寄存器(Data-in)、中断状态寄存器 1(Interrupt Status 1)、中断状态寄存器 2(Interrupt Status 2)、串行点名寄存器(Serial Poll Status)、地址状态寄存器(Address Status)、命令通过寄存器(Command Pass Through)、地址寄存器 0(Adress 0)、地址寄存器 1(Adress 1)。

可写寄存器共 8 个，用于微处理器对 GPIB 控制芯片的控制，包括数据输出寄存器(Byte Out)、中断屏蔽寄存器 1(Interrupt Mask1)、中断屏蔽寄存器 2(Interrupt Mask2)、串行查询寄存器(Serial Poll Mode)、地址模式寄存器(Address Mode)、辅助命令寄存器(Auxiliary Mode)、地址寄存器(Adress 0/1)、字符串结束寄存器(End of String)。

微处理器把中断屏蔽位、辅助命令、输出数据和对哪些仪器进行查询的控制字节写入这些可写寄存器，状态机就利用这些状态字来决定当时的状态，从而实现微处理器或计算机对 GPIB 总线的控制。

下面分别对这 16 个寄存器进行详细的描述：

1. 数据输入/输出寄存器(R0R，R0W)

数据输入寄存器专门用来存储来自 GPIB 总线的数据信息，该寄存器共八位。寄存器内部信息的改变由 IEEE-488 协议里面的状态机来决定。数据输出寄存器专门用来存储来自设备的数据信息，它的写寄存器操作由芯片的读写逻辑来实现，何时输出到 GPIB 总线接口上是由状态机控制逻辑实现。下面介绍它们各位的属性。

数据输入寄存器 Data-in（0R）各位定义：

DI7	DI6	DI5	DI4	DI3	DI2	DI1	DI0

数据输出寄存器 Byte-Out（0W）各位定义：

BO7	BO6	BO5	BO4	BO3	BO2	BO1	BO0

2. 中断寄存器（R1R，R1W，R2R，R2W）

本设计通过这两对寄存器可以实现对 12 个中断事件之一产生中断，这 12 个事件均与接口状态有关。

中断寄存器中，R1R 和 R2R 为只读寄存器，设备通过读取它来了解当前状态。R1W 和 R2W 为中断屏蔽寄存器，不论屏蔽设置与否，只要 12 个事件有一个事件出现时，都会在 R1R 或 R2R 的对应位上置 1，但不一定引起 XD7210 的 INT 输出为 1。只有在 R1W 或 R2W 中某个位上写 1，当这个事件出现时才在 XD7210 的 INT 位上置 1。

中断寄存器包括中断状态寄存器 1、中断状态寄存器 2、中断屏蔽寄存器 1、中断屏蔽寄存器 2。

下面就各个寄存器的各位进行说明。

① 中断状态寄存器 1（R1R）各位定义：

CPT	APT	DET	END	DEC	ERR	DO	DI

CPT：指示已收到未定义的指令，这个指令也存放在 CPT 寄存器中。

APT：指示寄存器内已存放着可用的有效副地址。这一中断位只有在寻址方式 3 中出现才有效，而在寻址方式 2，副地址则由本系统直接识别。而在寻址方式 1 中，它们将不被理睬。

DET：指示器件触发作用状态 DTAS 已出现。与此同时本系统的触发输出也输出一个触发脉冲。这时，器件的基本操作即可被启动而不需要 CPU 介入。

END：指示一个多线消息传递的结束。当本设计是一个主动听者并收到 EOS 或 EOI 时产生 END 中断。EOI 与 EOS 的区别在于：EOI 是接口管理母线之一，是单线消息。EOS 是一个 ASCII 字符。而任一台带标准接口的设备都有直接的结束符规定。

DEC：指示接口已收到器件清除指令，器件处于 DCAS 态，这时器件功能是可随设计者意图而定的。

ERR：指示 GPIB 母线上出错。ERR 的逻辑等效条件是：

$$ERR = nba \hat{\ } TACS \hat{\ } DAC \hat{\ } RFD$$

DO：表示有 1 bit 数据已发送到 GPIB 或本系统已受命为讲。现在可以将新数据写入数据输出寄存器。

DI：表示有 1 bit 数据已被本系统接收，BI 即被置位。当设备读该寄存器（R1R）时，BI 即被复位。

② 中断状态寄存器 2（R2R）各位定义：

INT	SRQI	LOK	REM	CO	LOKC	REMC	ADSC

SRQI：服务请求输入。当 SRQ 管脚为高电平输入时，表明总线上有设备请求服务。

LOKC：锁定变化。当设备功能从锁定到非锁定，或从非锁定到锁定的状态时，都会引起该中断。

REMC：程控变化。当设备由本地到远地或是从远地到本地变化时，都会引起该中断位的变化。

ADSC：指地址状态变迁，指示接口状态 LIDS 或 TIDS 或 MJMN 的变迁。

CO：命令输出中断。

③ 中断屏蔽寄存器，用来屏蔽中断位，当中断状态位的对应位被屏蔽时，该中断无法响应。

中断屏蔽寄存器 1（R1W）各位定义：

CPT	APT	DET	END	DEC	ERR	DO	DI

中断屏蔽寄存器 2（R2W）各位定义：

0	SRQI	0	0	CO	LOKC	REMC	ADSC

3. 串行查询寄存器（R3R，R3W）

这两个寄存器用于实现串行查询。其中 rsv 为服务请求本地消息。

串行点名状态寄存器（R3R）各位定义：

S8	PEND	S6	S5	S4	S3	S2	S1

其中，S8、S6～S1 是本机的状态。PEND 的置位条件是 rsv＝1，清零的条件是 NPRS&（～rsv）＝1。

串行点名模式寄存器（R3W）各位定义：

S8	rsv	S6	S5	S4	S3	S2	S1

4. 寻址寄存器（R4R，R4W，R6R，R6W，R7R）

本设计主要有三种寻址模式。每一个器件至少有一个地址，复杂的器件则可能有几种地址。除只讲 TO 和只听 LO 外，根据实际需要还设立了三种寻址方式。

寻址方式一：地址 0 寄存器为主讲、主听地址 Major Talker/Listener Address，而地址

1 寄存器 R7R 的内容为次讲、次听地址 Minor Talk/Linstener Address。这种方式每个地址只占用 1 比特。

寻址方式二：在该寻址方式里，本设计识别两个地址比特序列——主地址后跟副地址。

寻址方式三：它类似于方式一，不同的只是每个主地址后必须跟一个副地址，且副地址需由 CPU 核实。

① 地址模式寄存器(R4W)各位定义：

ton	lon	TRM1	TRM0	0	0	AMD1	AMD0

不同的寻址模式可用对寻址方式寄存器(R4W)写入数据来实现。其中，

ton，lon：只讲，只听消息。

② 地址状态寄存器(R4R)各位定义：

CIC	$\overline{\text{ATN}}$	SPMS	LPAS	TPAS	LA	TA	MJMN

该寄存器用来记录本设计当前的地址状态。当 CPU 接收中断，并判明是 ADSC 引起的中断时，便在中断子程序中访问这个寄存器，以了解接口当前状态。其中，

LPAS：听者主地址已收到。

TPAS：讲者主地址已收到。

LA，TA：分别为听者寻址状态 LACS、LADS 或讲者寻址状态 TACS、TADS。

MJMN：用来决定其余各比特信息是用于主要还是次要讲者、听者。

③ 地址 0/1 寄存器(R6W)各位定义：

ARS	DT	DL	AD5	AD4	AD3	AD2	AD1

该寄存器用来规定器件的地址。地址值与寻址方式寄存器所选择的方式有关。当寻址方式中寻址方式寄存器选择确定后，即可用此寄存器将五位地址装入地址 0 和地址 1 寄存器。其中，

ARS：寻址寄存器选择。当 ARS＝0 时，选中地址 0 寄存器；当 ARS＝1 时，选中地址 1 寄存器。

DT，DL：在寻址方式 1 中，次主地址部分的讲和听功能都应禁止(即置位 DT，DL)。

AD1～AD5：器件地址值。

④ 地址 0 寄存器(R6R)与地址 1 寄存器(R7R)各位定义：

EOI	DT1	DL1	AD5 – 1	AD4 – 1	AD3 – 1	AD2 – 1	AD1 – 1
X	DT0	DL0	AD5 – 0	AD4 – 0	AD3 – 0	AD2 – 0	AD1 – 0

此类寄存器通过 DT、DL(讲，听)置位并指示五位地址码。其中，

EOI：指示 END 消息与最后的比特数据同时到达。

5. 辅助方式寄存器(R5W)

辅助方式寄存器由两段组成：3 位的控制段 CNT0～2 和 5 位的命令段 COM0～4。它们主要用于接口功能管理，其中控制段决定着命令段是如何被解释的。

该寄存器各位定义如下：

CNT2	CNT1	CNT0	COM4	COM3	COM2	COM1	COM0

① 辅助命令 CCCCC：每当写一个 000CCCCC 到辅助方式寄存器 R5W 时，本系统即执行一个辅助命令，此处 CCCCC 是 5 位命令码，其功能如下所述：

00000：iepon。立即执行 pon，这个命令将本系统复位到 power on 状态，它也可用来释放由外部复位脉冲"00010"复位命令所引起的初始化状态。

00010：crst。片选命令，对芯片进行复位。

00011：rrfd。"继续完成挂钩"，释放 RFD。

00100：trig。内部产生 GET 命令，但不引起 GET 中断。

00101：rtl。"返回本地"，即 rtl 消息，如果接口未处于 LLOC 态，则发出此态命令后接口返回本地状态

00110：seoi。

00111：nvid。该命令告知本系统，被微处理器收到的副地址无效。

01111：vid。该命令通告本系统，微处理器收到的副地址或副命令有效，从命令通过状态继续下去。

0x001：sppf。并行点名标志(本地消息 ist)置位。当这一标志与本地消息 lpe 检测位相符时，给出并行点名响应 PPR 为真。

10000：gts。进入暂停状态。控者收到此命令使 ATN＝0，由 CACS 态进入 CSBS 态。

10001：tca。控者异步进入作用状态即 CACS 态并使 ATN＝1。

10010：tcs。控者同步进入作用状态，此命令使控者从 CIDS 态变为 CACS 态。

11010：tcse。在收到 END 消息时，同步取控。

10011：ltn。发听命令。

11011：ltnc。发连续听命令。

11100：lun。发本地不听命令。

11101：epp。发起并行点名命令。

1x110：sifc。置位/清零 IFC。

1x111：sren。置位/清零 REN。

10100：dsc。禁止系统控制。

② 0FFFF 命令：本系统内部有一个计数器，用以在时钟脉冲的控制下产生挂钩所需的延时 T。由于 CPU 采用不同的时钟频率，所以应在接口启动程序设置此计数器。例如设

CPU 内部时钟频率周期为 $0.5\ \mu s$，置 FFFF＝1000，则 $T_1 = 8 \times 0.5 = 0.4\ \mu s$。

③ 辅助寄存器 A：是一个隐存的寄存器，对微处理器来说它是一个间接可写的五位寄存器。可用它来规定本系统的某些特征。

数据接收模式如下：

A1	A0	数据接收模式
0	0	正常握手模式
0	1	每个数据字节都要对三线挂钩锁定
1	0	在接收到标志 END 就锁定三线挂钩
1	1	连续接收模式

EOS 消息各位功能如下：

位名		功　　能
A2	0 禁止	允许在接收到 EOS 消息的同时置位 END
	1 允许	
A3	0 禁止	在 TACS 状态发送 EOS 消息的同时自动发送 END 消息
	1 允许	
A4	0 禁止	确定 EOS 消息的有效位数 8 或 7
	1 允许	

④ 辅助命令寄存器 B：这个辅助命令寄存器与辅助命令寄存器 A 很像，它控制了设备的部分工作特性。其各位功能如下：

位名		功　　能
B0	0 禁止	在接收到未定义命令后置位 CPT 中断位
	1 允许	
B1	0 禁止	当处于 SPAS 状态时，允许发送 END 消息
	1 允许	
B2	0 禁止	规定 T1 时间，高速
	1 允许	规定 T1 时间，低速
B3	0 INT	规定 INT 脚的有效电平
	1 INT	
B4	1 ist＝SRQS	SRQS 表明 ist 消息的值
	0 ist＝PPF	ist 的值等于 PPF

⑤ 辅助命令 E 寄存器各位功能如下：

位名		功　能
U	0	并行点名不响应
	1	并行点名响应
S	0	同相
	1	反相
P3～P1	000～111	输出到 DIO 线上的状态位

6. 命令通过寄存器（R5R）

该寄存器各位定义如下：

CPT7	CPT6	CPT5	CPT4	CPT3	CPT2	CPT1	CPT0

当在 DIO 线上来的是未定义命令、副地址、并行点名响应时，CPU 读该寄存器，即 XD7210 将 DIO 上此时的数据存储在该寄存器中。

7. 序列结束寄存器（R7W）

该寄存器各位定义如下：

EC7	EC6	EC5	EC4	EC3	EC2	EC1	EC0

本寄存器提供"发送 EOI"辅助命令的另一途径。它可规定为 7 位 ASCII 码或 8 位二进制码。由辅助命令寄存器 A 中的 A4 确定。

当本机接口为讲者，并且在辅助寄存器 A 中的 A3 位已写入"1"时，本机接口将具有"EOS 时输出 EOI"功能。于是当本机接口输出 EOS 后，将在发一个数据比特的同时使 EOI 置"1"。

7.3.2　GPIB 控制芯片的组织结构与系统级仿真

本小节介绍 reg_top 模块、dintri 模块、add_com 模块、eos_com 模块、timer 模块、sl_tri模块、auxd1 模块之间的关系。

（1）reg_top 模块：寄存器模块，存放了 16 个读写寄存器，数据的进出都是通过这些寄存器来完成的，它们的读写一方面是来自读写控制逻辑，一方面是来自状态机控制逻辑。

（2）dintri 模块：在数据通路中，比较关键的就是读写控制逻辑，它通过三态门与外界联系，与微处理器等进行数据通信。

（3）add_com 模块：数据通路中的地址比较逻辑模块，通过比较总线上传来的数据，来决定是否是 MTA、MLA 等地址指令，它的输入来自地址模式寄存器和地址寄存器，分别存放的是地址模式和本机听地址与本机讲地址，比较后的信号送到状态机，控制状态机的转移。

（4）eos_com 模块：数据通路中的结束字符串比较逻辑，也是设计中的关键部分，它通过比较总线上的数据与设备初始化时写入寄存器的结束字符，判断是否结束，并根据辅助命令寄存器 A 来决定结束字符串的位数，以及在接收到 EOS 信息后是否发送 END 消息。

（5）timer 模块：计数器是设计中的一个重点，因为本设计的输入时钟是一个 $1 \sim$ 8 MHz可变时钟。所以必须根据输入频率的变化改变相应的计数周期，从而实现相同的时延。输入时钟周期是 $1 \sim 8$ MHz，根据接口初始化时写入辅助命令寄存器的频率值来设定相应内部的计数周期，这样即达到了计数延时的目的。

（6）auxd1 模块：数据通路中的辅助命令寄存器。该寄存器有两种译码方式：边沿触发型辅助命令译码和静态辅助命令译码。根据协议的要求，边沿触发型辅助命令译码要求命令只在一个时钟周期有效。静态辅助命令译码是指该命令必须由另一个命令来清除。

（7）sl_tri 模块：握手与总线管理信号线的双向端口实现。由于 ATN、EOI、IFC 等信号线也是双向端口，所以也要避免时序混乱，使其为三态的形式。

最终本设计的逻辑仿真引脚配置图（其中包含了 JTAG 电路，后续讲解）如图7－16所示。

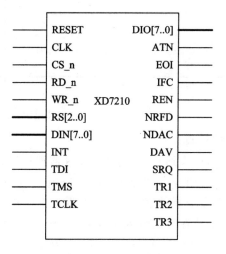

图 7－16　TOP 结构

7.3.3　总体功能仿真与调试

由于芯片的外部信号和内部信号总共有一百多个，其中有些信号存在相同的性质，所以我们只对比较典型的几个功能进行仿真。

1. 控者功能仿真

从波形图 7-17 上可以看出，当 RESET 为零时，各功能回到空闲态。RESET 为高电平并且片选信号 CS_n 为低电平、写使能 WR_n 为低电平时，若地址线 RS 为 03H，则经过译码产生对辅助命令寄存器写使能信号，把数据线上的值 1EH 写入了辅助命令寄存器，辅助命令寄存器对此值译码，对应的辅助命令是 sic。此时并没有发送 dsc 消息，禁止系统控者功能，所以 SACS 处于活动状态；在接口清除消息 sic 和 SACS 同时满足时，系统控制接口清除组功能进入系统控制接口清除作用态，此时芯片进入控者状态，同时发送 IFC 消息，从而实现了对系统中各设备的接口清除。当 DIN 为 16H 时，经过辅助命令译码得到的是 dsc 命令，取消了系统控者的功能，此时 SACS 为零。当地址 RS 为 04H 时，产生了对地址寄存器 addm 的选地址信号，同时取消了对辅助命令寄存器的选地址信号。

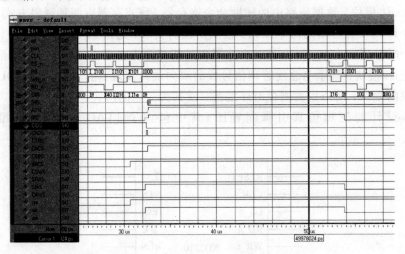

图 7-17　IFC 信号产生过程波形图

2. 接收器件消息过程的仿真

从图 7-18 可以看出，芯片收到 rdy 消息和 ATN 假消息后就变换到受者准备好态。一旦 DAV 真消息出现，芯片受功能转到受者作用态，并发 RFD 假消息，避免讲者在芯片未处理好这个字节的接收时就发送新的字节；此时，听者也处在 LACS，芯片就可以接收数据了，将 GPIB 母线上的数据放在数据输入寄存器里同时产生 rdy 假消息，表示数据已经收到了，发 DAC 真消息，表示收到了一个字节，受功能转到受者等待新循环态。如果DAV 一直有效，就一直接收数据，受功能转到受者作用态，接收第二个字节，当 DAV 线出现假消息后，芯片就完成了一次数据接收的操作，发 DAC 消息，受者功能转到受者未准备好态。数据读到数据输入寄存器后，地址线 RS 为 0H 时，读信号 RD_n 为假，经过地址译码，产生了对数据输入寄存器进行读的操作，芯片就把寄存器中的数据输出到芯片的数据线上，从而实现了数据从 GPIB 母线到芯片数据线的传输。

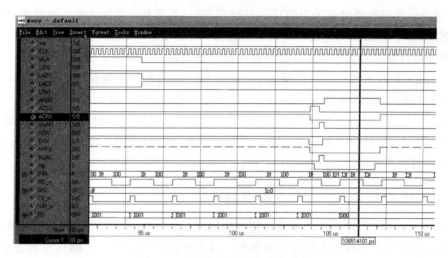

图7-18　接收器件消息仿真波形

3. 发送数据比特过程的仿真

仿真图7-19描述的过程是：芯片作为负责控制者时，发ATN消息，在CACS(控制作用态)发送听者的地址；在听者受命为听者后，芯片任命自己为讲者，在TACS(讲者作用态)即数据模式下发送数据给听者。

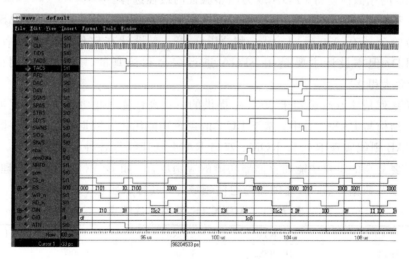

图7-19　发送器件消息仿真波形

在控者作用态，芯片的地址线RS是00H，写信号WR_n置为假，等待下一时钟的上升沿芯片把当时数据线上的命令数据3FH输给数据输出寄存器byte out，同时产生nba信号，表示byte out寄存器中是新的数据比特。芯片的源功能在收到nba消息后，源功能转到SDYS，等待数据在GPIB数据线上稳定下来，即将数据从数据输出寄存器中输出到

GPIB 总线上，并等待受设备的 RFD；一旦收到 RFD 真消息，芯片的源功能发送 DAV，源功能转到 STRS，表示源功能正在继续发送数据，直到受设备收到，即收到 DAC 消息；源功能转到源等待新循环态 SWNS，寄存器中的数据输出，并置 nba 为假，避免同一个数据发送两次。因 GPIB 总线采用负逻辑电平，故在 DIO 端口出现的数据为 3FH 取反，恰好为 c0H，结果正确。如果新数据写入 byte out 寄存器，nba 消息又会为真，则继续下一个三线挂钩，发送新数据。如果没有新数据，根据 nba 假状态，接着一个时钟发 DAV 假消息，源功能回到源产生态 SGNS。后面的波形是芯片作为讲者的时序图，此时 ATN 线为低电平，表示工作在数据工作模式。

7.3.4 GPIB 控制芯片的 FPGA 原型验证

原型验证，即用软件的方法来发现硬件的问题。在芯片 tape‐out 之前，通常都会计算一下风险，例如存在一些严重错误的可能性。通常要由某个人签字来确认是否去生产，这是一个艰难的决定。ASIC 的产品 NRE 的费用持续上升。一次失败的 ASIC 流片将会推迟数个月的上市时间。一些 BUG 通过仿真和 Emulation 是捕捉不到的。传统的验证方法认为设计的功能符合功能定义就是对的。但功能定义到底对不对呢？唯一的办法就是建立一个真实的硬件——原型，基于 FPGA 的原型。一个虚拟的真实环境在密度、速度以及其他方面与 ASIC 的相似性使得 FPGA 成为原型验证的最佳选择。

FPGA 和 CPLD 在当今的逻辑电路设计中得到了广泛的应用。目前，在 ASIC 领域处于领先地位的公司有 Altera、Lattice 和 Xilinx 等。本设计在软件中可以用各家各类的 FPGA/CPLD，但本设计主要是用 FPGA 进行综合和仿真的，因为在相同的要求下，FPGA 容量要大得多。

ACEX 系列是 Altera 公司于 2000 年提供的一种高性能、低功耗的高密度器件，它综合了查找表结构与 EABs。其中，基于 LUT 的逻辑功能优化了数据通道和寄存器的性能与效率，而 EAB 则能实现 RAM、ROM、双口 RAM、FIFO 等各种存储器功能。ACEX 1K 较适合于需要复杂的逻辑功能和存储器功能的应用场合，如 DSP（数字信号处理）、宽带数据通道控制以及数据传输、微处理器与通信领域等，其特点如表 7‐1 所示。

表 7‐1　ACEX 1K 系列芯片特点

特　　点	EP1K10	EP1K30	EP1K50	EP1K100
典型门数	10 000	30 000	50 000	100 000
最大系统门数	56 000	119 000	199 000	257 000
逻辑单元(LEs)	576	1728	2880	4992
EABs	3	6	10	12
RAM 的位数	12 288	24 576	40 960	49 152
最大用户 I/O 引脚数	130	171	249	333

ACEX系列包含 ACEX 1K 和 ACEX 2K 系列。ACEX 1K 系列基于创新的 0.22/0.18 μm 混合工艺，密度为 10 000~100 000 门。ACEX 2K 系列基于 0.18 μm 工艺，密度为 20 000~150 000 门。所有的 ACEX 系列器件兼容 PCI 局部总线规范，支持锁相环电路。

ACEX 具有较高性价比，它的高密度非常适用于对价格敏感的高密度解决方案，而其高性能则可以满足各种性能的需求。

本设计兼顾合理利用资源，选用了 Altera 公司的 EP1K30 芯片，该芯片的内部结构如图 7-20 所示。其工作电压为 5 V，内部共有 1782 个逻辑单元，已充分可用。

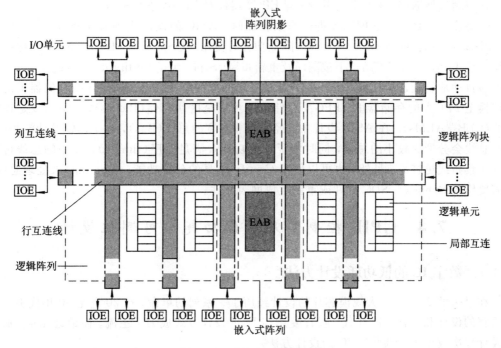

图 7-20 EP1K30 器件结构

对于 ACEX 1K 系列器件，目前实现加载的方法有以下三种：

（1）采用 PROM 并行加载；

（2）采用单片机控制实现加载；

（3）通过 JTAG 口直接一次性实现编程数据加载。

第一种方式需要占用较多的 FPGA 管脚资源，虽然这些资源在加载完成后可用做一般的 I/O 口，但在加载时不允许这些管脚有其他任何外来信号源；另外数据存储在 PROM 与 FPGA 之间的大量固定连线，如 8 位数据线以及大量访问 PROM 的地址线等，使得 PCB 板设计不便。但是这种方式有一个好处，即 PROM 的容量较大，容易购置，价格低，技术支持（编程器）较好。

第二种方式采用单片机控制，由 PROM 中读取并行数据，然后串行送出。由于涉及单片机编程，对于开发者来说较为不便；另外，如果单片机仅用来实现该任务，较为浪费硬件资源。

FPGA 的一个最大优点是采用计算机专用开发工具，通过 JTAG 口直接一次性实现编程数据加载，但是由于 ACEX 1K 器件 SRAM 的易失性使数据无法永久保存，为调试带来很大的不便，特别是从事野外作业者。目前，Altera 公司推出了相应的配置器件。在 FPGA 器件配置过程中，配置数据存储在配置器件的 EPROM 中，通过配置器件内部振荡器产生的时钟控制数据输出。本设计采用 20 脚 EPC2 器件对 FPGA 进行配置。

需要注意的是，在用 FPGA 进行原型验证时，ASIC 的设计代码需要修改，以便烧录到 FPGA 中。门控时钟 Gated Clocks(降低功耗时使用)及 Synopsys DesignWare 元件必须利用合成工具，在适当的结构下被翻译及重新布局。Syplicity 的 Certify 及 Synplify Premier 工具能够自动地管理这个任务。另外一个需要考虑的方面是要把 ASIC 设计的存储器里的数据转换至 FPGA 的存储器里。FPGA 存储电路可能是区块存储(Block Momory)或是逻辑资源(CLBs/ALMs)。在 ASIC 设计中，经常有非常宽的总线(Bus)，在 ASIC 设计流程中，这些总线会分裂成较小的总线，同时为了降低功耗及满足时序(timing)，较小的总线可使布局工具布线更容易。另外，也可以使用 Certify 工具的分解功能(zippering)来处理总线，并需要修改 Synopsys SDC 文件或重新生成网表文件。

7.4 GPIB 控制芯片的低功耗与可测性设计

7.4.1 数字 IC 的低功耗设计方法

在过去的 20 年里，大规模芯片的设计经历了一系列的革命。在 20 世纪 80 年代引入基于语言的设计和综合。90 年代，设计复用与 IP 的设计方式成为了主流。而最近几年，低功耗设计再次改变了复杂数字 IC 的设计方法。

然而每次技术革命都是半导体技术进步的产物。摩尔定律使得设计者不得不采用基于语言的设计和综合。而当百万门时代到来的时候，人们不得不将期望寄托于设计重用和 IP。从 130 nm(纳米)开始，工艺便进入了深亚微米时代，同时也给设计带来了不少的问题。人们可以将百万门的电路放到一个很小的裸片里，但是在这样一个狭小的空间里，如此多的门使得功率密度、整体功耗成为了封装的一个限制因素。

1. 功耗的来源

对于数字 IC 的功耗，主要分为动态功耗(Dynamic power)和静态功耗(Static power)。下面通过分析芯片系统功耗的来源来提出几种降低功耗的设计方法。

1) 动态功耗

动态功耗是器件导通时所产生的功耗，也就是说，当信号变化时所产生的功耗。其计算公式如下：

$$P_{sw} = aCV_{dd}^2 f \qquad (7-1)$$

动态功耗是由电路中的电容引起的。而静态功耗是由于对器件进行供电所产生的功耗，但此时信号并没有变化。在 CMOS 工艺中，静态功耗主要是由漏电所产生的。动态功耗最主要的来源是开关功耗——对门电路寄生输出电容进行充放电。如图 7-21 所示。

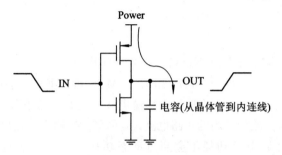

图 7-21 动态功耗

每次翻转所需要的能量为：

$$传输功耗 = C_L \times V_{dd}^2 \qquad (7-2)$$

其中，C_L 为负载电容；V_{dd} 为供电电压。所以动态功耗可以表示为

$$P_{dyn} = 传输功耗 \times f = C_L \times V_{dd}^2 \times P_{trans} \times f_{clock} \qquad (7-3)$$

其中，f 为翻转频率；P_{trans} 为输出翻转概率；f_{clock} 为系统时钟的频率。设：

$$C_{eff} = P_{trans} \times C_L \qquad (7-4)$$

则可以将动态功耗的表达式化简为

$$P_{dyn} = C_{eff} \times V_{dd}^2 \times f_{clock} \qquad (7-5)$$

由上式可知，系统的开关功耗与晶体管的尺寸无关，而是由开关动作和负载电容决定，所以它是数据相关的。

除了开关功耗，内部功耗也导致了动态功耗的增加，如图 7-22 所示。开关功耗主要包括了当 NMOS 和 PMOS 同时导通时的短路电流。

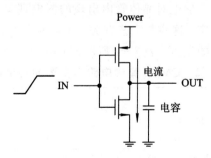

图 7-22 橇棒电流

将开关功耗与内部功耗相加即求得总的动态功耗：

$$P_{\text{dyn}} = (C_{\text{eff}} \times V_{\text{dd}}^2 \times f_{\text{clock}}) + (t_{\text{sc}} \times V_{\text{dd}} \times I_{\text{peak}} \times f_{\text{clock}}) \quad (7-6)$$

其中，t_{sc} 为短路电流的时间；I_{peak} 为总的内部开关电流（短路电流加上给内部电容充电所需的电流）。只要输入信号的上升时间足够短，那么短路时间内的短路电流即可以忽略。鉴于此，可以将上面的公式化简为

$$P_{\text{dyn}} = C_{\text{eff}} \times V_{\text{dd}}^2 \times f_{\text{clock}} \quad (7-7)$$

2）内部短路功耗

CMOS 电路中，如果条件 $V_{\text{tn}} < V_{\text{in}}(V_{\text{dd}} - |V_{\text{tp}}|)$（其中，$V_{\text{tn}}$ 是 NMOS 的阈值电压，V_{tp} 是 PMOS 的阈值电压）成立，这时在 V_{dd} 到地之间的 NMOS 和 PMOS 就会同时打开，产生短路电流。在门的输入端，上升或者下降的时间比其输出端的上升或者下降时间快的时候，短路电流现象会更为明显。为了减少平均的短路电流，应尽量保持输入和输出在同一个沿上。

一般来说，内部短路电流功耗不会超过动态功耗的 10%。而且，如果在同一个节点上，当 $V_{\text{dd}} < V_{\text{tn}} + |V_{\text{tp}}|$ 的时候，短路电流会被消除掉。

3）静态漏电功耗

如图 7-23 所示，CMOS 门电路的静态功耗主要有四个来源。

（1）亚阈值漏电（I_{SUB}）：在晶体管工作于弱反型区时从漏端流到源端的电流。

（2）门漏电（I_{GATE}）：由于栅极氧化沟道和热载流子的注入所引起的从栅极通过氧化层流到衬底的电流。

（3）门效应漏端漏电（I_{GIDL}）：高 V_{DG} 导致的由漏端流向衬底的电流。

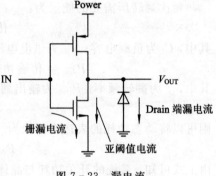

图 7-23　漏电流

（4）反偏结漏电（I_{REV}）：由于少数载流子和耗尽区的电荷对的产生所导致的漏电流。

静态漏电是二极管在反向加电时晶体管内出现的漏电现象，在 MOS 管中主要指的是衬底的注入效应和亚阈值效应。这些与工艺有关，而且漏电所造成的功耗相对很小，在大尺寸工艺条件下并不是考虑的重点。表 7-2 所示为 CMOS 集成电路中主要的耗电类型。

表 7-2　CMOS 集成电路中主要的耗电类型

类　型	公　式	比　率
动态功耗（switching power）	$P_{\text{SW}} = aCV_{\text{dd}}^2 f$	70%～90%
短路功耗（short-circuit power）	$P_{\text{SC}} = I_{\text{SC}} V_{\text{dd}}$	10%～30%
静态漏电功耗（static leakage power）	$P_{\text{leak}} = I_{\text{leak}} V_{\text{dd}}$	<1%
总功耗（total power）	$P_{\text{total}} = P_{\text{SW}} + P_{\text{SC}} + P_{\text{leak}}$	100%

2. 降低功耗的方法

1）时钟门控

一个芯片中的动态功耗很大比例是来自时钟网络，至少50％的功耗花费在了时钟树的驱动上面。这一点很容易从时钟树为了减小时钟延迟而插入具有较大驱动能力的 buffer 而得到证实。除此之外，即使输入/输出保持不变，触发器在时钟变化时也会消耗一定的动态功耗。

所以，最常用的减少功耗的方法就是在不需要的时候将时钟关掉。这种方法就是时钟门控。目前设计工具一般都支持自动时钟门控：它们可分辨出在不改变逻辑功能的情况下，在哪里插入时钟门控比较合适。

在原始的 RTL 描述中，寄存器是否更新取决于 EN，如图 7-24(a)所示。然而，可以通过在时钟端加入含有 EN 的门控得到同样的结果，如图 7-24(b)。

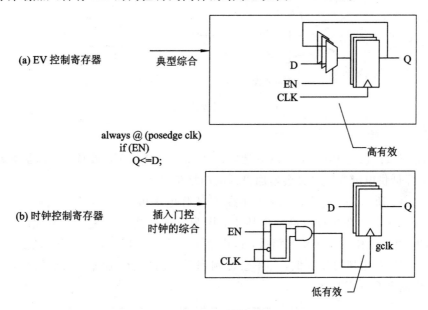

图 7-24　时钟门控

当给一位寄存器加入时钟门控时，节省的功耗很小。而当给 32 位的寄存器加入时钟门控时，由此可以节省的功率却是相当可观的。

2）门级功率优化

除了时钟门控外，设计工具还可以通过一些逻辑优化减小动态功耗。如图 7-25 所示。

在图的顶部，一个 AND 门的输出具有较高的活动概率。因为它后面跟着一个 NOR 门，所以可以将这两个门重新组合为一个 AND-OR 门加上一个反相器，这样那个活动频繁的信号就成为单元的内部信号而没有被反映到门的输出端。现在，那个活动频繁的信号驱动了一个很小的电容，从而减小了动态功耗。

图 7-24(b)中是一个经过映射的 AND 门，活动频繁的信号线被连接到了高功率输入脚，活动不频繁的信号线被连接到了低功率输入脚。对于一个多输入门，不同输入引脚的输入电容之间具有较大的差别，也就导致了不同输入引脚对应不同的功耗。通过重映射输入引脚的信号，将活动频繁的信号连接到了低功率输入引脚，这样就可以通过优化工具减小动态功耗了。

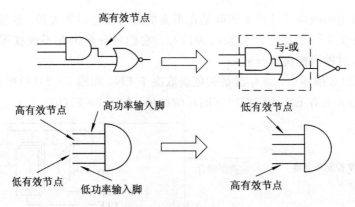

图 7-25　门级优化实例

3) 多电源系统

因为动态功耗正比于 V_{DD}^2，所以对选定的单元进行降低 V_{DD} 处理，可以显著地降低功耗。然而，降低供电电源同时又会增加设计的门级延迟。

如图 7-26 所示，cache RAMS(缓存器)的工作电压相对较高，因为它们工作在关键路径上面。CPU 也工作在相对较高的电压上，因为它的性能直接决定了系统的性能。相比cache，CPU 可以工作的电压要求稍低，这样整个系统的性能还是由 cache 的速度决定。芯片其他部分的工作电压可以更低，却不会影响到系统的性能。通常，系统的其余部分的工作频率都会低于CPU 的主频。

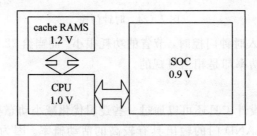

图 7-26　多电源供电系统结构

因此，在满足系统时序要求的情况下，系统的多数模块都工作在较低电源电压下。这种方法可以大大节省功耗。

但是多电源电压也有一些不足。例如，不同电源电压的模块混合到一起，增加了设计的复杂度。这不仅仅要求增加额外的 IO 脚去为不同的电源轨供电，同时，也要求更复杂的电源栅格和模块间的电平移位电路。

4）多阈值系统

当工艺的几何尺寸缩减到了 130 nm、90 nm 或更低的时候，使用具有多阈值电压的工艺库已经成为一种降低漏失电压的常见方法。

图 7 - 27 为对于多阈值电压库的一些具有代表性的特性曲线。正如前面所述，亚阈值漏电与阈值电压 V_T 成指数关系，阈值电压 V_T 的改变基本不影响电路的延迟。

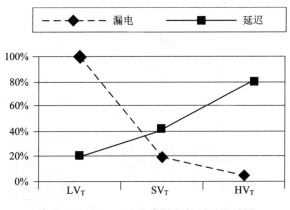

图 7 - 27　90 nm 工艺库漏电与延迟比对图

目前，很多的库文件都提供两到三种单元：低阈值 V_T、标准阈值 V_T 和高阈值 V_T。实现工具可以利用这些库的优点对时序和功耗进行同时优化。最常见的方式是在综合的时候采用"双阈值"的流程。这种方法的目标是在满足时序要求的前提下，尽量减少速度快、低阈值 V_T 晶体管的使用。所以，通常选用一个库进行初步综合，然后再选用一个具有不同阈值的库（或多个库）进行优化。

以上所讲的低功耗设计方法的优缺点可归类整理如表 7 - 3 所述。

表 7 - 3　低功耗设计方法的优缺点

技术	功率降低程度	时延的增加程度	面积的增加程度	对架构的影响	对设计的影响	对验证的影响	对布局布线的影响
多 V_T	中	小	小	低	低	无	低
时钟门控	中	小	小	低	低	无	低
多电源	大	中	小	高	中	低	中

3. GPIB 控制芯片的低功耗处理

根据实际应用情况，当用户将本设计单纯地应用为收发芯片时，即在初始化过程中将地址模式寄存器设置为地址模式 0 时，可以将本系统的部分功能关闭，采用时钟门控的方式，将不相关部分电路的时钟关掉。通过 Design Compiler 进行功耗分析，发现在单纯的听者与讲者的状态下，可以将芯片的功耗降低 30% 左右。图 7-28 是系统内部时钟门控电路的工作时序图。

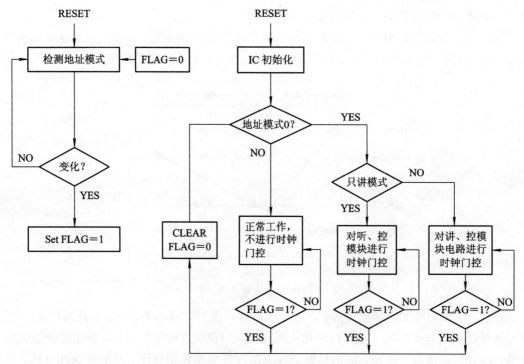

图 7-28   本设计系统采用的低功耗设计方法图示

7.4.2　数字 IC 的可测性设计

1. JTAG 原理

JTAG 的全称是 Joint Test Action Group，即联合测试行动小组。目前，JTAG 已成为一种国际标准测试协议，主要用于各类芯片的内部测试。现在大多数高级器件（包括 FPGA、MCU、DSP 以及 CPU 等）都支持 JTAG 协议。标准的 JTAG 接口是 4 线接口：TMS、TCK、TDI 以及 TDO，分别为模式选择、时钟、数据输入和数据输出信号线，具体见表 7-4 所给的 JTAG 管脚的详细说明。

JTAG 电路的功能模块如图 7-29 所示。

表7-4 JTAG管脚说明

管脚	名　称	功　能　描　述
TDI	测试数据输入管脚	JTAG指令和测试编程数据的串行输入管脚，数据在TCK信号的上升沿时刻读入
TDO	测试数据输出管脚	JTAG指令和测试编程数据的串行输出管脚，数据在TCK信号的下降沿时刻读出。如果数据没有输出，则处于三态
TMS	测试模式选择管脚	该数据管脚是控制信号，它决定了TAP控制器的转换。TMS信号必须在TCK上升沿之前建立，在用户状态下TMS信号应是高电平
TCK	测试时钟输入管脚	JTAG链路的时钟信号，直接输入到边界扫描电路。所有操作都在其上升沿或下降沿时刻发生
TRST	测试复位输入管脚	用于异步初始化或复位JTAG边界扫描电路，低电平有效

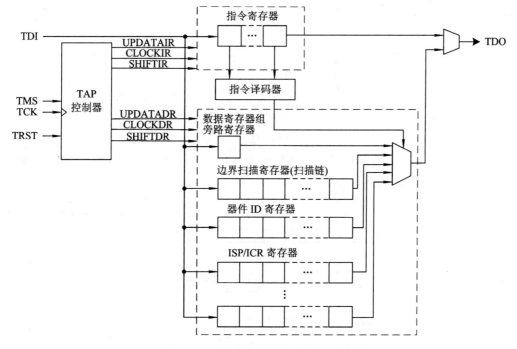

图7-29 JTAG电路的内部结构示意图

对芯片进行测试是JTAG的最佳应用，基本原理是在器件内部定义一个TAP(Test Access Port，测试访问口)端口，通过专用的JTAG测试工具对其内部节点进行测试。此外，JTAG 协议允许多个器件通过 JTAG 接口串联在一起，形成一个 JTAG 链，能实现对各个器件分别测试。

  器件的边界扫描单元能够迫使逻辑追踪引脚信号，或从器件核心逻辑信号中捕获数据，再强行将加入的测试数据串行地移入边界扫描单元，捕获的数据串行移出并在器件外同预期的结果进行比较，根据比较结果给出扫描状态，以提示用户电路设计是否正确。典型边界扫描测试电路的结构如图 7 - 30 所示。

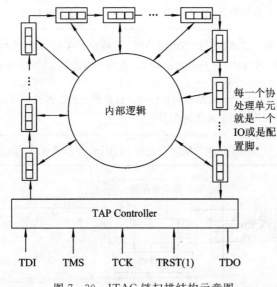

图 7 - 30　JTAG 链扫描结构示意图

  JTAG 电路的时序如图 7 - 31 所示，所有基于 JTAG 的操作都必须同步于 JTAG 时钟信号 TCK。在 TCK 的上升沿读取或输出有效数据有严格的建立、保持时间要求，因此一般情况下 JTAG 的时钟频率不会太高。

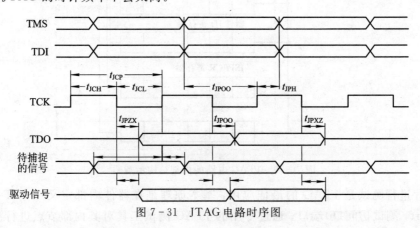

图 7 - 31　JTAG 电路时序图

TMS、TRST 和 TCK 引脚管理 TAP 控制器的操作，TDI 和 TDO 为数据寄存器提供串行通道。TDI 也为指令寄存器提供数据，然后为数据寄存器产生控制逻辑。对于选择寄存器、装载数据、检测和将结果移出的控制信号，由测试时钟(TCK)和测试模式(TMS)选择两个控制信号决定。在四线接口标准中，利用 TDI、TDO、TCK、TMS 四个信号，它们合称为 TAP 测试处理端口，测试复位信号(TRST 一般以低电平有效)一般作为可选的第五个端口信号。

2. GPIB 控制芯片的可测试方案

图 7-32 为 GPIB 控制芯片中插入的 JTAG 扫描配置结构。由于 GPIB 接口协议中定义了很多的状态机，当初始芯片流片回来后需要对芯片的功能及时序进行测试与调试。为了方便调试及测试，在芯片内部加入了边界扫描电路。同时考虑到量产后，DFT 是标准设计流程必不可少的一部分。在本设计中，采用 RTL 的方式插入边界扫描电路，通过 JTAG 口将测试向量加载到各个状态机中，对关键电路进行测试。同时，也可以在正常工作与测试模式之间进行切换实现单步调试。

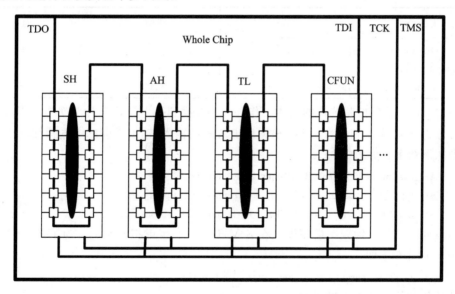

图 7-32　XD7210 的边界扫描策略

根据图 7-32 给出的电路扫描结构，所插入的边界扫描电路对芯片的核心逻辑及其管脚之间的"连线"进行扫描，进而对它们进行观测和控制。最终实现了增强电路的可观测性和可控制性的目的，所以其基本功能包括两个方面：第一，捕获"连线"上的数据，通过串行移位移出(增强电路的可观测性)；第二，把预先准备好的数据通过扫描输入，送到"连线"(增强电路的可控制性)。

7.5 本系统的后端设计

7.5.1 电路的综合

逻辑综合是使用软件的方法来设计硬件，将门级电路实现与优化的工作留给逻辑综合工具的一种设计方法。它是根据一个系统逻辑功能与性能的要求，在一个包含众多结构、功能、性能均为已知逻辑元件的单元库的支持下，寻找出一个逻辑网络结构的最佳实现方案。即实现在满足设计电路功能、速度及面积等限制条件下，将 RTL 级描述转化为指定的技术库中的单元电路连接的方法。

本设计采用 Magnachip 的 5 V、0.5 μm 的标准 CMOS 数字工艺库，具体逻辑库信息如表 7-5 所示。

表 7-5　Magnachip 5 V、0.5 μm CMOS 工艺库

工作条件	优	典型	差
nom_process	0.79	1	1.25
nom_temperature	0	25	125
nom_voltage	5.5	5.0	4.5

根据 GPIB 接口控制芯片的具体工作环境，查找到其上位机芯片为 Z80 CPU，下位机驱动芯片为 SN75160 和 SN75161，根据以上芯片的输入/输出引脚的电气特性，对 XD7210 芯片做如下约束：

　　set_driving_cell -lib_cell BUF1 -pin Z [all_inputs]

　　set_input_delay 20.0 -clock CLK1_PAD -max [all_inputs]

　　set_output_delay 10.0 -clock CLK1_PAD -max [all_outputs]

本设计的工作时钟频率最高设置在 8 MHz，故产生虚拟时钟时，为了满足时序要求，留有 10% 的裕量，即

　　create_clock -period 112.5 [get_ports CLK1_PAD]

芯片的整体综合脚本设置如下：

　　set rpt_file "GPIB_TOP_PART.rpt"

　　set design "GPIB_TOP_PART"

　　current_design GPIB_TOP_PART

　　analyze -format verilog GPIB_TOP_PART

　　set_wire_load_model -name pred163

　　set_wire_load_mode enclosed

　　set_operating_conditions WCCOM

```
create_clock -period 112.5 [get_ports CLK1_PAD]
set_clock_latency 2.0 [get_clocks CLK1_PAD]
set_clock_uncertainty -setup 3.0 [get_clocks CLK1_PAD]
set_clock_transition 0.1 [get_clocks CLK1_PAD]
set_dont_touch_network [list CLK1_PAD]
set_drive 0 [get_ports CLK1_PAD]

set_driving_cell -lib_cell BUF1 -pin Z [all_inputs]

set_input_delay 20.0 -clock CLK1_PAD -max [all_inputs]
set_output_delay 10.0 -clock CLK1_PAD -max [all_outputs]
set_max_transition 2.0
set_fix_multiple_port_nets -all -buffer_constants
uniquify
set_dont_touch * _pad
set_dont_use tcb670wc/ITB0
set_prefer tcb670wc/ICB0
set_load 15 [all_outputs]
compile -map_effort medium

set verilogout_no_tri true
set verilogout_equation false

write -f db -hierarchy -o " $ {db_path} $ {design}.db"
write -f verilog -hierarchy -o " $ {netlist_path} $ {design}.v"
write_script -hierarchy -format dctcl -output " $ {sdc_path} $ {design}.sdc"
write_sdc " $ {sdc_path} $ {design}.sdc" -version 1.4
source " $ {script_path}report.tcl"
```

在默认情况下，DC 保持设计的原有层次。层次实际上是一个逻辑边界，它防止 DC 跨边界进行优化。为了达到时序最优，采用了展平设计的方法，将芯片进行了再综合，综合脚本如下：

```
ungroup -flatten -all
compile -map_effort medium
```

7.5.2　静态时序分析

随着芯片规模的增大、工艺尺寸的逐渐缩小、工作频率的逐步提高，数字 IC 的设计广泛采用了综合和自动布局布线的方法，同时静态时序分析(STA)也在设计是否满足所希望的时序要求方面发挥出越来越重要的作用。

使用 PT 对本设计进行 STA 分析的五个主要步骤如下：

（1）读入设计数据。把门级网表和所要连接的技术库读进来。PrimeTime 接受来自.db（Synopsys database）的设计描述和库信息，同样接受用 Verilog、VHDL 和 EDIF 格式描述的门级网表。

（2）定义设计环境。PrimeTime 允许设定时序分析的运行环境和条件。例如设定工作条件、在输入端口设定驱动单元、在输出端口定义负载、设定线载模型等。

（3）设置约束信息。约束信息一般包括时序的约束、设计规则的约束以及面积的约束。

（4）消除虚假路径。

（5）报告分析结果。完成以上步骤后，可以让 PT 报告其分析出的每条路径的时序情况，根据这些报告对设计进行适当的修改。

以下是对本设计进行布图后的 STA 分析时所使用的脚本。

① 首先是建立时间的 STA 脚本：

```
PT script for post-layout setup-time STA
#定义设计并读入网表文件 set active_design <design name>
read_db -netlist_only $ active_design. db
current_design $ active_design
#设置线载模型
set_wire_load_model <wire-load model name>
set_wire_load_mode enclosed
#使用最差情况进行建立时间分析
set_operating_conditions <worst-case operating conditions>
# Assuming the 50pf load requirement for all outputs
#设置所有的输出端口的输出负载为 50 pF
set_load 50.0 [all_outputs]
#Back annotate the worst-case (extracted) layout information.
#将布图后提出的最差情况的寄生参数反标到设计当中
source capacitance_wrst. pt #实际的寄生电容
read_sdf rc_delays_wrst. sdf #实际的 RC 延迟
read_parasitics clock_info_wrst. spf #时钟网络数据
#时钟周期为 8 MHz
create_clock -period 112.5 -waveform [0 56.25] CLK1
set_propagated_clock [get_clocks CLK1]
set_clock_uncertainty 0.5 -setup [get_clocks CLK1]
#根据设计规范定义的输入/输出延迟约束
set_input_delay 15.0 -clock CLK1 [all_inputs]
```

```
set_output_delay 10.0 -clock CLK1 [all_outputs]
set TESTMODE [getenv TESTMODE]
if { $ TESTMODE==1} {
  set_case_analysis 1 [get_port bist_mode]
} else {
  set_case_analysis 0 [get_port bist_mode]
#下面的命令报告了设计当中的所有违例情况
report_constraint -all_violators
report_timing -to [all_registers -data_pins]
report_timing -to [all_outputs]
```

对于本设计的建立时间分析结果如下：

```
****************************************
Report : timing
        -path full
        -delay max
        -max_paths 1
Design ：GPIB_TOP_PART
Version：X-2005.12
Date：Wed Jan 6 23:17:24 2010
****************************************
Startpoint：GPIB_test/dlyWR_reg[1]
                (rising edge-triggered flip-flop clocked by CLK1_PAD)
Endpoint：CFUN/CS_reg[2]
                (rising edge-triggered flip-flop clocked by CLK1_PAD)
Path Group：CLK1_PAD
Path Type：max
```

Point	Incr	Path
clock CLK1_PAD (rise edge)	0.00	0.00
clock network delay (propagated)	0.72	0.72
GPIB_test/dlyWR_reg[1]/CP (DFF2)	0.00	0.72 r
GPIB_test/dlyWR_reg[1]/QN (DFF2)	0.66 &	1.38 f
GPIB_test/U108/ZN (ND3D1)	0.24 &	1.62 r
GPIB_test/U74/ZN (INV2)	0.08 &	1.70 f
GPIB_test/U65/ZN (OAI22D2)	0.62 &	2.32 r
GPIB_reg/U22/ZN (INV1)	0.22 &	2.54 f
GPIB_reg/U6/Z (AN4D1)	0.48 &	3.02 f

RegMrw/U120/ZN (ND6D2)	0.54 &	3.56 r
RegMrw/U119/ZN (NR3D1)	0.36 &	3.92 f
CFUN/U51/ZN (INV2)	0.07 &	3.99 r
CFUN/U44/ZN (ND4D0)	0.14 &	4.13 f
CFUN/U43/ZN (ND2D0)	0.24 &	4.37 r
CFUN/U53/ZN (AOI31D2)	0.55 &	4.91 f
CFUN/U37/ZN (OAI21D0)	0.13 &	5.04 r
CFUN/U50/ZN (AOI221D2)	0.32 &	5.36 f
CFUN/U5/ZN (OAI211D1)	0.42 &	5.79 r
CFUN/U4/ZN (AOI31D0)	0.14 &	5.92 f
CFUN/U55/ZN (AOI211D1)	0.40 &	6.33 r
CFUN/CS_reg[2]/D (DFF2Q)	0.00 &	6.33 r
data arrival time		6.33
clock CLK1_PAD (rise edge)	62.50	62.50
clock network delay (propagated)	0.73	63.23
CFUN/CS_reg[2]/CP (DFF2Q)		63.23 r
library setup time	−0.32	62.91
data required time		62.91
data required time		62.91
data arrival time		−6.33
slack (MET)		56.58

② 下面为保持时间的 STA 脚本：

```
PT script for post-layout hold-time STA
set active_design <design name>
read_db -netlist_only $ active_design. db
current_design $ active_design
set_wire_load_model <wire-load model name>
set_wire_load_mode < top | enclosed | segmented >
#使用快模型做保持时间时序分析
set_operating_conditions <best-case operating conditions>
#将所有输出的负载设为 50 pF
set_load 50.0 [all_outputs]
#反标快模型延迟
source capacitance_best. pt # actual parasitic capacitances
read_sdf rc_delays_best. sdf # actual RC delays
```

```
read_parasitics clock_info_best. spf ♯ clock network data
create_clock -period 112. 5 -waveform [0 56. 25] CLK1
set_propagated_clock [get_clocks CLK1]
set_clock_uncertainty 0. 2 -hold [get_clocks CLK1]
♯ 根据规范设置输入/输出延迟
set_input_delay 15. 0 -clock CLK1 [all_inputs]
set_output_delay 10. 0 -clock CLK1 [all_outputs]
set TESTMODE [getenv TESTMODE]
if { $ TESTMODE==1} {
  set_case_analysis 1 [get_port bist_mode]
} else {
  set_case_analysis 0 [get_port bist_mode]
}
report_constraint -all_violators
report_timing -to [all_registers -data_pins] -delay_type min
report_timing -to [all_outputs] -delay_type min
```

保持时间分析结果如下：

```
*****************************************
Report ：timing
        -path full
        -delay min
        -max_paths 1
Design ：GPIB_TOP_PART
Version：X-2005. 12
Date ：Wed Jan 6 23:19:58 2010
*****************************************
Startpoint：RS_PAD[0] (input port clocked by CLK1_PAD)
Endpoint：GPIB_test/wrn_reg[0]
            (rising edge-triggered flip-flop clocked by CLK1_PAD)
Path Group：CLK1_PAD
Path Type：min
```

Point	Incr	Path
clock CLK1_PAD (rise edge)	0. 00	0. 00
clock network delay (ideal)	0. 00	0. 00
input external delay	0. 00	0. 00 r

Point	Incr	Path
RS_PAD[0] (in)	0.17	0.17 r
RS0_pad/C (PDI)	0.01 H	0.18 r
U4/CZ (ICB0)	0.27 &.	0.45 r
GPIB_test/U35/ZN (INV2)	0.07 &.	0.52 f
GPIB_test/U23/ZN (OAI22D0)	0.12 &.	0.64 r
GPIB_test/wrn_reg[0]/D (DFF2Q)	0.00 &.	0.64 r
data arrival time		0.64
clock CLK1_PAD (rise edge)	0.00	0.00
clock network delay (propagated)	0.72	0.72
clock uncertainty	0.20	0.92
GPIB_test/wrn_reg[0]/CP (DFF2Q)		0.92 r
library hold time	0.10	1.02
data required time		1.02

data required time		1.02
data arrival time		−0.64

slack (VIOLATED)		−0.38

由上面保持时间的分析报告可知，在 RS_PAD[0] 到 GPIB_test/wrn_reg[0] 路径上出现了保持时间违例，由于违例的个数不多，故采用前文所讲的延迟的手动插入的方法进行保持时间违例修正。在 GPIB_test/U35 单元后插入一延时单元，该单元的延时为0.5 ns，再次对该路径进行时序分析得到：

```
***********************************************************
Report :timing
        -path full
        -delay min
        -max_paths 1
Design : GPIB_TOP_PART
Version：X-2005.12
Date : Wed Jan 6 23:40:58 2010
***********************************
Startpoint：RS_PAD[0] (input port clocked by CLK1_PAD)
Endpoint：GPIB_test/wrn_reg[0]
          (rising edge-triggered flip-flop clocked by CLK1_PAD)
Path Group：CLK1_PAD
Path Type：min

Point                                    Incr         Path
```

clock CLK1_PAD（rise edge）	0.00	0.00
clock network delay（ideal）	0.00	0.00
input external delay	0.00	0.00 r
RS_PAD[0]（in）	0.17	0.17 r
RS0_pad/C（PDI）	0.01 H	0.18 r
U4/CZ（ICB0）	0.27 &	0.45 r
GPIB_test/U35/ZN（INV2）	0.07 &	0.52 f
GPIB_test/U105/ZN（DEL）	0.50 &	1.02 f
GPIB_test/U23/ZN（OAI22D0）	0.12 &	1.14 r
GPIB_test/wrn_reg[0]/D（DFF2Q）	0.00 &	1.14 r
data arrival time		0.64
clock CLK1_PAD（rise edge）	0.00	0.00
clock network delay（propagated）	0.72	0.72
clock uncertainty	0.20	0.92
GPIB_test/wrn_reg[0]/CP（DFF2Q）		0.92 r
library hold time	0.10	1.02
data required time		1.02

data required time	1.02
data arrival time	−1.14

slack（MET）	0.12

由上面的时序分析报告可知，在违例的路径上插入延时单元后，设计的保持时间违例得到了修正，保持时间满足约束的要求。

7.5.3　自动布局布线

自动布局布线是数字电路后端设计的一个重要环节，用于实现逻辑设计到物理设计的转变。Cadence 公司的 SE 是一个自动的版图生成工具，它采用独特的构架，使它能对最复杂的 IC 设计进行布局布线并且在优化的同时考虑各种物理效应。SE 在设计的每一个阶段都同时考虑时序、功耗、面积的优化、布线的拥塞等问题。因此可以迅速取得设计的收敛，提高布线能力，缩短设计周期。

在进行芯片设计时，只有电流密度是可以由芯片设计工程师直接控制的。对电流密度的控制，主要是指通过增加电源分配网络上金属连线的宽度来减小单位长度金属线上的电流。故对于 IC 设计工程师来说，解决 IR-Drop 的主要方法是增加电源线和地线的宽度及数量，合理布置电源网络；解决 EM 问题的主要方法是增加电源和地 Pad 的数量，增加电源线和地线的宽度及数量，对于关键路径的连线（如 Clock 等）设置较宽的线宽。当然在设计电源分配网络时要考虑布线的要求。具体根据以下三点来确定相关指标：

（1）确定电源/地 Pad 的数目。

在芯片的电源网络的设计中，首先要解决的问题就是其中电源/地 Pad 的数目。根据芯片的功耗及其工作电压，可以估算出芯片的 Core 的总电流：

$$I_{\text{total}} = \frac{P_{\text{total}}}{V_{\text{core}}} \tag{7-8}$$

其中，I_{total} 为芯片 Core 的总电流；P_{total} 是芯片 Core 上的总功耗；V_{core} 为芯片 Core 的工作电压。一般情况下工艺提供的工作电压都是一定的，根据公式（7-9）即可确定所需的电源/地 Pad 的数目。

$$N = \frac{I_{\text{total}}}{I_{\text{pad}}} \tag{7-9}$$

其中，I_{pad} 是电源 Pad 和地 Pad 所允许通过的电流的最小值；N 为设计所允许的电源/地 Pad 对的最少数目。

（2）确定 Power Grid 的间距。

Power Grid 的设计是整个芯片的电源网络设计中的主要部分。Power Grid 从 Power Ring 上提取电流，并向 Power Rail 提供驱动。由于 Power Rail 的宽度通常是固定的。因此，Power Grid 的设计不但直接决定了其本身的 IR-drop，而且还决定了在 Power Rail 上的 IR-drop。

首先，根据硅片面积和芯片的整体功耗，估算出硅片上单位面积的平均功耗：

$$P_{\text{unit}} = \frac{P_{\text{total}}}{A_{\text{core}}} \tag{7-10}$$

其中，P_{total} 是 Chip Core 上总的平均功耗；P_{unit} 为 Chip Core 上单位面积的平均功耗；A_{core} 是 Chip Core 的硅片面积。

其次，估算出某一固定长度的标准单元行（Std-Cell-Row）上所消耗的平均电流：

$$i = P_{\text{unit}} \times W \times l \tag{7-11}$$

其中，i 是长度为 l 的 Cell-Row 中消耗的电流；W 是 Std-Cell 的高度。在实际应用中，通常每一段 Cell-Row 的长度在数十至数百微米之间。因此，视具体设计，可取 $l = 10 \sim 100\ \mu\text{m}$。

在一段 n 个串联的长度为 l 的 Cell-Row 上，电流随着水平位置的改变而变化，因此，n 个串联的长度为 l 的 Power Rail 上的 IR-drop 约为

$$V_{\text{Rail}} = \sum_{m=1}^{n} (I_m \times R) \tag{7-12}$$

其中，I_m 是第 m 个长 Cell-Row 上的电流；R 是长度为 l、宽度为 d 的 Power Rail 金属线上的电阻。

$$I_m = \sum_{k=m}^{n} i_k = (n-m) \times i \tag{7-13}$$

将式(7-12)和式(7-13)结合可得：

$$V_{\text{Rail}} = \sum_{m=1}^{n} (I_m \times R) = \sum_{m=1}^{n} \sum_{k=m}^{n} (i_k \times R)$$

$$= (i \times R) \times \sum_{m=1}^{n} (n-m) = (i \times R) \times \frac{n(n+1)}{2} \tag{7-14}$$

根据设计中可接受的在 Power Rail 上的 IR-drop 的大小，并根据式(7-14)计算出 n 的大小，从而确定 Power Grid 之间的间距。在式(7-12)和式(7-14)中，考虑的是为 Power Rail 单向供电时的情况，实际上，芯片内部的 Power Rail 大多是双向供电的，此时可取 $n_1 = 2n$ 来确定 Power Grid 的间距。

(3) 确定 Power Grid 的宽度。

当 Power Grid 的间距确定之后，根据其上每一条金属线的平均负载及加工的工艺参数，可以确定其宽度。假设用于 Power Rail 的金属层为 metal_Rail，用于 Power Strap 的金属层为 metal_strap，则所有的 metal_Rail 层上的线所能承受的最大电流为

$$I_{\text{metal\_Rail}} = W_{\text{metal\_Rail}} \times r \times 2 \times d_{\text{metal\_Rail}} \tag{7-15}$$

其中，$W_{\text{metal\_Rail}}$ 为 metal_Rail 层上的 VDD/VSS 金属线的线宽；r 为标准逻辑单元行的数目；$d_{\text{metal\_Rail}}$ 为工艺所允许的最大的 metal_Rail 层上的金属线的电流密度。由式(7-15)可得 strap 上的电流为

$$I_{\text{strap}} = \frac{I_{\text{total}} - I_{\text{metal\_Rail}}}{2} \tag{7-16}$$

由式(7-16)可得总的 strap 的线宽为

$$W_{\text{metal\_strap}} = \frac{I_{\text{strap}}}{d_{\text{metal\_strap}}} \tag{7-17}$$

1. 电源网络设计

在 FloorPlan 阶段，对 XD7210 的电源分配网络进行初步的参考估计。该控制器芯片的 $P_{\text{total}} = 300 \text{ mW}$，工作电压 $V_{\text{core}} = 5 \text{ V}$，根据式(7-8)求得 I_{total} 约为 60 mA。在 Magnachip 的 $0.5 \ \mu\text{m}$ 标准单元库中选用 PVDD1W 和 PVSS1W，单个电源 PAD 能够承受大约 200 mA 的电流。故该芯片使用一对电源和地的 PAD 即可满足要求。初步布图后，芯片核心逻辑面积大约为 $1.2 \text{ mm} \times 1.2 \text{ mm} = 2.24 \text{ mm}^2$。

由式(7-17)可以得到，本设计的单位面积的平均功耗为 $P_{\text{unit}} = 300/2.24 \text{ mW/mm}^2$，根据上面公式求得 Power Grid 的间距和 Strap 的宽度分别为 $100 \ \mu\text{m}$ 和 $40 \ \mu\text{m}$。按上面的约束进行初步的布局布线。

2. 时钟树综合

在同步电路中，时钟频率决定了数据处理和数据传输的速度，是电路性能最主要的标

志。由于同步电路中时钟信号连接所有的寄存器和锁存器，从而造成了时钟信号具有巨大的 Fan-out 和负载。如果直接连接时钟信号，那么整个时钟网络将有很大的电容和电阻，使时钟信号本身具有很大的延时，使电路性能下降。

对本设计进行时钟树综合，得到近似 H 结构的时钟树结构。

时钟树枝叶共由 13 个 BUF6 组成，每个 BUF6 驱动 22 个 DFF，以下是 SE 的分析报告：

# Clock	Clocktree	Subtree	Leaf	Excluded
# Name	Components	Root Pins	Pins	Pins
# --------				
# PIN CLK1_PAD	15	1	274	0

```
CLOCK_NAME PIN CLK1_PAD

CLOCKTREE_COMPONENTS 15
CLK_pad_QPOPT_BUF1 (BUF6)
CLK_pad_QPOPT_BUF10 (BUF6)
CLK_pad_QPOPT_BUF11 (BUF6)
CLK_pad_QPOPT_BUF12 (BUF6)
CLK_pad_QPOPT_BUF13 (BUF6)
CLK_pad_QPOPT_BUF2 (BUF6)
CLK_pad_QPOPT_BUF3 (BUF6)
CLK_pad_QPOPT_BUF4 (BUF6)
CLK_pad_QPOPT_BUF5 (BUF6)
CLK_pad_QPOPT_BUF6 (BUF6)
CLK_pad_QPOPT_BUF7 (BUF6)
CLK_pad_QPOPT_BUF8 (BUF6)
CLK_pad_QPOPT_BUF9 (BUF6)
U200 (INV6)
U201 (INV6)
```

SUBTREE_ROOT_PINS	1
# CELL (PORT)	INSTANCES
# --------	
# PDI (C)	1
CLK_pad C (PDI)	

LEAF_PINS	274

　　从 SE 对本设计整体布局布线的时序分析结果可见，经过布局布线后，时序满足设计要求，将布局布线后提取的 rspf 格式的 RC 寄生反标到设计中，利用 PT 进行时序分析，并作相应的违例修改，最终达到时序要求。

Report：rout1ClockSkewRun/rpt/routed. timing

Design：GPIB_TOP_PART

Clock tree root：PIN CLK1_PAD

Timing start pin：＋IOPIN CLK1_PAD

Max. transition time at leaf pins：　　　0. 570 ns

Min. insertion delay to leaf pins：　　　0. 652 ns

Max. insertion delay to leaf pins：　　　0. 768 ns

Max. skew between leaf pins：　　　0. 116 ns

第八章 光传感芯片系统的设计

目前消费类电子产品的人性化设计对传感器的要求越来越高，如美国苹果（Apple）公司的 iPhone 智能手机、iPod 数字媒体播放器的推出轰动了整个产业界，其产品除基本通信功能外，输入/输出界面大胆地采用传感器，使产品极具人性化，如采用加速度传感器判别手机的旋转和倒置状态以使手机画面可以相应翻转；采用电容触摸传感器替代传统的按键；采用环境光传感器自动控制显示屏亮度以适应光照变化和人眼的舒适度；采用红外接近传感器来判断人在接听电话时手机屏与人脸的接近程度，以关闭触摸功能，防止误动作。随着电子产品向智能化方向发展，光电传感器的市场必将迎来一个前所未有的时代。

光电传感器是将光强信号转换为电信号的一种半导体装置，其敏感波长范围包括紫外线（$0.005~\mu m\sim0.4~\mu m$）、可见光（$0.38~\mu m\sim0.76~\mu m$）和红外线（$0.76~\mu m\sim1000~\mu m$）。随着大规模集成电路制造工艺技术的发展，光电传感器显示出强劲的发展势头，广泛地应用于移动产品（智能手机、个人数字处理、全球定位系统等）、计算机产品（笔记本、上网本等）、消费电子产品（液晶电视、数码相机、数码相框等）以及工业、医疗和汽车市场等方面。

面对光电传感器广阔的市场前景，众多公司纷纷推出了各自的产品。国外方面具有代表性的产品有：Avago 推出了 APDS-9300 可编程数字环境光传感器和 APDS-9120 光学接近式传感器等，Intersil 推出了 ISL290XX 系列光电传感器，此外 ST 和 Microsemi 等公司都推出了各自的适用于不同需求的光电传感器。国内的 IC 设计厂商都是近几年逐渐发展起来的，具有国人自己知识产权的传感器，特别是消费电子产品领域的新型光电传感器现状不容乐观。只有深圳欧恩光电技术研究所进行过相关研究，该所开发出了 PO188 可见光线性光照传感器。

8.1 光电传感器设计考虑因素

光电传感器种类繁多，应用广泛，各个公司开发的产品可能具有不同的功能，可以应用于不同的领域，但是有一些设计需求是各个领域都需要的共性要求，是任何公司在设计时都会考虑的因素。这些因素总的来说可以分为以下几个方面：

1. 光谱响应与噪声抑制

对于环境光传感器来说，光谱响应范围应该是 390 nm～780 nm 左右的可见光，对该频谱范围以外的紫外和红外光不能响应，而在光电传感器所有的应用环境中必然会存在红外光与紫外光，会对传感器的输出造成干扰。因此，一个性能稳定的环境光传感器应该对可见光范围外的光谱有抑制能力，而对接近光传感器来说应该只对所设定的光源的频谱进行响应。但实际环境中的光谱范围较宽，因此接近光传感器应该对所设定的光谱范围之外的光都有抑制能力。

2. 动态范围

对任何功能的光电传感器来说，所设计的功能都有一定的应用范围，一般而言希望其功能有较大的动态范围。但是动态范围与灵敏度需要折中考虑。

3. 集成信号调节功能

一些光电传感器可能具有较小的封装，但是外部需要放大器或 ADC 等信号处理单元，反而会造成面积浪费而且使用不方便，因此具有高集成度的光电传感器更加受到大众的欢迎，如集成 ADC、I^2C 等。

4. 功耗

从芯片的应用场合来说，主要应用于便携式电子产品，用于降低功耗和防止误操作，如果所使用的光电传感器自身的功耗超过所节省的功耗，那它的使用意义就降低了，因此光电传感器的功耗是一个非常重要的设计指标。

5. 封装大小

对于大多数应用场合来说，封装无疑是越小越好，现在可提供的较小封装尺寸为 2.0 mm×2.1 mm，尺寸为 1.3 mm×1.5 mm 的 4 引脚封装则是下一代封装。

8.2　光 电 转 换

光电转换环节以光为媒介将光信号转换为电信号，以利于采用先进的电子技术对信号进行放大、处理、测量与控制。完成这一转换工作主要依靠各种类型的光电转换器件。光电转换器件有光电二极管、光敏电阻、光电池、光电倍增管、真空光电管、电荷耦合器件和光位置敏感器件等。

8.2.1　光电转换器件的常用参数

本节讨论光电转换器件的常用参数，以便于后面具体介绍器件的特性参数。

1. 响应度(灵敏度)

响应度是光电转换器件的输出信号与输入辐射功率之间关系的度量，它描述的是光电转换器件的光-电转换效能。响应度可以用光电转换器件输出电压 V_o 或输出电流 I_o 与入射光功率 P(或通量 Φ)之比来表示，即

$$SV = \frac{V_o}{P_i}, \quad SI = \frac{I_o}{P_i} \tag{8-1}$$

式(8-1)中，SV 和 SI 分别称为光电转换器件的电压响应度和电流响应度。由于光电转换器件的响应度与入射光的波长变化有关，因此又分为光谱响应度和积分响应度。

2. 光谱响应度

光谱响应度 $S(\lambda)$ 是光电转换器件的输出电压或输出电流与入射到光电转换器件上的单色辐通量（光通量）之比，即

$$S_V(\lambda) = \frac{V_o}{\Phi(\lambda)} , \quad S_I(\lambda) = \frac{I_o}{\Phi(\lambda)} \tag{8-2}$$

式(8-2)中，$S_V(\lambda)$ 和 $S_I(\lambda)$ 为光谱响应度；$\Phi(\lambda)$ 为入射的单色辐通量（光通量）。光谱响应度表述的是入射的单位单色辐通量（光通量）所产生的转换器件的输出电压或输出电流，它的值越大说明转换器件越灵敏。当 $\Phi(\lambda)$ 表示的是光通量时，$S_V(\lambda)$ 的单位为 V/lm，$S_I(\lambda)$ 的单位为 A/lm。

3. 积分响应度

积分响应度表示光电转换器件对连续辐射通量的反应程度。对于一个包含有各种波长的辐射光源，其总光通量表示为

$$\Phi_{\text{total}} = \int_0^\infty \Phi_\lambda \, \mathrm{d}\lambda \tag{8-3}$$

光电转换器件的积分响应度表示为转换器件的输出电流或电压与入射总光通量之比。由于光电转换器件的输出光电流是由不同波长的光辐射引起的，所以输出光电流应为

$$I_o = \int_{\lambda_1}^{\lambda_0} I_\lambda \, \mathrm{d}\lambda = \int_{\lambda_1}^{\lambda_0} S_\lambda \Phi_\lambda \, \mathrm{d}\lambda \tag{8-4}$$

由式(8-3)、式(8-4)可得积分响应度为

$$S = \frac{\displaystyle\int_{\lambda_1}^{\lambda_0} S_\lambda \Phi_\lambda \, \mathrm{d}\lambda}{\displaystyle\int_0^\infty \Phi_\lambda \, \mathrm{d}\lambda} \tag{8-5}$$

式(8-5)中，λ_0、λ_1 分别为光电转换器件的长波限和短波限。不同的辐射源具有不同的光谱通量分布，即使是同一辐射源，不同色温所发生的光谱通量分布也不相同，因此提供数据时应该对辐射源及其色温进行说明。

4. 响应时间

响应时间是描述光电转换器件对入射辐射响应快慢的一个参数，它是指当入射辐射照射到光电转换器件后或入射辐射遮断后，光电转换器件的输出上升到稳定值或下降到照射前的值所需的时间，其长短常用时间常数 τ 的大小来衡量。当用一个辐射脉冲照射光电转换器件时，如果该脉冲的上升和下降时间很短，如方波，则光电转换器件的输出会由于器件的惰性而有延迟，如图 8-1 所示。通常把从 10% 上升到 90% 峰值处所需的时间称为光电转换器件的上升时间，而把从 90% 下降到 10% 处所需的时间称为下降时间。

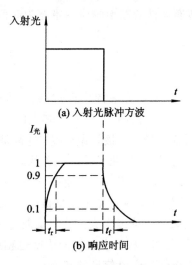

(a) 入射光脉冲方波

(b) 响应时间

图 8-1 上升时间和下降时间

5. 频率响应

由于光电转换器件信号的产生和消失存在一个滞后过程，所以入射光辐射的频率对光电转换器件的响应将会产生较大的影响。光电转换器件的响应随入射辐射的调制频率而变化的特性称为频率响应，利用时间常数可以得到光电转换器件的响应度与入射调制频率的关系，可表示为

$$S(f) = \frac{S_0}{[1 + (2\pi f \tau)^2]^{1/2}} \tag{8-6}$$

式(8-6)中，$S(f)$ 是频率为 f 时的响应度；S_0 是频率为零时的响应度；τ 为时间常数(其值等于 RC)。

如图 8-2 所示，当 $\dfrac{S(f)}{S_0} = \dfrac{1}{\sqrt{2}} = 0.707$ 时，可得放大器的上限截止频率 $f_{上}$ 为

$$f_{上} = \frac{1}{2\pi\tau} = \frac{1}{2\pi RC} \tag{8-7}$$

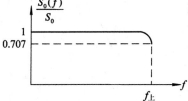

图 8-2 频率响应曲线

由式(8-7)易知,光电转换器件的频率响应的带宽由时间常数决定。

8.2.2 光电二极管

1. 工作原理

光电二极管的主要结构是一个具有光敏特性的 PN 结,其光敏面是通过扩散工艺在 N 型单晶硅上形成的一层薄膜。光敏二极管的管芯以及管芯上的 PN 结面积做得较大,而电极面积做得较小,PN 结的结深比普通半导体二极管做得浅,这都是为了提高光电转换能力。

PN 结具有单向导电性,工作时一般处于反向偏置状态。在没有光照时,具有很大的反向电阻,反向饱和电流很小,称为暗电流,一般为 $10^{-8} \sim 10^{-9}$ A。当有光照时,光子打在 PN 结附近,半导体内被束缚的价电子吸收光子能量被激发产生电子-空穴对,多数载流子数目影响不大,P 和 N 区少数载流子浓度大大提高,反向饱和漏电流大大增加,形成光电流。当入射光照度发生变化时,产生电子-空穴对的浓度也相应变动,光电流强度也随之变动,这样光电二极管就实现了光信号到电信号的转换。

2. 基本特性

1) 光谱特性

在一定的反偏电压和光通量下,光电二极管的光电流与入射波长的关系称为光电二极管的光谱特性。硅光电二极管的光谱特性曲线如图 8-3 所示。从曲线可以看出,光电二极管的响应波长具有一定的范围,当入射光波长过大时,光电二极管的相对灵敏度下降(这是由于光子能量太小,不足以激发电子-空穴对);当入射光波长过小时,光电二极管的相对灵敏度也下降(这是由于光子在半导体表面附近被吸收,投入深度小,在表面激发的电子-空穴对不能到达 PN 结)。由图 8-3 可知,硅光电二极管的光谱响应范围为 380 nm～1080 nm,其峰值波长约为 880 nm。

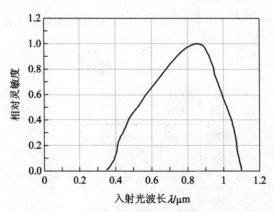

图 8-3 硅光电二极管的光谱特性曲线

2）伏安特性

硅光电二极管的伏安特性曲线如图 8-4 所示，横坐标表示反向偏置电压的大小。当有光照时，光电流随光照强度的增大而增大，不同光照度下的伏安特性曲线几乎平行，所以光电流没有达到饱和值前，输出光电流不受偏置电压的影响。因此，在光照度不变的情况下，光电二极管可被视为恒流源。

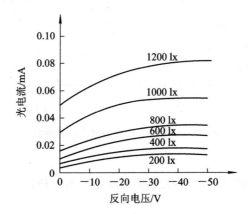

图 8-4　硅光电二极管的伏安特性曲线

3）光照特性

光电二极管在反向偏置电压下的电流方程为

$$I = I_\phi + I_S(\mathrm{e}^{\frac{qU}{KT}} - 1) \tag{8-8}$$

式（8-8）中，I_S 为二极管反向饱和电流；$I_\phi = \dfrac{\eta q}{h\nu}(1 - \mathrm{e}^{ad})\phi$ 为光电流。可见光电流与入射光辐射通量有良好的线性关系。图 8-5 为光电二极管的光照特性曲线，由图可看出光电二极管的光照特性曲线的线性度较好。

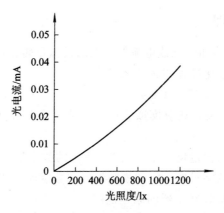

图 8-5　光电二极管的光照特性曲线

4）温度特性

典型的光电二极管的温度特性是指其暗电流与温度的关系，如图 8-6 所示。由图可知，温度变化对光电二极管光电流的影响很小，而对暗电流的影响却很大。

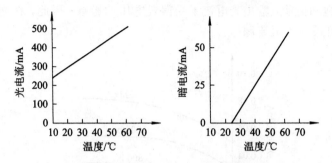

图 8-6　光电二极管的温度特性曲线

5）响应时间

光电二极管的频率特性是半导体光电器件中最好的一种，普通光电二极管的响应时间为 10 μs，高于光敏电阻和光电池。

8.3　电信号的放大与处理

电信号的放大与处理主要是对光电转换电路输出的微弱的电信号进行放大、处理（解调、A/D 转换或 D/A 转换）和运算等，以适用于后续控制和执行模块的要求。为了实现各种检测目的可以按照实际需要采用具有不同功能的电路，对具体系统应进行具体分析。应当指出的是，虽然电路处理有很多方法，但必须要保证系统的一致性，即对电信号处理与光信号获得和光电转换应做统一考虑和安排。

8.3.1　A/D 转换器原理

A/D 转换器的功能是将如电压或电流等任意的模拟量转化成相应的数字代码，是数字化过程的第一步，也是数字化过程的必经之路。

数字化过程一般包括以下三个步骤：

• 取样保持（S/H）：主要是获取模拟信号某一时刻的样品值，并在一定时间内保持这个样品值不变。

• 量化：将取得的样品值量化为用"0"、"1"表示的数字量。

• 编码：将量化后的数字量按一定的规则编码成数字流，以便进一步存储和处理。

图 8-7 所示为一个 A/D 转换器的原理框图。

图 8 - 7　A/D 转换器原理框图

8.3.2　A/D 转换器主要性能指标

A/D 转换器有许多性能参数，它们是选择器件的主要依据，也是我们设计 ADC 的主要目标，其参数可以分为静态性能参数和动态性能参数两类。

（1）静态性能参数与输入信号没有关系，反映的是实际量化特性与理想量化特性之间的偏差，取决于无源器件的匹配和比较器的性能。静态性能参数主要包括：

• 分辨率：指数字量变化一个最小量时模拟信号的变化量，即能分辨模拟信号的最小变化值。分辨率一般用 A/D 转换器的数字化输出字长来表示，ADC 位数越大，分辨率越高。

• 精度：指转换后所得结果相对于实际值的准确度。

• 误差：主要包括偏移/失调误差（Offset Error）、增益误差（Gain Error）、微分非线性误差（Differential Nonlinear Error）、积分非线性误差（Integrated Nonlinear Error）等由组成 ADC 的基本单元（运算放大器、积分器、比较器、微分器等）设计不当所造成的误差。

（2）动态性能参数与输入信号相关，主要包括：

• 动态范围（DR）：指最大输出基频信号（FSR）与最小的可分辨输入信号（LSB）的能量比，它可以表示转换器所能够处理的最大和最小模拟信号的一个量度，即

$$DR = \frac{FSR}{LSB} = \frac{FSR}{FSR/2^N} = 2^N \tag{8-9}$$

用分贝表示为 DR(dB)＝6.02N dB，N 是 ADC 位数。

• 转换速度：有时也用转换时间来表示。转换时间是指从模拟输入电压加到 ADC 电路输入端到它获得稳定的二进制码输出所需的时间。转换时间（Tconversion）与采样率的关系与 ADC 的结构有关，一般情况非流水线结构 ADC 的转换时间就是最大采样率（f_{sample}）的倒数，而流水线结构 ADC 的转换时间则是采样率的倒数与流水线级数（N）的乘积，即

$$T_{conversion} = N \frac{1}{f_{sample}} \tag{8-10}$$

• 信噪比（SNR）：单音信号的幅度和所有频率噪声 RMS 幅度之和的比值。对于一个 N bit 的满量程正弦输入信号，其信噪比为

$$SNR = 6.02N + 1.76 \ dB \tag{8-11}$$

而对于过采样，其信噪比为

$$\text{SNR} = 6.02N + 1.76 + \lg K \ \text{dB} \qquad (8-12)$$

其中 K 为过采样倍数。

8.3.3 主要 A/D 转换技术

模数转换器的功能是将电压或电流等任意模拟量转换成数字代码，众所周知，A/D 转换电路技术范围广泛，但绝大多数 A/D 转换器均可归入下列类型之一：

(1) 在转换周期中对定时电容器充电或放电的积分式 A/D 转换器；

(2) 反馈回路采用二进制计数器和 D/A 转换器的数字-斜坡或伺服型转换器；

(3) 利用逐次试探步骤产生数字输出的逐次逼近式 A/D 转换器；

(4) 按单一步骤执行转换操作的并行或闪烁型 A/D 转换器。

1. 积分型 A/D 转换器

积分型 A/D 转换技术是以间接方式来执行 A/D 转换的，它首先把模拟输入转换成为脉宽与模拟电压 V_A 成正比的定时脉冲，再利用定时脉冲的脉宽对时钟信号的周期进行计数，以数字方式测量定时脉冲的持续时间。

积分型 A/D 转换技术有单积分和双积分两种方式。单积分 A/D 转换器是将模拟输入转换为一时间间隔，并利用计数器对时间间隔计数，间接把模拟信号转换成数字信号的一种 A/D 转换方法。它的缺点是受斜坡电压发生器、比较器精度和时钟脉冲稳定性的影响，转换精度不高。双积分 A/D 转换器将模拟输入进行两次积分，可以部分抵消由斜坡发生器产生的误差，从而提高转换精度。它的特点是由于积分电容的作用可以大幅度抑止高频噪声，抗干扰能力强，精度较高(可以达 22 位)，但是转换速度较慢，转换精度随转换速率增加而降低。积分型 A/D 转换技术广泛应用于低速、高精度测量领域，特别是数字仪表领域。

积分型 A/D 转换主要是对一个固定周期内的未知模拟信号 V_A 进行积分，然后对某一个极性相反的基准电压积分，使积分器输出电平回复到零，通过计数器计量积分器回复到零所用时间的长短来完成 A/D 转换。常见的积分型 A/D 转换器的基本架构如图 8-8 所示，其基本原理描述如下：在开始进行转换前，开关 S_2 闭合，积分器输出电压 V_X 被箝位至地电位，开关 S_1 被接至 V_A。开始转换时 S_2 打开，使 V_A 在 2^N 个时钟周期内进行积分，此时积分器输出电压 V_X 以斜率 $V_A/(R_1 C_1)$ 线性上升；2^N 个时钟周期结束时，开关 S_1 被接至 V_{REF}，V_X 以斜率 $V_{REF}/(R_1 C_1)$ 线性下降。V_X 大于零时比较器输出为高，计数器对其为高电平的时间进行计数。V_X 下降到零时计数器输出值 n 应该为

$$n = -V_A \frac{2^N}{V_{REF}} \qquad (8-13)$$

图 8-9 给出了不同模拟输入电压在进行 A/D 转换时积分器输出的变化情况，通过该图可以更好地理解积分型 A/D 转换原理。如图 8-9 所示，阶段 1 中在固定时间内对 V_A 积分，阶段 2 中对固定电压 V_{REF} 积分，积分时间不定，其大小与模拟输入电压大小有关。

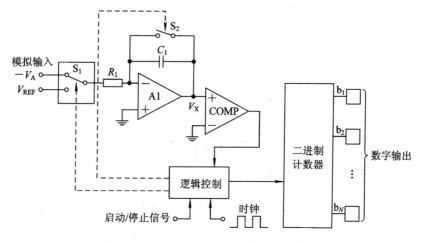

图 8-8 积分型 A/D 转换器基本架构

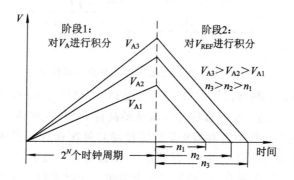

图 8-9 不同模拟输入积分器输出变化

2. 逐次逼近型 A/D 转换器

逐次逼近型 A/D 转换方式采用二分搜索法的原理，类似于天平称物的过程。如 TLC0831 是 8 位逐次逼近式 A/D 转换器，它按照试探差技术将模拟输入转换为数字信号。逐次逼近型 A/D 转换系统主要由逐次逼近寄存器、D/A 转换器和比较器构成一个反馈环，如图 8-10 所示。其工作原理为：在开始转换之前，N 位序列信号发生器和 N 位保持寄存器均被清零。转换的第一步首先以 1 作为试探加在保持寄存器的最高位 MSB，其他各位均保持为零，N 位保持寄存器的输出加到 N 位 D/A 变换器的输入端，如果 D/A 变换器的输出端电压 $V_o \leqslant V_A$（模拟输入电压），则比较器的输出保持不变，那么 1 就保存至 N 位保持寄存器的最高位 MSB 中，否则将用 0 代替 1 存入 MSB；第二步将 1 送至 N 位保持寄存器的次高位进行试探，如果比较器的输出端状态保持不变，则将 1 保存至该位，反之也要用 0 来替代 1。按此方式，从高位到低位依次进行试探，直到 N 个周期结束完成所有位的试探。

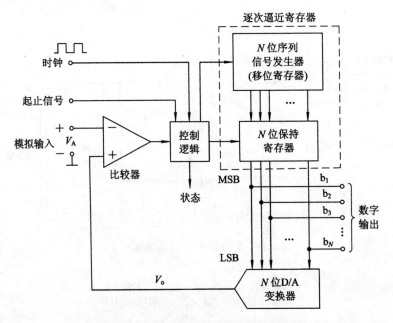

图 8-10 逐次逼近型 A/D 转换器架构图

在每个试探周期中,判断试探的"1"留下还是以"0"取代之是由比较器和逐次逼近寄存器逻辑决定的,试探位通过 N 位移位寄存器从最高位 MSB 依次移向最低位 LSB,并且将每次逼近的结果都保存在保持寄存器中,逻辑控制对每次逼近都将执行一次开始/停止动作,每次逼近的动作由时钟信号同步,存储在 N 位保持寄存器中的数据即为数字输出,在MSB 到 LSB 各位的试探均完成后,控制逻辑会发出一个状态信号来控制数字输出。

由以上分析得知,逐次逼近式 A/D 转换器要达到 n 位分辨率需要 n 个比较周期,而在这 n 个周期中只能完成一个 A/D 转换过程,因此它广泛应用于高分辨率、低速采样的场合。此外,因为逐次逼近式 A/D 转换过程可以随时开始,所以它非常适合于对与时间无关的信号的 A/D 转换。

3. 全并行式 A/D 转换器

全并行 A/D 转换器也称 Flash A/D 转换器,是目前转换速率最快、原理最简单的一种结构,它对所有从零到满刻度的数字代码中的量化值均采用具有固定基准电压的独立模拟比较器,然后编码逻辑电路对这些比较器的输出进行适当互连以产生并行数字输出。

一种常见的全并行 A/D 转换器的基本架构如图 8-11。所示,外接基准电压 V_{ref} 通过电阻链分压后产生 2^N-1 个判断电平作为 2^N-1 个选通比较器的偏置,且所有比较器的输入都与模拟输入 V_A 连接,因此对任意给定的模拟输入信号,所有偏置电压在 V_A 以下的比较器输出都为"1",在 V_A 以上的都将输出"0";当模拟输入电平超过 V_{ref} 时,比较器阵列中的附加比较器会检测到溢出;比较器的输出通过段检测逻辑与译码逻辑形成 N 位并行代码。整个转换过程在两个时钟周期内完成，一个时钟周期输入电平采样并选通比较器阵列，另一个周期则完成译码运算。

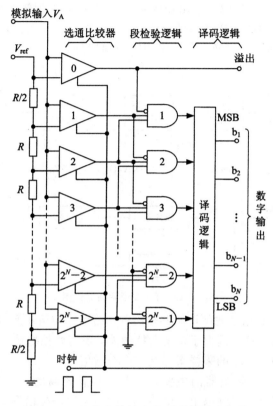

图 8-11　N 位全并行 A/D 转换器基本架构

　　并行 A/D 转换器的主要特点是：由于转换并行，其转换时间只受比较器和逻辑编码、译码电路延迟时间限制，因而转换速度最快，一般在 125 Msps～1 Gsps（sps 即 samples per second）之间；随着分辨率的增高，元件数目会按照几何级数进行增加，一个 N 位转换器需要 2^N-1 个比较器，位数的增多会造成电路复杂度的增大，因此实现分辨率较高的集成并行 A/D 转换器是非常困难的，通常这类 A/D 转换器的分辨率都在 8 位以内。它广泛应用于通信和视频领域，在数字视频传输、接收和记录、视频带宽压缩、数字图像增强中都可采用。

4. 过采样 Σ-Δ 型 A/D 转换器

　　Σ-Δ 型 A/D 转换器的组成框图如图 8-12 所示，主要分模拟和数字两部分，由取样和保持电路、Σ-Δ 型调制器、低通滤波和抽取滤波等模块组成。其中 Σ-Δ 型调制器是核心，其框图如图 8-13 所示，它用增量调制的方法将模拟输入信号量化为 1 位串行数字位流。量化过程如下：输入信号 $x(t)$ 与反馈信号 $x'(t)$ 反相求和后得到量化误差信号 $e(t)$，

$e(t)$经过积分后输入至量化器进行量化，最终得到由 0、1 组成的数字序列 $y(n)$。数字序列 $y(n)$ 再经过 1 位的 D/A 转换反馈至求和节点，从而形成了一个闭合的反馈环路。由反馈理论我们可知，反馈环路会迫使数字输出序列 $y(n)$ 所对应的模拟平均值等于输入信号 $x(t)$ 的平均值。当采样值 $x(t)$ 的采样率满足采样定理即等于或大于奈奎斯特频率时，数字输出序列 $y(n)$ 就是它对应的数字转换。实际应用中调制器是以远大于奈奎斯特采样频率的速率进行采样和量化的。

图 8-12 $\Sigma - \Delta$ 型 A/D 转换器框图

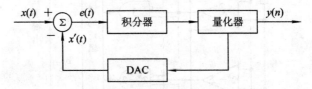

图 8-13 $\Sigma - \Delta$ 型调制器框图

数字低通滤波器主要用来滤除调制器输出的串行数字位流中高频部分的量化噪声，由于 $\Sigma - \Delta$ 型调制器的采样频率远大于奈奎斯特频率，还需要抽取滤波电路对低通滤波后的数据进行减取样，使整个系统的采样率降至一个合适值。

过采样 $\Sigma - \Delta$ 型 A/D 转换器的主要特点是：具有较高的转换精度和性价比，一般的转换精度都在 12 位或 12 位以上，最高的可达 24 位，在相同分辨率的 A/D 转换器中，$\Sigma - \Delta$ 型 A/D 转换器价位最低。$\Sigma - \Delta$ 型 A/D 转换器的采样频率过高，不适合于高频（如视频）信号处理，这虽可通过高阶 $\Sigma - \Delta$ 型调制器解决，但会影响其稳定性，一般在 3 阶以下，而且 $\Sigma - \Delta$ 型 A/D 转换器的转换速率低，一般在 1 Msps 以内。

下面对这几种常见的 A/D 转换器的特性作一比较，见表 8-1。很明显，接近光传感器选择积分型 A/D 转换器是比较合适的，既满足精密测量需求，价格和功耗又比较低。

表 8-1 几种较常见的 A/D 转换器特性比较

类 型	速度	精度	特 点	应 用
积分型	低	较高	价格低，功耗较低	精密仪器测量
逐次逼近型	中	较高	功耗低（CMOS），结构简单	适用范围广
并行 Flash	高	低	速度快，分辨率低，功耗大	视频、通信
$\Sigma - \Delta$ 型	低	高	分辨率高，高阶功耗大，线性度好，抗干扰能力强	高分辨率的音频和语音处理

8.4　光传感芯片系统概述

　　本节我们设计的是一款具有内置红外 LED 驱动和 I²C 接口的集成式数字光电传感器，其工作方式有环境光检测和接近检测两种模式。当处于环境光检测模式时，芯片会通过 ADC 产生一组 12 位的数据作为数字输出；而当处于接近检测模式时，它通过内置的驱动使外接的红外 LED 发光并通过 ADC 将反射回的红外光转换为一组 8 位的数字输出。该系统有相应的中断功能，并提供了一个硬件的中断 Pin 脚，同时还提供了软件的中断标志位来指示中断的发生。该芯片对于光强的检测较为精确、稳定，并且具有模式可调、量程可调、精度可调、中断方式可调等功能。同时，该系统还集成了 I²C 接口，能够与主机实现相应的数据交流，并且硬件地址可以选择，使得对该设计较容易进行拓展。

　　在该系统的设计过程中，在完成功能的前提下，确保了优越的性能，同时，所设计的电路内部还规划了相应的测试机制，体现了 DFT 的设计理念。

8.5　光传感芯片系统框图及模块划分

　　图 8-14 是系统典型的应用电路。该设计有 8 个 Pin 脚，分别是：ADDR0、VDD、GND、REXT、IRDR、XINT、SDA、SCL，各个 Pin 脚的功能定义如表 8-2 所示。

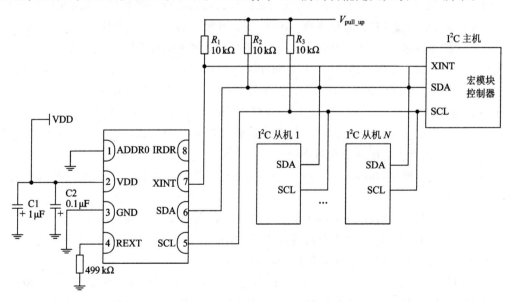

图 8-14　系统典型外部连接电路

表 8 - 2　芯片 Pin 脚描述

Pin 序号	Pin 名称	描　　述
1	ADDR0	I^2C 的地址 Pin, 可以接 VDD 或 GND
2	VDD	电源线 2.25 V～3.63 V
3	GND	地线
4	REXT	外部连接一个电阻(499 kΩ)后接地
5	SCL	I^2C 的时钟线
6	SDA	I^2C 的数据线
7	XINT	中断 Pin 脚, 用来指示中断的逻辑输出, 开漏结构
8	IRDR	IR LED 驱动 Pin 脚

该系统的主要功能是对光强度进行量化。在版图的规划中, PD 管(光电二极管)占用了很大面积, 大约占到整个版图的三分之一至二分之一, 并且, 对 PD 管进行了镀膜处理, 同时, 为避免光照对电路模块的信号产生干扰, PD 管之外的电路需要用一层额外的铝线覆盖。

芯片中模拟部分功能主要是对可见光或红外光进行检测, 通过光电二极管将光强转化成电流, 再对电流量化。对 PROX(接近检测)和 ALS(环境光检测)的量化过程是在不同的 ADC中进行的。由于模式可调, 量化过程中的控制信号由数字电路生成。ADC 之后, 会得到一组量化的数据(8 位/12 位), 然后数字部分会对采样后的数据进行一些处理, 生成相应的中断, 同时, 该数据可以通过 I^2C 传输给主机。其间, 对芯片模式的控制是通过 I^2C 进行配置的。

本设计的系统框图如图 8 - 15 所示。根据系统功能要求, 将系统内部电路划分成 12 个子模块, 其中包括电源供电模块(Power Supply)、上电复位模块(Power Reset)、带隙基准电压源(VREF)、基准电流源(IREF)、振荡器(OSC)、光电检测模块(PROX_PD/ALS_PD)、数模转换模块(DAC)、红外 LED 驱动模块(IR DRV)、I^2C 接口模块(I^2C Interface)、中断输出模块(Int Output)以及 I^2C 模块和逻辑控制模块(Control Logic)。下面结合图8 - 15 所示, 对各模块功能进行简单介绍。

(1) 电源供电模块(Power Supply): 该模块输出 VDD2～VDD7 为系统内的其他模块提供电源电压。

(2) 上电复位模块(Power Reset): 该模块上电时会输出一个低电平, 对 ADC 模数转化模块和数字模块内部的数据寄存器进行清零, 保证正常工作时数据寄存器中数据的正确性。上电过程结束后, 该模块持续输出一个高电平。

(3) I^2C 接口模块(I^2C Interface): 该模块是一个 I^2C 接口电路。外部的 I^2C 时钟信号SCL 和数据信号 SDA 通过该模块输出给芯片内的 I^2C 模块, 并且 SCL 和 SDA 在该模块内部完成了电平移位的功能, 将它们的高电平移位成系统内部的电源电压。

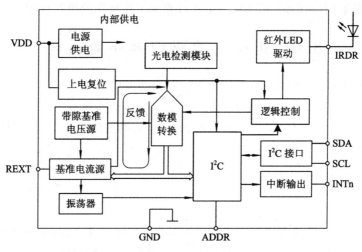

图 8-15 系统框图

（4）带隙基准电压源（VREF）：该模块的主要功能是产生基准电压 V_{REF}，为基准电流、数模转换、振荡器和光电检测模块提供基准电压。

（5）基准电流源（IREF）：该模块的主要功能是产生基准电流 I_{REF}，为振荡器、IR DRV、数模转换和光电检测模块提供偏置电流。

（6）振荡器（OSC）：该模块的主要功能是在只有直流电源供电的情况下产生具有一定频率的交流信号，从而为其余模块如 ADC 模块、I^2C 和逻辑控制模块等提供合适的工作频率。同时，此模块还具有变频功能，即可以通过改变系统 REXT 引脚的外接电阻来调节振荡器的输出频率。

（7）红外 LED 驱动模块（IR DRV）：该模块的主要功能是在接近检测时提供合适的工作电流来驱动外接的 IR LED。同时，该模块产生的驱动电流可调，即可以产生两种不同幅度的脉宽为 0.1 ms 的电流脉冲（100 mA/200 mA），以驱动不同的 IR LED。

（8）光电检测模块（PROX_PD/ALS_PD）：该模块实现对背景红外光和 LED 照射物体反射回的红外光的检测，通过 ADC 模块输出的控制信号的控制作用，在 ADC 不对光电流进行采集时，输出电流基准与光电流的差值，反之输出光电流。

（9）模数转换模块（ADC）：该模块可将光电二极管的检测电流转化成对应的数据。该模块采用电荷平衡式 ADC，减少了由于工艺及温度引起的电容及其他器件参数变化引起的量化误差。在每个转换周期结束时该模块将数字量放入寄存器中，以供 I^2C 读取。

（10）中断输出模块（Int Output）：该模块是一个中断接口，对系统内产生的中断信号进行输出。在典型应用电路中，系统的 INTn 引脚，也就是该模块的输出引脚，外接一个上拉电阻。当该模块的输入为低电平时，输出为低电平，其他情况输出高电平。

（11）I^2C 模块：该模块主要实现 I^2C 数据通信。

(12) 逻辑控制模块(Control Logic)：完成系统工作状态的控制功能。

8.6　光传感器模拟部分的设计

根据功能划分和电路结构，将系统划分成各个功能模块。这一节对光电传感器中模拟部分的关键子模块电路逐一进行设计分析，并给出具体的实现方案。由于篇幅限制，这里对结构较为简单的电源供电模块(Power Supply)、上电复位模块(Power Reset)、振荡器(OSC)等不予详细介绍。

8.6.1　I²C 接口模块

1. 电路功能

I²C 接口模块作为系统内部 I²C 与芯片外部的微控制器(I²C master)之间的接口，主要完成芯片内外数据的传输。外部的 I²C 时钟信号 SCL 通过该模块将时钟输出给芯片内的 I²C 模块，并且时钟信号 SCL 在该模块内部完成了电平移位的功能，将时钟信号的高电平移位成芯片内部电源电压。同时也能将外部 I²C 的数据信号 SDA 输出给 I²C 模块或将 I²C 模块输出的数据通过该模块输出给 I²C 数据线，并完成电平移位功能。

2. 设计思想

I²C 接口模块的等效架构如图 8 - 16 所示。该模块由两个部分构成，分别用来传输时钟信号 SCL 和数据信号 SDA，且均由输出和输入两个电路模块构成。I²C master 送入的 SCL 信号通过 SCL 传输模块输出 SCL_IN 给芯片内部 I²C，由于 I²C 总线电压为 1.7 V～3.63 V，芯片的工作电压范围为 2.25 V～3.63 V，因而该模块需要完成电平转换功能，并滤除 I²C 总线上的噪声。数据信号的传输除了需要电平转换和噪声滤除功能外，还需要有对数据传输的回应信号，SDA_IN＝SDA_OUT&SDA。

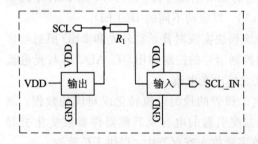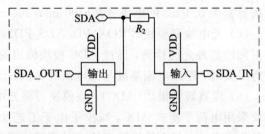

图 8 - 16　I²C 接口模块等效架构图

3. 电路设计

1) 输出电路

I²C 接口模块中输出(OUTPUT)电路原理图如图 8 - 17 所示，当 OUTPUT 电路的 IN

输入端为低电平时，M1 管导通，M2 管截止，使 M3 管的栅极为高电平，M3 管导通，OUT 输出为低电平；当 IN 输入端为高电平时，M1 管截止，M2 管导通，M3 管的栅极为低电平，M3 管截止，OUT 输出成高阻态，即输出端的状态与 OUT 端所连接的电平有关。为了防止 I²C 总线过长而产生寄生电感造成的 EMI 干扰，该电路中设计了电阻 $R1$、$R2$ 和电容 C_1、C_2，可以降低 EMI 噪声。在典型应用电路中，该模块的输出引脚外接上拉电阻，当该模块的输入不是低电平时，输出都为高电平。

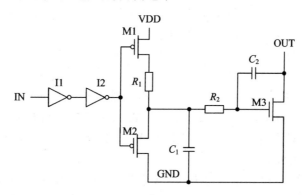

图 8-17 OUTPUT 电路原理图

2）输入电路

I²C 接口模块中输入（INPUT）电路原理图如图 8-18 所示，该电路主要包括电平转换和数字滤波两部分。

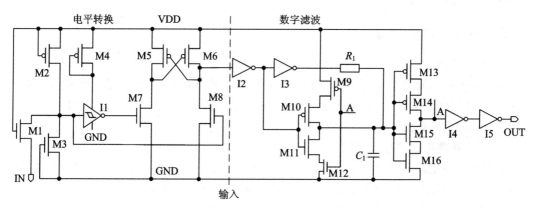

图 8-18 INPUT 电路原理图

（1）电平转换。I²C 工作电压范围是 1.7～3.63 V，而该系统的工作电压 VDD 是 2.25～3.63 V。当 VDD$-V_{I²C}$>V_{TH}时，M1 漏端电压跟随 IN 变化，当 VDD$-V_{I²C}$≤V_{TH}时，其漏端电压为 VDD$-V_{TH}$，低电平均输出 0；M4 的作用是将 VDD 降低一个阈值电压 V_{TH}，保

证 Smit 触发器输入电压与其工作电压一致；M5～M8 的作用是将 Smit 触发器输出电压（VDD$-V_{TH}$或V_{I^2C}）移位到 VDD。

当 I^2C 工作电压为 1.7 V、系统工作电压 VDD 为 3.63 V 时，当 IN 输入高电平 1.7 V 时，M1 的漏端电流极小，工作在深线性区，$V_{DS}=0$，M1 漏端电压等于 1.7 V，M5、M8 导通，M8 漏端电压为低，Smit 触发器的电源电压为 VDD$-V_{TH}$，其输入端电压为 1.7 V 时输出电平反相，输出低电平，M6、M7 截止，M8 漏端电压恒为低，OUT 输出高电平等于 VDD；当 IN 输入为低电平时，Smit 触发器输出高电平 VDD$-V_{TH}$，经过 M5～M8 电平移位，I2 输入端电压为 VDD，OUT 输出低电平。

当 I^2C 工作电压为 3.63 V、系统工作电压 VDD 为 2.25 V 时，当 IN 输入为高电平 3.63 V 时，M1 源漏互换，M1 的源端电压为 VDD$-V_{TH}$，M8、M5 导通，M8 漏端电压为低，Smit 触发器的电源电压为 VDD$-V_{TH}$，其输入端电压为 VDD$-V_{TH}$ 时输出电平反相，输出低电平，M6、M7 截止，M8 漏端电压恒为低，OUT 输出高电平等于 VDD；当 IN 输入为低电平时，Smit 触发器输出高电平 VDD$-V_{TH}$，经过 M5～M8 电平移位，I2 输入端电压为 VDD，OUT 输出低电平。

（2）数字滤波：假设 I2 当前输出为高，A 端为高，M11、M12 导通，电容 C_1 上电荷为 0，OUT 端为高；当 I2 输出反相变为低时，M10 导通，I3 输出为高，电流通过 I3、R_1 给电容 C_1 充电，当 C_1 上电压达到 M13～M16 的翻转电压后 A 端电压反相，变为低，从而使 M9 导通，使 C_1 上电压恒定为高，OUT 端输出由高变低。C_1 充电过程中 OUT 电压并未翻转，如果 I2 输出为高电平时间较短，OUT 端电平不发生变化。可以滤掉的脉宽大小由 R_1 和 C_1 确定的时常数决定。

8.6.2　带隙基准电压源

1. 电路功能

带隙基准电压源模块的主要功能是对电源电压进行调制，产生两个带隙基准电压 V_{REF051}（0.51 V）、V_{REF2}（1.26 V）供各模块使用；产生偏置电流 I_{bias1}、I_{bias2} 为 IREF 模块中运放提供合适的偏置电流。

2. 带隙基准电压源基本原理

在专用集成电路和便携式电力电子设备中，经常需要用到高精度的基准电压源，给电路中其他模块提供稳定的偏置电压。一般情况下需要基准电压源所产生的直流输出电压比较稳定，而且这个直流量应该受电源和工艺参数的影响较小，但与温度的关系是确定的。由于大多数的工艺参数随温度的变化而变化，所以产生带隙基准电压源的目的就是建立一个与电源无关，具有确定温度特性的直流电压。

带隙基准的基本原理是基于硅材料的带隙电压和电源电压与温度无关的特性。它利用 ΔV_{BE} 的正温度系数与双极型晶体管 V_{BE} 的负温度系数相互抵消，从而实现低温漂、高精度的基准电压。带隙基准的原理图如图 8-19 所示，双极型晶体管提供发射极偏压 V_{BE}，V_T 产生电路一般产生正温度系数的电流，并通过电阻网络将其放大 K 倍得到正温度系数的电压，最后将这两个电压相加以得到基准电压，表示为：$V_{REF} = V_{BE} + KV_T$。适当选择放大倍数 K，使这两个电压的正负温度系数相互抵消，就可得到零温度系数的基准电压。这样得到的带隙基准称为一阶带隙基准，基准的温度特性曲线如图 8-20 所示。

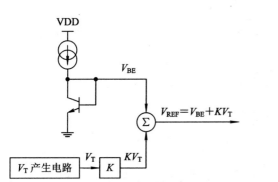

图 8-19　带隙基准的一般原理　　　　　图 8-20　一阶带隙基准的温度特性

下面具体分析 V_{BE} 和温度的关系。根据双极型晶体管原理，当 PN 结正向偏置时，其集电极电流密度与正向导通电压 V_{BE} 的关系为：

$$J_C = \frac{qD_n n_{p0}}{W_B} \exp\left(\frac{V_{BE}}{V_T}\right) \tag{8-14}$$

式(8-14)中，J_C 为集电极电流密度（A/m²）；n_{p0} 为基区中电子的平衡浓度；D_n 为电子的平均扩散系数；W_B 为基区宽度。

电子的平衡浓度可用下式表示

$$n_{p0} = \frac{n_i^2}{N_A} \tag{8-15}$$

式(8-15)中的 n_i 可表示为

$$n_i^2 = DT^3 \exp\left(\frac{-V_{G0}}{V_T}\right) \tag{8-16}$$

其中 D 是与温度无关的常数，V_{G0} 是禁带宽度（1.12 V）。将式(8-15)和式(8-16)代入式(8-14)可得集电极电流密度的表达式为

$$J_C = \frac{qD_n}{N_A W_B} DT^3 \exp\left(\frac{V_{BE} - V_{G0}}{V_T}\right) \tag{8-17}$$

在式(8-17)中将与温度无关的常数合并为一个常数 A，V_T 用 kT/q 替代，可得

$$J_C = AT^\gamma \exp\left[\frac{q}{kT}(V_{BE} - V_{G0})\right] \tag{8-18}$$

由于式(8-17)中 D_n 与温度有关，温度 T 的指数 γ 与 3 稍有不同。变换式(8-18)可得 V_{BE} 的表达式为

$$V_{BE} = \frac{kT}{q}\ln\left(\frac{J_C}{AT^{\gamma}}\right) + V_{G0} \tag{8-19}$$

根据式(8-18)可得 J_C 在参考温度 T_0 下的值 J_{C0} 为

$$J_{C0} = AT_0{}^{\gamma}\exp\left[\frac{q}{kT_0}(V_{BE0} - V_{G0})\right] \tag{8-20}$$

式(8-20)中，V_{BE0} 为 $T=T_0$ 时 V_{BE} 的值，由式(8-18)和式(8-20)可得 J_C/J_{C0} 的表达式为

$$\frac{J_C}{J_{C0}} = \left(\frac{T}{T_0}\right)^{\gamma}\exp\left[\frac{q}{k}\left(\frac{V_{BE} - V_{G0}}{T} - \frac{V_{BE0} - V_{G0}}{T_0}\right)\right] \tag{8-21}$$

对等式两边取对数

$$\ln\left(\frac{J_C}{J_{C0}}\right) = \gamma\ln\left(\frac{T}{T_0}\right) + \frac{q}{kT}\left[V_{BE} - V_{G0} - \frac{T}{T_0}(V_{BE0} - V_{G0})\right] \tag{8-22}$$

由式(8-22)可解得

$$V_{BE} = V_{G0}\left(1 - \frac{T}{T_0}\right) + V_{BE0}\left(\frac{T}{T_0}\right) + \frac{\gamma kT}{q}\ln\left(\frac{T_0}{T}\right) + \frac{kT}{q}\ln\left(\frac{J_C}{J_{C0}}\right) \tag{8-23}$$

在 T_0 处推导 V_{BE} 与温度的关系(设 J_C 与 T^{α} 有关)，则

$$\frac{\partial V_{BE}}{\partial T}\Big|_{T=T_0} = \frac{V_{BE} - V_{G0}}{T_0} + (\alpha - \gamma)\frac{k}{q} \tag{8-24}$$

由式(8-24)可知，当 $T=300$ K 时，V_{BE} 关于温度的变化约为 -2.2 mV/℃。这样便得到了 V_{BE} 和温度 T 的关系式，现在推导两个具有不同电流密度的双极晶体管的 ΔV_{BE} 的关系式。由式(8-19)得 V_{BE} 的表达式为

$$\Delta V_{BE} = \frac{kT}{q}\ln\left(\frac{J_{C1}}{J_{C2}}\right) \tag{8-25}$$

在 $T=T_0$ 处，对式(8-25)进行求导，得

$$\frac{\partial \Delta V_{BE}}{\partial T} = \frac{V_g}{T}\ln\left(\frac{J_{C1}}{J_{C2}}\right) \tag{8-26}$$

为了在 $T=T_0$ 时得到零温度系数，V_{BE} 和 ΔV_{BE} 的变量加起来必须为零，即

$$0 = K''\frac{V_{T0}}{T_0}\ln\left(\frac{J_{C1}}{J_{C2}}\right) + \frac{V_{BE0} - V_{G0}}{T_0} + (\alpha - \gamma)\frac{V_{T0}}{T_0} \tag{8-27}$$

令 $K = K''\ln[J_{C1}/J_{C2}]$，式(8-27)变为

$$0 = K\frac{V_{T0}}{T_0} + \frac{V_{BE0} - V_{G0}}{T_0} + (\alpha - \gamma)\frac{V_{T0}}{T_0} \tag{8-28}$$

可得

$$KV_{T0} = V_{G0} - V_{BE0} + (\gamma - \alpha)V_{T0} \tag{8-29}$$

由图 8-19 可知

$$V_{\mathrm{REF}}\mid_{T=T_0} = V_{\mathrm{G0}} + V_{\mathrm{T0}}(\gamma - \alpha) \qquad (8-30)$$

当 $T \to 0$ 时，$V_{\mathrm{REF}} \to V_{\mathrm{G0}}$，即输出电压趋近于带隙电压，这也是带隙基准的由来。所以，在设计时选用合适的 K 值就能得到温度稳定性很好的电压基准。

3. 带隙基准电压源电路设计

带隙基准电压电路原理图如图 8-21 所示，该电路包括启动电路、带隙基准核心电路和输出缓冲三部分，下面分别对这三部分的工作原理做一介绍。

1）启动电路

由于带隙基准电路存在多个简并点，启动电路能使基准电路在上电过程中脱离简并点。如图 8-21 所示，该启动电路由 M1～M12 组成，电源上电过程中，M1～M8 导通，M10 栅极处于高电平，呈导通状态，漏端电压被拉低，为 M11 和 M18～M22 提供初始偏置。由于 M11 导通驱使 M12 导通，M9 有电流流过，漏端电压被拉低，关断 M10，电路脱离简并点开始正常工作，M1～M8 的宽长比设计得很小，电路正常工作时启动电路功耗很低。

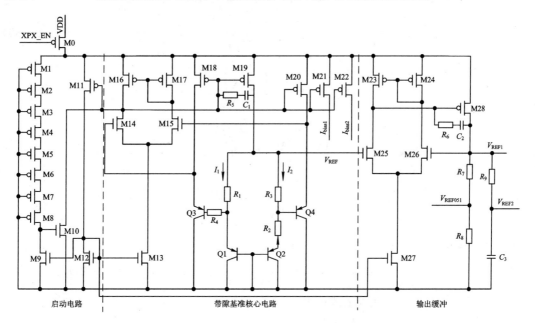

图 8-21　带隙基准电压电路原理图

2）带隙基准核心电路

带隙基准核心电路如图 8-21 所示，电路中 Q1 与 Q2 和 Q3 与 Q4 的发射极面积之比均为 1∶8，且 Q1 和 Q3 发射极面积相等，I_{bias1} 和 I_{bias2} 为通过镜像产生的两路偏置电流。M13～M17 构成的运放的两个输入端分别为 Q3 和 Q4 的发射极，输出端控制 M19 的栅极，通过运放的负反馈作用驱使 Q3 和 Q4 的发射极 $V_{\mathrm{e3}} = V_{\mathrm{e4}}$，同时使得基准输出电压 V_{REF}

稳定，为了保证由运算放大器构成的负反馈环路的稳定性，在运算放大器输出端添加消零电阻 R_5 和密勒补偿电容 C_1。该电路包含两个串联基极-射极电压，相比于传统的带隙基准电压电路，它使 ΔV_{BE} 增加 1 倍，可以减小运放失调电压 V_{OS} 的影响。

下面对基准电压 V_{REF} 的相关公式进行推导：

由图 8-21 电压关系可得

$$V_{REF} = V_{EB1} + I_1 R_1 \tag{8-31}$$

$$V_{REF} = V_{EB2} + R_2 \cdot \left[\frac{1}{N(1+\beta)}(I_1 + I_2) + I_2 \right] + I_2 R_3 \tag{8-32}$$

$$V_{EB1} = V_{e3} - V_{EB3} - R_4 \cdot \frac{1}{N(1+\beta)}(I_1 + I_2) \tag{8-33}$$

$$V_{EB2} = V_{e4} - V_{EB4} - R_2 \cdot \left[I_2 + \frac{1}{N(1+\beta)}(I_1 + I_2) \right] \tag{8-34}$$

由于 $V_{e3} = V_{e4}$，Q1 与 Q2 和 Q3 与 Q4 发射极面积之比均为 1∶8，故

$$V_{EB1} = V_T \ln \frac{I_1 + \dfrac{I_1 + I_2}{N(1+\beta)}}{I_S} \tag{8-35}$$

$$V_{EB2} = V_T \ln \frac{I_2 + \dfrac{I_1 + I_2}{N(1+\beta)}}{8I_S} \tag{8-36}$$

$$V_{EB3} = V_T \ln \frac{\dfrac{I_1 + I_2}{N}}{I_S} \tag{8-37}$$

$$V_{EB4} = V_T \ln \frac{\dfrac{I_1 + I_2}{N}}{8I_S} \tag{8-38}$$

式(8-33)减去式(8-34)可得

$$V_{EB1} - V_{EB2} = -(V_{EB3} - V_{EB4}) + \frac{1}{N(1+\beta)}(I_1 + I_2)(R_2 - R_4) + R_2 I_2 \tag{8-39}$$

将式(8-35)~式(8-38)代入上式可得

$$V_T \ln 64 \frac{I_1 + \dfrac{I_1 + I_2}{N(1+\beta)}}{I_2 + \dfrac{I_1 + I_2}{N(1+\beta)}} = \frac{1}{N(1+\beta)}(I_1 + I_2)(R_2 - R_4) + R_2 I_2 \tag{8-40}$$

此处由于 $\beta = 7$，$N = 4$，故 I_1 和 I_2 远大于 $\dfrac{I_1 + I_2}{N(1+\beta)}$，式(8-40)可近似为

$$V_T \ln 64 \frac{I_1}{I_2} = \frac{1}{N(1+\beta)}(I_1 + I_2)(R_2 - R_4) + R_2 I_2 \tag{8-41}$$

设 $I_1/I_2 = a > 1$，由式（8-41）可得

$$I_2 = \frac{V_T \ln 64a}{R_2 + \dfrac{(a+1)(R_2 - R_4)}{N(1+\beta)}} \tag{8-42}$$

将 $I_1/I_2 = a$ 和式（8-42）代入式（8-32）得

$$V_{REF} = V_{EB2} + R_2 \left[\frac{1}{N(1+\beta)}(a+1)I_2 + I_2 \right] + I_2 R_3 = V_{EB2} + K V_T \ln 64a \tag{8-43}$$

式（8-43）中 K 的值为

$$K = \frac{R_2(a+1) + (R_2 + R_3)N(1+\beta)}{R_2 N(1+\beta) + (a+1)(R_2 - R_4)} \tag{8-44}$$

式（8-43）中 V_{EB2} 为负温度系数，V_T 为正温度系数。适当调节 R_1-R_4 的比例，可将基准调至所需指标。

　　3）输出缓冲电路

　　如图 8-21 所示，M23～M28、R_6～R_9 及 C_2～C_3 组成基准输出缓冲电路，其中 R_9 和 C_3 构成 RC 低通滤波器，M23～M28 组成的运放输入/输出短接构成缓冲 buffer，R_6、C_2 分别作为消零电阻和密勒补偿电容。由 buffer 和 RC 低通滤波器组成输出级，使输出电压免受后级电路影响，增强了输出电压的稳定性。带隙基准核心电路输出的 V_{REF} 为 1.26 V，输出缓冲电路输出的两个基准电压 V_{REF1} 和 V_{REF2} 的值均为 1.26 V，

$$V_{REF051} = V_{REF1} \frac{R_8}{R_7 + R_8} \tag{8-45}$$

调整 R_7、R_8 的阻值比例，得到 V_{REF051} 基准电压值为 0.51 V。

8.6.3　基准电流

1. 电路功能

　　基准电流作为数模混合电路和模拟电路的重要部分，主要为其他模块的电路提供偏置电流，如运算放大器、振荡器、模数转换器以及数模转换器等。这些电路的性能对电流基准的要求越来越高。目前广泛采用的电流基准电路有利用 MOS 管迁移率的负温度系数且工作在线性区时可以等效为电阻的性质来获得零温度系数的电流基准、求和型电流基准、V/I 转换型电流基准等。

2. 设计思想

　　本设计的电流基准采用 V/I 转换型电流基准，主要设计思想是通过带隙基准电压源产生的基准电压 V_{REF051}（0.51 V）与芯片外接电阻 R_{EXT}（499 kΩ）相连产生一个 1 μA 的基准电流 I_{REF}，其他的电流都经过该基准电流镜像产生。

3. 电路设计

　　图 8-22 为基准电流模块的电路原理图，该模块主要分为电流基准核心电路和电流镜像电路两部分。下面将分别进行介绍。

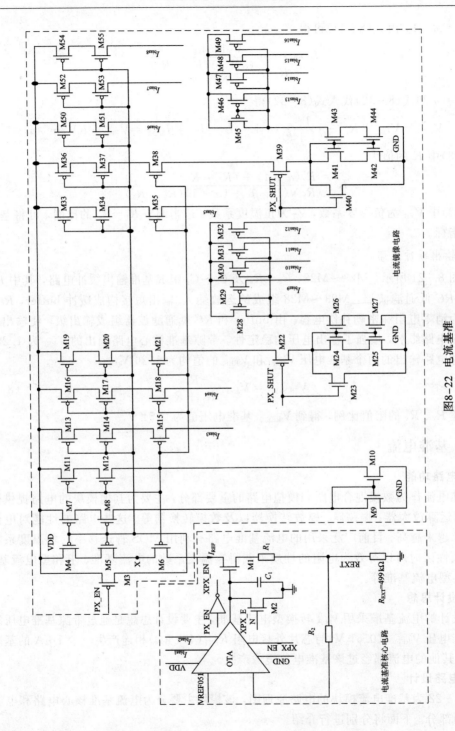

图8-22 电流基准

1）电流基准核心电路

电流基准核心电路采用 V/I 转换型电流基准的设计思想，利用带隙基准电压模块产生的基准电压 V_{REF051} 和芯片外接电阻 R_{EXT} 产生基准电流。如图 8-22 所示跨导运算放大器的同相端与基准电压 V_{REF051} 连接，反相端通过电阻 R_2 与电阻 R_{EXT} 连接，输出端与 M1 的栅极连接，引脚 REXT 的电压近似于 V_{REF051}，可得出流过 M1 的基准电流为

$$I_{REF} = \frac{V_{REF051}}{R_{EXT}}$$

M1、R_1、R_2 构成了电流－电流负反馈，增加了运算放大器的输出阻抗，从而使 M1 管的输出电流更加稳定。PX_EN 是由 Control Logic 部分输出的控制信号。当 PX_EN 为高电平时，此基准电流模块正常工作；反之停止工作。

2）电流镜像电路

为了抑制沟道调制的影响，电流镜像电路采用低压共源共栅结构来增加镜像的精度。如图 8-22 所示，M4～M6 构成共源共栅结构，M7～M12 为电流镜的共源共栅器件提供合适的偏置电压。该电路模块通过比例镜像产生基准电流信号 I_{bias3}～I_{bias16}，$I_{bias}(n) = kI_{REF}$，其中 k 为电流镜像比例关系。M3 作为整个电流镜像电路的控制开关，当 PX_EN 为高电平时正常工作，为低电平时不工作。M22、M23、M39 和 M40 是受 PX_SHUT 控制的开关管，PX_SHUT 为低电平时正常工作，基准电流 I_{bias9}～I_{bias16} 正常输出，PX_SHUT 为高电平（即芯片处于休眠状态）时电流 I_{bias9}～I_{bias16} 均为 0。

8.6.4 红外 LED 驱动模块

1. 电路功能

该模块的主要功能是在接近检测过程中提供合适的脉冲电流来驱动外接的红外 LED 发光。它的特点是产生的驱动电流可调，输出电流幅度值可以在 100 mA 和 200 mA 之间进行选择，且输出的电流为脉冲式的，总脉宽为 0.1 ms。

2. 设计思想

如图 8-23 所示的红外 LED 驱动等效架构图，I_1 为基准电流，高增益运放对 A 点和 B 点之间的电压差进行放大来调整 M1 管的导通状态，从而使 A 点和 B 点电压相等。M1 的漏端电流为 $I_{D1} = I_1R_1/R_2$，通过 M2～M4 构成单位比例电流镜，通过驱动管 M5～M6 构成电流镜的放大作用，输出驱动电流 I_{IRDR}。通过开关 S 可以选择驱动电流 I_{IRDR} 的大小。

3. 电路设计

红外 LED 驱动电路原理图如图 8-24 所示，I_{bias5} 为 2 μA 的基准电流，由基准电流源提供。驱动电流 I_{IRDR} 的产生原理为：高增益运放 OP1 对 A 点和 B 点之间的电压差进行放大来调整 M3 管的导通状态，从而使 A 点和 B 点电压相等，$R_1 : R_2 = 25 : 1$，M3 漏端电流

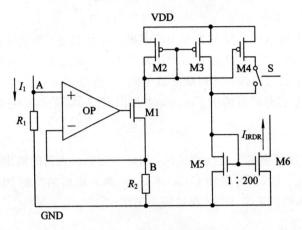

图 8-23　红外 LED 驱动模块等效架构图

$I_{D3} = I_{bias5} R_1 / R_2 = 500 \ \mu A$，为了提高 R_1 和 R_2 的匹配性，它们分别由相同尺寸的电阻串并联而成。I_{D3} 流过 M5、M6 构成的低压共源共栅结构，通过两个等比例低压共源共栅电流镜（M12、M13 和 M14、M15）产生两路相同的电流 I_{D13} 和 I_{D15}，再经过功率管 M17～M25 构成的电流镜放大 200 倍输出驱动电流 I_{IRDR}。M7～M11 为低压共源共栅电流镜的共源共栅器件提供电压偏置。OP2 构成的缓冲器使 C、D 点电压相等，使驱动管工作在饱和区，维持输出驱动电流的稳定。

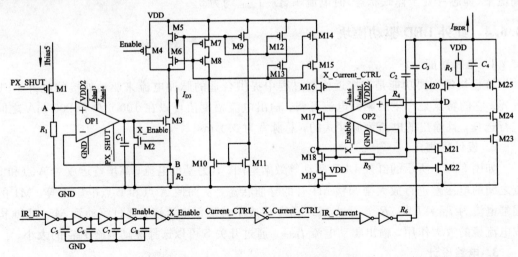

图 8-24　红外 LED 驱动模块电路原理图

　　由于输出的驱动电流较大，因此电流脉冲需要有一定的上升和下降时间，如图 8-24 所示，在驱动管的栅端适当加入了电阻和电容，对 R_3、R_6、C_2～C_4 的值进行调节可以达到该设计指标。

下面对该模块中用到的几个控制信号进行说明：

Current_CTRL 为驱动电流幅值控制信号，Current_CTRL 为低时只有一路电流镜像，输出的驱动电流为 100 mA，Current_CTRL 为高时有两路电流镜像，输出的驱动电流为 200 mA；

IR_Current 为驱动电流脉冲控制信号，驱动电流总的脉宽为 0.1 ms；

IR_EN 和 PX_SHUT 均为该模块是否工作的控制信号。

8.6.5　光电检测模块

1. 电路功能

光电检测模块的主要功能是：实现对环境光和 LED 照射物体反射回的红外光的采集，并转换为稳定的光电流信号，同时该模块还包括一些开关电路，在控制逻辑和模数转换输出信号的控制下对光电流与电流基准进行开关控制。

2. 设计思想

通常，红外接近传感器采用与 CMOS 工艺兼容的光电二极管，将光电检测单元与信号处理单元集成在同一块芯片上，可以降低电路成本和功耗。本设计的光电转换模块中使用可以采用标准 CMOS 工艺实现的 nwell/Psub 光电二极管，在芯片制造的后期，采用 IR-PASS 光学镀膜从而使光电二极管只响应红外波段的光照，这样可以避免光电二极管对环境光的响应电流过大，从而无法分辨由感测红外发光二极管发射的红外光产生的微弱的光电流。芯片使用的光电二极管对光谱的响应曲线如图 8-25 所示。

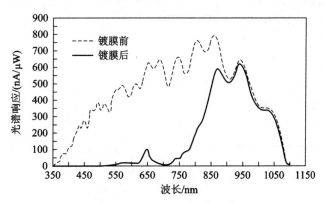

图 8-25　光电二极管的光谱响应

3. 电路设计

光电检测模块电路原理图如图 8-26 所示，该电路通过光电二极管反偏来实现光电转换。为使光电二极管能够输出稳定的光电流，该电路通过 $M_1 \sim M_6$、M_8、R_1、EA 构成电压负反馈稳定 M_8 栅极电压，从而使光电二极管工作在稳定的偏置电压下，稳压偏置电路将

一个额外的电流 I_{ex}（I_{ex}可通过滤噪电路和红外 LED 关断电流一起滤除）加到了光电二极管的输出端，所以 $I_X = I_{PD} + I_{ex}$。

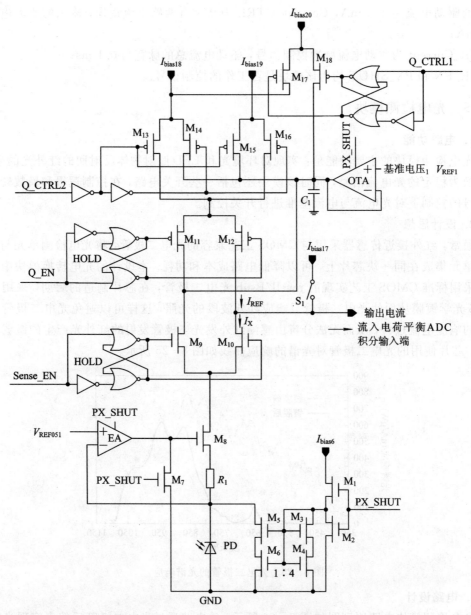

图 8-26　光电检测模块电路原理图

由于图 8-26 所示的 M_9 和 M_{10}、M_{11} 和 M_{12}、M_{17} 和 M_{18} 的控制信号频率较高，为防止

其同时导通而引入噪声,本例用两个交叉耦合的或非门替代反相器来产生两个互补信号。为了降低电流切换噪声,该电路中 M_{11}、M_{14}、M_{15} 和 M_{18} 的漏端均连接到 OTA 构成的 buffer 电路的输出端,将其电压等于基准电压 V_{REF1}。基准电流 $I_{bias18} \sim I_{bias20}$ 通过开关控制信号 Q_EN、Q_CTRL1、Q_CTRL2 的控制组合最终输出 I_{REF} 作为模数转换过程中的参考电流,I_{REF} 与控制信号 Q_EN、Q_CTRL1、Q_CTRL2 的关系如表 8-3 所示。

表 8-3 I_{REF} 与控制信号的关系

Q_EN	Q_CTRL1	Q_CTRL2	I_{REF}
0	0/1	0/1	0
1	0/1	0	Ibias19
1	0	1	Ibias18+Ibias20
1	1	1	—

8.6.6 模数转换与噪声消除

1. 电路功能

模数转换模块的主要功能是:将光电二极管产生的电流转化成对应的二进制数字输出供 I^2C 读取,而且在接近检测模式时,其 ADC 模块也完成环境噪声的滤除。

2. 设计思想

本模块采用积分型电荷平衡式 ADC,可以减少由于工艺及温度引起的电容及其他器件参数变化引起的量化误差,抗干扰能力强。通过 ADC 控制逻辑,使此 ADC 在一次转换时间内重复采样与量化,这样减小了此 ADC 对积分电容的需求,节省了版图面积。在进行接近检测时。此 ADC 可以在有外部 LED 照射时,设置计数器对时钟进行增计数,在紧接的下次没有 LED 照射时,设置计数器进行减计数,通过此操作,在接近检测时可滤除环境光中的红外噪声。在比较器输出为高时,COUNTER 对时钟进行计数,为低时停止计数,一个转换周期内所计的数即为 ADC 输出的数字量,每个转换周期结束时将该数字量放入寄存器中,以供 I^2C 读取。

电荷平衡 A/D 转换器虽属于积分型转换器系列,但工作原理与单斜率或双斜率类型转换器完全不同。它是通过产生由分立的量子束提供的极性相反的等量电荷,从而使积分器输入端施加的电荷平衡或"相消"原理工作的。电荷平衡 A/D 转换器的工作原理在概念上类似于幅频(V/F)转换器组态的情况。首先,模拟信号要转换成脉冲宽度不变其重复速率与模拟信号成正比的周期性脉冲序列;其次,利用二进制计数器对单位时间间隔内上述脉冲列计数的方法形成数字输出。

电荷平衡 A/D 转换器的原理框图如图 8-27 所示。转换周期开始前,开关 S_2 闭合,S_1

接地；在转换周期中 S_2 打开，积分器开始产生斜率与输入电流 $I_1(=V_A/R_1)$ 成正比的负向斜坡电压。当积分器输出（节点 B）处的负向斜坡电压使比较器改变状态时，开关 S_1 在与一半时钟周期相当的时间间隔 t_1 内激活，同时从积分器相加节点（节点 A）抽取出电荷量 Q_0

$$Q_0 = I_{REF}t_1 \tag{8-46}$$

该电荷包将随即从模拟输入电流 I_1 中减去而使积分器重新输出斜坡上升，按此方式可以用稳恒的输入电流 I_1 迫使积分器的输出恒定不变地下降，并且在分立的持续时间间隔 t_1 内，施加内部电流 I_{REF} 迫使它间断地上升。在平衡条件下，节点 A 处积累的净电荷恒等于零。在整个有 N_1 个时钟周期的转换时间内，由电流 I_1 提供的总电荷 Q_{in} 为

$$Q_{in} = I_1 N_1 2t_1 = \frac{V_A}{R_1} 2N_1 t_1 \tag{8-47}$$

在相同的时间间隔中，相同节点上由 n 个断续的电流源 I_{REF} 抽取的电荷 Q_{out} 则为

$$Q_{out} = n Q_0 = I_{REF} n t_1 \tag{8-48}$$

使净输入电荷等于抽取电荷，则由式（8-47）和（8-48）可得

$$n = \frac{V_A}{R_1 I_{REF}} 2N_1 \tag{8-49}$$

以二进制计数器对开关 S_1 激活的总时钟周期数 n 进行累积，就能得到模拟输入的数字等效值。（注：由基准电流源馈送的单位电荷包 Q_0 相当于 1 LSB 数字输出增量。）

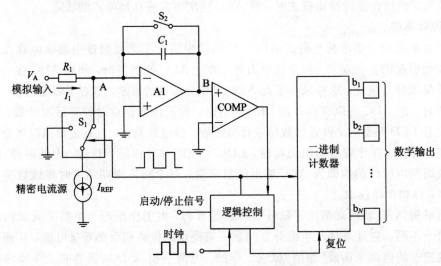

图 8-27　电荷平衡 ADC 的框图

3. 电路设计

模数转换模块电路原理图如图 8-28 所示，下面结合 ADC 工作过程对该电路工作原理进行详述。

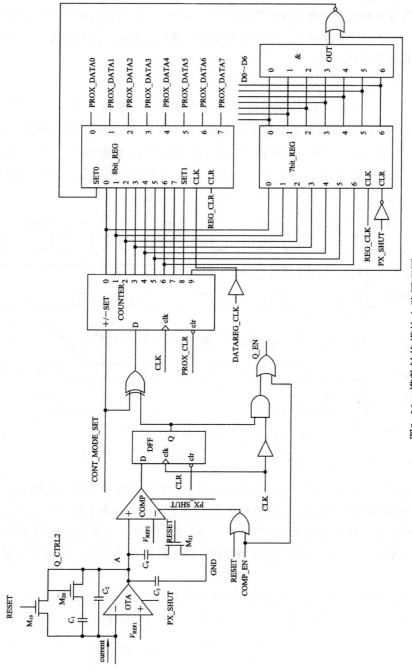

图8-28　模数转换模块电路原理图

1）复位清零

在一次转换开始之前先通过 RESET 信号使 ADC 在工作之前进行复位，使积分器输入输出短路，清除积分电容中残余电荷对模数转换精度的影响，同时触发器、计数器和寄存器被各自的清零信号清零。

2）模数转换过程

参考图 8-29 所示的时序图，光电流 I_X 导通时，A 点积分电压升高，积分电压大于 V_{REF2} 时 COMP 输出为高，通过时序控制使 I_{REF} 导通，I_{REF} 和 I_X 同时导通时积分电压下降；当积分电压低于 V_{REF2} 时，I_{REF} 关断，I_X 导通，积分电压再次升高。如此重复，直到一次检测过程完成。通过计数器对 COMP 为高电平时包含的 CLK 的脉冲进行计数，从而完成模数转换，一次转换完成后计数器的值送入寄存器暂存以供 I^2C 读取。

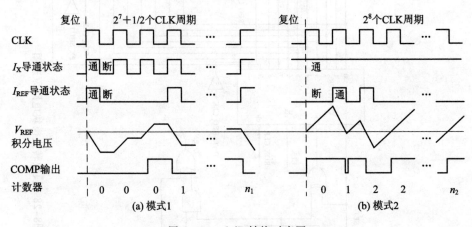

图 8-29　A/D 转换时序图

3）工作时序与环境噪声消除

完成一次接近检测过程包括两个步骤：步骤 1 主要完成红外发光二极管未发光时光电二极管的光电流到数字的转换，其转换精度为 7 bit，该步骤是为步骤 2 服务的，用于消除环境噪声；步骤 2 完成红外发光二极管发光与不发光时光电二极管的光电流差值到数字的转换，其转换精度为 8 bit。两个步骤中用到的 A/D 转换模式不同，分别对应模式 1 与模式 2。

• 模式 1：如图 8-29(a) 所示 A/D 转换时序，该模式下光电流 I_X 脉冲导通。I_X 导通时 A 点积分电压升高，I_X 与 I_{REF} 均导通时积分电压降低。由电荷平衡得：

$$n_1 (I_{REF} - I_X) \frac{T_{CLK}}{2} = (2^{N_1} - 1 - n_1) I_X \frac{T_{CLK}}{2} \tag{8-50}$$

化简整理式(8-50)得：

$$I_X = \frac{n_1}{(2^{N_1} - 1)} I_{REF} \qquad (8-51)$$

N_1 为该阶段 ADC 位数(7 bit)；n_1 为参考电流 I_{REF} 导通次数，即 A/D 转换结果，可以指示 I_X 的大小。该模式下 $I_{REF} = I_{bias18} + I_{bias20}$，$I_X = I_{REF}$ 时，$n_1 = 2^{N_1} - 1$，可以实现模数转换的 I_X 的最大值为 $I_{bias18} + I_{bias20}$。

•模式 2：如图 8-29(b)所示 A/D 转换时序，该模式下光电流 I_X 始终导通，I_{REF} 不导通时 A 点积分电压升高，I_{REF} 导通时积分电压降低。由电荷平衡得：

$$n_2 (I_{REF} - I_X) \frac{T_{CLK}}{2} = (2^{N_2} - n_2) I_X T_{CLK} + n_2 I_X \frac{T_{CLK}}{2} \qquad (8-52)$$

化简整理式(8-52)得：

$$I_X = \frac{n_2}{2^{N_2}} \frac{I_{REF}}{2} \qquad (8-53)$$

N_2 为该阶段 ADC 位数(8 bit)；n_2 为参考电流 I_{REF} 导通次数，即 A/D 转换结果，可以指示 I_X 的大小。该模式下 $I_{REF} = I_{bias19}$，$I_X = I_{REF}/2$ 时，$n_2 = 2^{N_2}$，可以实现模数转换的 I_X 的最大值为 $I_{bias19}/2$。

下面具体介绍完成一次接近检测的过程以及环境噪声的消除方法。

如图 8-30 所示，在 T_1 时间段内 LED 驱动未打开，红外发光二极管不发光，光电流 I_X 为光电二极管的暗电流和光电二极管检测环境光中的红外产生的光电流，记为 I_{X1}，经

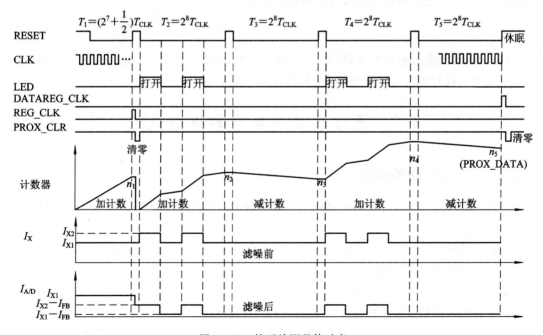

图 8-30　接近检测具体时序

过 7 bit 的 ADC 转换为二进制数 n_1，n_1 经过 D/A 转换为电流 I_{FB}，由式(8-51)得

$$I_{X1} = \frac{n_1}{2^7 - 1} I_{REF} = \frac{n_1}{2^7 - 1}(I_{bias18} + I_{bias20}) \qquad (8-54)$$

$$I_{FB} = I_{bias17} = \frac{n_1 I_{bias18}}{127} \qquad (8-55)$$

由于 I_{bias20} 仅为 I_{bias18} 的 1% 左右，综合式(8-54)和(8-55)得 $I_{FB} = 99\% I_{X1}$。$T_2 \sim T_5$ 检测阶段输入到 ADC 的光电流为 $I_{A/D}$，该电流为光电二极管产生的电流与 I_{FB} 的差值，即经过一部分噪声消除后的光电流。

T_2 阶段包括 2^8 个 CLK 周期，在该时段 LED 驱动脉冲式导通，导通时间为 2^7 个 CLK 周期，计数器进行加计数操作，$I_{A/D}$ 经过 8 bit A/D 转换后计数器的值为 n_2，且

$$n_2 = \frac{2^7(I_{X2} - I_{FB}) + 2^7(I_{X1} - I_{FB})}{I_{REF}/2} \qquad (8-56)$$

T_3 阶段包括 2^8 个 CLK 周期，在该时段 LED 驱动不打开，计数器进行减计数操作，8 bit A/D 转换后计数器的值为 n_3，且

$$
\begin{aligned}
n_3 &= \frac{2^7(I_{X2} - I_{FB}) + 2^7(I_{X1} - I_{FB})}{I_{REF}/2} - \frac{2^8(I_{X1} - I_{FB})}{I_{REF}/2} \\
&= \frac{2^7(I_{X2} - I_{X1})}{I_{REF}/2}
\end{aligned} \qquad (8-57)
$$

再经过 T_4、T_5 阶段的转换可得接近检测最后输出值

$$n_5 = \frac{2^8(I_{X2} - I_{X1})}{I_{REF}/2} \qquad (8-58)$$

$I_{X2} - I_{X1}$ 为光电二极管检测到的发光二极管的红外光产生的光电流，n_5 为滤除环境噪声后对光电二极管光电流进行 8 bit A/D 转换后的数字输出。

8.7 光传感芯片数字部分的设计

8.7.1 数字部分功能描述

在整个芯片系统级的规划中，芯片功能的实现较大程度上依赖于数字模块。设计规划中，数字模块主要行使三大功能：

(1) 与外界通信，这是通过使用 I^2C 总线实现的。作为一个 I^2C slave，需要能够与 I^2C master 进行稳定的数据交流。

(2) 根据芯片内部配置寄存器中的信息产生相应的控制信号，用来控制模拟部分的工作状态，进而决定整个芯片的工作模式。

(3) 根据 ADC 采样后的数据和配置寄存器中相应的信息，产生/清除中断。

除了以上功能之外，数字部分还需具备一定的测试能力。进行 DFT 设计时插入扫描链是比较常用的一种方法，但在这款芯片中，由于芯片规模并不是很大，工作频率也比较低，并不需要插入扫描链，同时插入扫描链会对芯片面积带来负担，所以将内建自测向量的概念引入到芯片的可测性设计之中。

8.7.2 前端设计

数字电路设计之初，需要进行系统级的规划。图 8-31 显示了芯片中数字系统的结构框图。经分析验证，根据功能将该芯片的数字模块划分为三个功能块，分别是 I²C 模块、INT 模块和 Control 模块。I²C 模块用来完成通信，用户(I²C master)可以通过 I²C 对芯片进行配置，同时，也可以通过 I²C 读取芯片工作时产生的数据；INT 模块用来产生硬件中断，中断方式也是由用户(master)决定的，INT 信息会通过芯片的一个管脚直接输出，同时也在芯片相应寄存器的标志位中得到响应；Control 模块分为两个小的子模块——PROX 模块和 ALS 模块，这两个模块分别用于产生接近检测和环境光检测过程中模拟部分所需的控制信号，由于 PROX 模块和 ALS 模块工作时的侧重点有所不同，控制信号也存在较大差异。

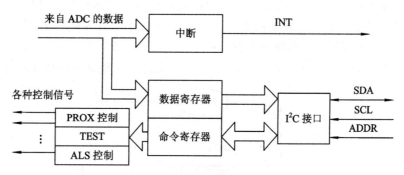

图 8-31　数字系统结构框图

前端设计，尤其是 RTL 级的 HDL 描述，是数字电路设计过程中最基础的一个环节，在进行数字电路的设计时，一定要保证 RTL 级描述的准确性。在对该芯片的设计过程中，如果 RTL 级设计的不严谨，将导致后面的整个一系列设计都没有意义，造成大量的重复工作。在一些芯片设计公司，前端设计完成后会整理相应的设计仿真报告，该报告会附带设计人员的亲笔签名，用以认定责任。对于该环节正确性的审核通常极为严格。

另外，Verilog HDL 是一个硬件描述语言，而并不是硬件设计语言，用于硬件设计的指令是 Verilog 语言中的一个子集，所以用 Verilog HDL 进行硬件设计的时候需要依照特定的编码方法。这些额外的规定主要是为了保证 HDL 描述能够综合成硬件电路，并且综合成的电路能够完成预想的功能。

前端设计并不是任意的,前端的设计还需考虑到后端设计的可行性。比如在 HDL 描述过程中,若采用了大量的门控时钟、分频时钟,或者寄存器之间的组合逻辑过于庞大,此类问题都有可能给 DC 综合甚至后来的布局布线带来不便。针对规模不大、频率不高、功率较低的芯片,笔者建议在 RTL 级描述中,尽可能减少所使用时钟的数目。当然,跨时钟域信号的异步问题也需要在 RTL 级描述中进行处理,这样会极大地简化之后(DC、P&R、PT 等环节)的设计。

1. I²C 模块的设计

纵观整个 I²C 协议,数据由通信的一方发送时,ACK 就由另一方响应。作为一个反馈信号,ACK 保证了 master 跟 slave 之间信息交流的"同步",确保了传输的准确性。I²C 总线最大的特点是结构简单,并且只占用两根线,节省了大量的数据总线、地址总线、控制总线。同时,在传输速度方面,I²C 接口最高频率已经扩展至 3.4 MHz(high-speed 模式)。在现有的芯片中,很多都集成了 I²C 接口模块,I²C 协议俨然成为了目前最常用的通信协议之一。

本设计所涉及的是一个 I²C slave,而且 Device 地址是可选的,当 ADDR0 为 0 时,Device 地址为 1000100;当 ADDR0 为 1 时,Device 地址为 1000101。亦即通过系统内的 ADDR0 来控制 Device 地址。两个地址的设定扩展了芯片的使用环境,也使一个 I²C master 可以并接多款该芯片,使芯片的使用更为灵活。I²C 模块中状态转移情况如图 8 - 32 所示。在该系统中,I²C 协议所访问的寄存器有两种:一种是配置寄存器,这些寄存器是可读可写的;另一种是数据寄存器,这些寄存器只能读出,不能写入。还有一些特殊的寄存器,这种

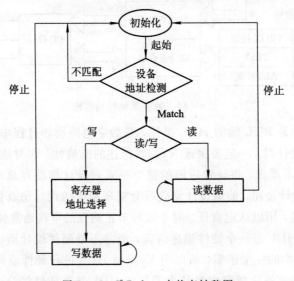

图 8 - 32 I²C slave 中状态转移图

寄存器是用来测试的，并不提供给用户使用，而且不能够轻易被访问，可以称之为特殊的配置寄存器。

在 I^2C slave 的设计中，对起始(Start)和停止(Stop)的识别是至关重要的。一般的做法是用主时钟(相比于 I^2C 总线上 400 kb/s 的速率，该主时钟频率需要足够高)不断对 SDA 和 SCL 进行采样，然后进行判定，根据判定的结果完成状态的跳转和数据的通信。这种方法有两点优势：

第一，用主时钟进行采样，在用寄存器缓冲以处理亚稳态问题的同时，可以用"三选二"等机制来滤除噪声；

第二，经过 I^2C 接口进入寄存器的数据已经跟主时钟同步，换言之，寄存器里面的数据可以直接被主时钟采样，避免了复杂的异步处理工作。

在设计中，因为主时钟频率并不高，不足以充当采样的高频时钟，所以用模拟电路对 SDA 和 SCL 除噪滤波之后，直接使用 SCL 的下降沿来采样 SDA 信号。

I^2C master 发送 Start，标志传输的开始；发送 Stop，标志着传输的结束，Start 跟 Stop 依据的是 SDA 的跳变。对于 I^2C slave，开始、和结束是由内部的状态机所决定的，而状态机的跳转依据的是时钟 SCL 的跳变。在进行 slave 状态机的设计时，需要产生一个 TranEn 信号，用来标识通信的进行。开始、结束标志的识别以及 TranEn 的生成如图 8-33 所示。

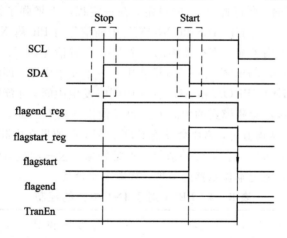

图 8-33　开始、结束标志的识别以及 TranEn 的生成

在本设计中，起始标志(flagstart_reg)是由 SDA 下降沿采样高电平的 SCL 得到，并由 SCL 低电平异步复位；结束标志(flagend_reg)是由 SDA 上升沿采样高电平的 SCL 得到，同样由 SCL 低电平异步复位。本设计中，slave 的时序逻辑必然是由 SCL 触发的，但是此时所检测到的 flagstart_reg 和 flagend_reg 在 SCL 为高时产生，并且仅仅持续到 SCL 的低电平到来，所以此信号是不能够被 SCL 采样到的，也并不能够改变 slave 内部的时序逻辑。而若用该信号充当异步复位，那么会发现，Start 跟 Stop 起着相同的作用，甚至没有 Start

也有可能启动(上电复位的作用),而且有了 Stop,还有可能继续传输!在该设计中,为生成一个能够被 SCL 采样的使能信号,用 flagstart_reg 和 flagend_reg 以及 SDA 生成了一个新时钟 flagstart,并根据此时钟产生了一个 TranEn,来控制 slave 的运行状态,如图 8-33 所示。关于所生成时钟,根据组合逻辑以及 I²C 协议中的规定,可以判定其稳定性,并且由于综合后该触发器数据端接高电平,并不需要担心其建立时间 setup time 和保持时间 hold time。

2. INT 模块的设计

INT 模块的主要功能:根据 I²C 中相关中断的控制字以及 AD 量化后的数据,产生中断信号。

在通过 I²C 配置寄存器时,会设置一个阈值来规定数据的最大值与最小值,当 AD 后的数据超过该阈值时,并且连续 N 组(N 值由相应的配置寄存器设置,占用了寄存器的两个 bit,配置情况见表 8-4)数据均超出阈值,那么,系统会由硬件生成一个中断信号,经过简单处理后,该中断信号会通过一个 PAD 直接传送到系统外部。这里关于 N 值的设定,一方面可以理解为功能的需要,同时也可以解释为这是对噪声的一种抑制。实际情况确实如此,如果在进行环境光检测的时候,外界突然来一簇强光,比如镜面的反射,那么极有可能导致检测出的数据超出了所设定的阈值,若不设置 N 值,中断信号就会直接产生,而这并不是用户所期望的。所以此 N 值的设定,在一定程度上增强了该系统对环境的适应性,是不可或缺的。同时,对于 ALS 和 PROX 的中断信号对 Pin 脚 XINT 的控制,也可以进行相应的配置,这占用了配置寄存器中的一个 bit。配置情况如下:

(1) INT_Ctrl=1′b0,PROX 和 ALS 模式中有一个发生中断,即响应 INT;

(2) INT_Ctrl=1′b1,PROX 和 ALS 模式中同时发生中断,才能响应 INT;

值得一提的是,接近检测模式的中断方式跟其他模式略有不同。当检测到 AD 量化后的数据连续 N 组超出高阈值时,芯片会发出 INT 信号;但如果在中断情况下,连续出现 N 组数据低于低阈值,那么中断会被硬件清除。不难想象,这一功能有较为广泛的应用,比如翻盖手机的背景光、笔记本显示器的节能、智能节水器等。

表 8-4　PRST 对于 INT 中断的控制

PRST1	PRST0	功能描述
0	0	连续 1 个转换周期超出阈值时,置位 INT_flag
0	1	连续 4 个转换周期超出阈值时,置位 INT_flag
1	0	连续 8 个转换周期超出阈值时,置位 INT_flag
1	1	连续 16 个转换周期超出阈值时,置位 INT_flag

接近检测中断和环境光检测中断的设计思路大致相同，图8-34展示了中断模块的结构框图。在Compare模块中，最多需要将3组12位的数据进行两次比较。这是一个纯组合逻辑，12位数据的比较并不算复杂，但倘若数据位数较多，比较不好的设计方案可能会导致逻辑过于冗余，这可以通过改进算法来优化设计。在数字电路的设计中，一些好的算法常常可以较大地缩短相应路径的延时，进而能够提高工作频率。若综合工具使用的是Synopsys的Design Compiler，综合的时候DC会根据相应的约束条件自动优化该逻辑，这是Synopsys公司在DC的核内嵌入了相应的算法。笔者做了一些对照发现，有的时候，DC优化综合出的电路相比于人工用相应算法描述之后综合的电路，面积甚至会更小。

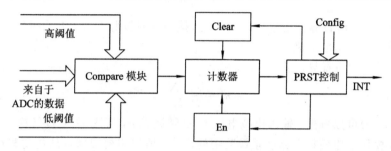

图8-34　中断模块结构框图

3. Control 模块的设计

Control模块的主要功能是根据配置寄存器存储的信息，产生相应的信号，来控制模拟电路的工作模式，主要是对 ADC 过程的控制，进而决定了整个系统的工作状态。Control模块执行了两个功能：一是对 PROX 的控制，二是对 ALS 的控制。

粗略地说，Control 模块是一个比较简单的 MCU。因为时钟频率较低，且并未涉及算法，功耗也没有过多要求，所以设计显得较为容易，只需要严格围绕主时钟"展开"，就能够产生所需的控制信号。

本设计所使用的是电荷平衡式 ADC，相比于其他结构的 ADC，电荷平衡式 ADC 具有分辨率高、精度好、抗干扰力强、接口简单、易于实现等优点。图8-35显示了相应的结构框图。

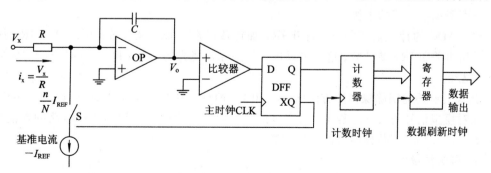

图8-35　ADC 结构框图

如图 8-35 所示，当开关 S 接通时，由于基准电流 I_{REF} 大于输入电流 i_x，此时，积分器的电容 C 以电流 $I_{ref} - i_x$ 放电，使得输出电压 V_o 不断升高，直至其电压高于地电位；此时，比较器翻转为高电平，致使 D 触发器的反相输出端 XQ 变为低电平，将开关 S 断开；此时，电容 C 以电流 i_x 充电，使得输出电压 V_o 不断降低，一直降至地电位，低于地电位时，比较器翻转为低电平，进而导致了 D 触发器的反相输出端 XQ 变为高电平，开关 S 接通。上述过程反复进行保持平衡状态。在平衡状态，运放反相输入端的电压与地电位相等。由于积分器上的电容 C 所充的电荷与所放的电荷相等，故可以得到下式：

$$N \frac{V_x}{R} T = n I_{REF} T \qquad (8-59)$$

式(8-62)中，N 为时钟脉冲总数；n 为开关 S 接通的时钟脉冲数；T 为时钟周期；V_x 为输入模拟电压；I_{REF} 为基准电流。

由公式(8-59)可推导出：

$$n = \frac{V_x}{R} \frac{N}{I_{REF}} \qquad (8-60)$$

从式(8-60)可以看出，输入模拟电压 V_x 被转换成 n，实现了 A/D 转换。

Control 模块是跟模拟电路联系最紧密的模块，所以跟模拟部分的沟通显得尤为重要。在设计之初，就需要将整个系统合理划分为各个子模块，并规划好各个模块的功能、模块之间的接口信号，以及模块间接口信号的时序。在以上工作完成后，设计成员之间需要不断沟通，以保证自己对设计的理解的正确性，此时，对设计的规划以及各种修正都需要在设计报告中撰写并加以确认。

ALS 和 PROX 检测的侧重点有所差异。ALS 模式下，需要对 ADC 进行量程（ALS Range)的控制；而 PROX 模式下，更侧重检测数据的精确度。PROX 模式下提供了多种滤除噪声的方法：

(1) 模拟电路中，PD 模块采用了电流镜的结构来滤除噪声的干扰。

(2) 在 ADC 过程的最初阶段，开辟了一段时间用来预先对周围环境进行一次量化，然后进行 D/A(数模转换)处理，在真正的 PROX ADC 过程中，这个 D/A 后的信号会被去除，进而避免了环境的干扰。

(3) ADC 的计数流程如下：打开 IR，加计数；关闭 IR，减计数；再次打开 IR，加计数；最后再关闭 IR，减计数。这样可以进一步滤除环境光的干扰，保证 ADC 所测的数据是比较纯粹的 IR。

在如上所述的消除噪声的方法中，(2)和(3)两种方法均由数字电路进行控制，可以看出，在对模拟信号的实现过程中，数字电路的合理控制能够大幅提高整体电路的性能。如今，大多芯片都采用数模混合的设计方法。

4. 可测性设计

首先需要明确的一点是：DFT 主要是为了检测工艺制成方面的错误，而不是设计本身的错误。就数字电路设计而言，虽然前端功能仿真验证无误，时序分析验证无误，layout 生成也无误，但由于工艺制成的偏差，可能导致实际芯片中关键路径时序违例，甚至会导致基本单元功能异常，进而产生了意想不到的错误结果。在设计过程中，可测性是必要的。

在模拟电路中，常用的测试方法是添加一些测试点，流片回来后，用相应的仪器，用探针接入测试点来对芯片进行测试验证。

对于数字电路，一般来说，数字基本单元器件中 MOS 管的尺寸较小，数字电路规模较大，Auto P&R 工具的走线较为密集，几乎没有安排测试点的空间，而且，相应的信号线有可能在综合时已经被优化掉了，并且在 layout 版图中，一个数字电路内部的信号线是很难进行追踪的。很多公司甚至单独设立一个 DFT 部门，专门解决数字电路的可测性问题。

在本设计中，额外添加了一组 TEST 寄存器，这是一组 8 bit 的寄存器，用于存储测试控制字。该寄存器对用户是不可见的，仅仅用于设计测试人员进行测试调整。TEST 寄存器默认值为 8′b0000_0000，在默认状态下，TEST 寄存器不影响芯片的工作，一旦该寄存器被写入了其他数据，系统就会处于测试工作模式下。

1）TEST 寄存器的写入

由于 TEST 寄存器被写入相应数据后，系统会工作于测试模式下，进而导致了系统的"不正常"工作。测试模式并不是用户所期望的，所以需要设立一定的机制，防止用户不经意之间向 TEST 寄存器写入数据。

该系统提供给用户的能够访问的寄存器地址是从 0x00 到 0x0A，在设计过程中添加的隐含寄存器为 TEST，假设其地址为 0x0E，同时又设定了另一组寄存器，假设其地址为 0x0F。在设计中规定：若 I²C 不先向寄存器 0x0F 写入指定的序列，那么，对寄存器 0x0E 不能够进行任何写操作。这相当于给寄存器 TEST 添加了"密码锁"，而"钥匙"就是对寄存器 0x0F 写入指定的序列。通过这种设定，来避免不懂"潜规则"的用户不经意间对寄存器 TEST 的访问。对于寄存器 0x0F，虽然可以理解为一组 8 bit 的寄存器，但同时也可以解释为一个"解锁"的使能信号，在设计中，可以直接提取 I²C slave 中的移位寄存器中的数据，与"密码序列"进行比较，进而输出一个使能信号。这样的设计方案保证了"密码"足够复杂，同时设立"密码"所花费的资源足够少。

2）TEST 寄存器的内涵

作为一组 8 位的寄存器，有 2^8 即 256 种存储状态，剔除默认正常工作的 0x00，理论上可以有 255 种测试模式。不过在设计过程中，不推荐使用复杂、庞大的译码电路。

对于本设计中的寄存器 TEST，相应的测试模式大致涵盖了以下几个方面：

（1）改变 ADC 的控制信号，进而可以通过读取 ADC 后的数据对系统进行测试；

（2）改变基准中的 Trimming 设置，致使 ADC 后的数据发生变化，这也可以通过读取

ADC 数据对系统进行测试；

（3）改变芯片 PAD 的意义，对于输出数字信号的 PAD，比如 XINT，可以控制其输出其他需要测试的数字信号，从而实现对系统的测试；

（4）在 TEST 模式下，可以缩短一次 ADC 所需的时间，从而可以缩短对大量系统测试所需的时间。

8.8　数字部分的仿真验证

IC 的设计离不开仿真验证，仿真验证过程是一个不断重复的过程，它贯穿了整个 IC 的设计。据统计，设计验证会占用设计人员 70% 以上的精力，而且对于大型的电路，比如门级规模上亿的，验证会更为繁琐。

之前已经详细描述过，本设计的数字系统划分为三大功能块，由于 INT 模块和 Control 模块与模拟电路的联系比较紧密，对这两个模块的仿真验证需要结合相应的模拟电路，验证过程更多的是一个与模拟 IC 设计人员协作沟通的过程。在本章中，主要说明对 I^2C 模块的仿真验证。

8.8.1　功能仿真

功能仿真是指在一个设计中，在设计实现前对所创建的逻辑进行验证以判断其功能是否准确的过程，布局布线之前的仿真都被称做功能仿真。功能仿真包括综合前仿真（Pre-Synthesis Simulation）和综合后仿真（Post-Synthesis Simulation）。通常我们主要进行的是综合前对于 RTL 级描述的仿真。

1. 测试平台的搭建

Modelsim 无疑是一款功能极其强大的编译仿真工具，它能够自动生成相应的 testbench 模板。在 Modelsim 下，先执行“View→Source→Show Language Templates”指令，打开 Language Templates，然后选中其中的 Create Testbench 指令，即可生成 testbench 模板。这是一个“.v”格式的文件，里面对需要仿真的模块进行了调用，并详细定义了 Pin 脚，测试人员只需要向该文件中添加相应的激励即可完成测试平台的搭建。

由于 testbench 仅仅是用来测试的，并没有可综合的需求，所以进行激励生成的时候，可以使用 Verilog HDL 中的各种指令，尤其是函数语句和系统任务。一些函数语句和系统任务的合理使用，会给测试带来很大便利。在对芯片数字功能的仿真验证中，可采用下述方法进行辅助测试。

1）使用 task 任务辅助编写测试向量

在 Verilog 模块中，task 通常会被综合成组合逻辑的形式，在进行 RTL 设计过程中，一般不建议使用 task 任务。task 指令可以把一个很大的程序模块分解成许多较小的任务，在编写测试文件的时候，使用 task 指令可以简化程序的结构，并且能够让测试向量易读、易于修改，对整个测试过程有很大的帮助。

在对 I^2C 模块的测试验证中，testbench 里需要模拟一个 I^2C master，以此来验证 slave 的功能。通过对 I^2C 时序分析得知，I^2C 的通信大致分为 START、器件地址的验证、寄存器地址的验证、数据的发送、数据的接收、STOP 这几个环节，用 task 对每个环节进行描述后，直接对相应 task 进行调用即可模拟 I^2C master 提供的时序，并且只需要对各个环节重新组合，即可对 I^2C 中不同模式(读模式、写模式)进行验证。

2) 写 text 文本

RTL 的设计过程是一个不断对 Verilog 描述进行验证、优化、修改的过程。通常我们会遇到这样的问题：发现 RTL 描述中一个信号错误，然后对其进行相应的修改，而如何保证相应的修改不会对其他信号造成干扰？发现 RTL 描述过于冗余，对其进行了相应的优化，如何保证优化前后功能的一致？形式验证可以验证组合逻辑的一致性，但是，如果对寄存器进行了修改，该如何验证？诸如此类的问题一直困扰着设计人员。

在本设计中，也遇到这样的问题。此类一致性的验证，可以在同样的测试向量下，对前后两个版本的 Verilog 进行仿真，并且将相应的测试结果分别写入两个 text 文本，最后对这两个测试文本进行比较，这通常借助相应的对比工具来完成。使用 text 文本进行比较，避免了在 Modelsim 界面检测复杂的波形，并且比较过程中，人工参与较少，减少了因人工失误而导致的错误或漏洞。text 文档的生成可参照以下程序：

```
Integer Write_Out_File;
Write_Out_File= $ fopen("Write_Out_File. txt");
    $ fdisplay (Write_Out_File, "%d, %d/n", signal1, signal2);
    $ fclose(Write_Out_File);
```

3) vec 文件的生成

在进行系统级仿真的时候，在版图级做 LVS 后会生成一个 sp 文件，该文件对整个芯片进行了描述，通常这个 sp 文件会被拿来进行后仿真。

对于芯片系统级的仿真，如果芯片 PAD 脚不涉及通信，那么激励很容易添加，但是，如果芯片有类似于 I^2C 的通信接口，激励文件比较复杂，这就需要借助 Verilog 生成。在 testbench 里，规划好相应的激励，然后在其中添加如下语句：

```
integer vecfile;
initial
    begin
        vecfile= $ fopen("simulation. vec") | 1;
        $ fdisplay(vecfile, "type vec");
```

```
                $ fdisplay(vecfile, "signal SCL_master SDA_master");
                $ fdisplay(vecfile, "radix 1 1");
                $ fdisplay(vecfile, " io o o");
                $ fmonitor(vecfile, "%d %b %b", $ time, SCL_master, SDA_master);
        end
```

编译仿真之后，就会在根目录下生成相应的 vec 文件。

对于测试平台的搭建、测试激励的生成，应该还有更多更好的方法或编程习惯。快速准确的测试无疑能够极大地推动设计的速度，同时也切实保证了系统功能的准确以及性能的可靠。测试的方法、策略值得进行深入研究。

2. 基本功能的仿真

对于 I^2C 模块，其基本功能就是能够与 I^2C master 进行通信，根据 I^2C 协议，需要能够正确地进行读操作和写操作。为保证该功能的完善，需要考虑到各种情况，并分别进行验证，测试向量尽可能完备。

图 8 - 36 中展示的是一个典型的写过程：I^2C master 先发出 START 信号，接着传送器件地址以及写信号；slave 响应 ACK 后，接着发送寄存器地址；slave 再次发出 ACK 应答后，master 会发送相应数据；等待 slave 的 ACK 应答后，master 发送 STOP 信号。图中，第一个信号为 SCL_master，是 I^2C 主机发送的时钟；第二个信号是 SDAin，这指示的是 SDA 总线；第三个信号是 SDA_master，这是主机发送的 SDA 信号；第四个信号是 SDAout，是 slave 对 SDA 控制的信号；最后一个信号是 Reg03，指示了寄存器 03 的状态。从图中可以看出，master 欲向寄存器 0x03 中写入数据 $8'b1001\_0110$，其间，SDAout 正常给出 ACK，并且最终数据写入了相应的寄存器。

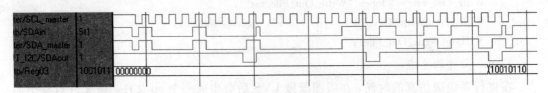

图 8 - 36　对 I^2C slave 写功能的仿真验证

图 8 - 37 中展示的是一个典型的读过程，I^2C master 先发出 START 信号，接着传送器件地址以及写信号；slave 应答后，接着发送寄存器地址；slave 再次做出 ACK 应答后，master 会 STOP，再 START；然后发送器件地址以及读信号；等待 slave 应答后，master 会释放对 SDA 的控制，接收 slave 传回的信息。如图 8 - 37 所示，master 欲读取寄存器 00 的信息，可以看到，在器件地址以及读信号发送之后，SDAin 以及 SDAout 显示的是 $8'b0010\_0001$，这正是寄存器 00 中存放的数据。

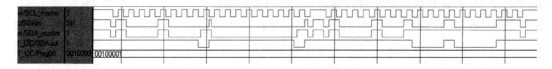

图 8 - 37　对 I^2C slave 读功能的仿真验证

在验证基本功能的时候，测试向量是严格按照 I^2C 协议中的规定添加的，若验证结果中的各种信号都符合要求，那么可以保证 I^2C 模块 RTL 设计中功能的正确性。

功能的完备是数字系统设计人员所期望的，但是由于测试向量的不完备，在设计过程中很有可能出现漏洞。对此，目前没有比较妥善的解决方案。设计人员进行设计验证时，应尽可能考虑多种情况，用尽可能多的测试向量进行仿真验证，以此来尽量避免此类问题发生。在很多公司中，会单独设立一个测试部门，专门进行仿真验证。

8.8.2　时序仿真

时序仿真也称做后仿真，是使用布局布线后器件给出的单元和连线的延时信息，对电路做一个切实的评估。后仿真的目的是尽可能地消除或者减少理论仿真和实际运行之间的差异。前端仿真所采用的器件模型，是晶圆厂商提供的参数模型，包含了基准单元的各种寄生参数，因此前仿真有着足够的可靠性。但是，版图生成之后，由于版图中器件单元的布局以及走线的距离，可能会有较大的寄生电阻、寄生电容，或者寄生电感（后仿真一般只有电阻和电容，不包括寄生电感），这些都是在前仿真中所体现不出的。而在前仿真的网表中，一般认为器件间连线的电阻、电容均为零，这有可能导致前仿真的结果并不可靠，寄生参数足以使制成后的系统偏离设计初衷，使生产的东西并不是所设计的东西。

在本设计中，尝试使用了两种方法进行后仿真：

（1）从 Encounter 中可以提取相应的延迟信息。这是一个".sdf"文件，里面记录了相应的器件延时和线延时。由于这是根据实际的走线以及线载模型提取的，所以该文件中的延时信息较为准确。Modelsim 中提供了加入延时信息的门级仿真的功能。只需要将相应的门级网表与该 sdf 文件一同载入 Modelsim 中，在原有的测试激励下测试验证，即可完成后仿真。不过，随着数字系统规模的扩大、功能的复杂多样，后仿真过程所占用的时间会越来越久，这也是后仿真所遇到的最大的困难之一。

（2）通过网表文件仿真。本设计是数模混合的，在版图层次进行 LVS 的时候，会生成一个 sp 格式的文件，该文件指示了版图中所描述的各方面的信息，可以使用此网表文件添加相应的激励，然后进行仿真。实质上，这种仿真方法中，数字电路的概念非常薄弱，它是将数字电路中相应的基本单元拆分成相应的 MOS 管，对数字电路的仿真也变成对由 MOS 管搭建的模拟电路的仿真，这样仿真比较真实，但是在具体操作过程中会遇到各种困难。

由于是用 MOS 管对数字电路进行解释的，所以仿真的精度必然精确到各个 MOS 管，而且还涉及 MOS 管的模型层次，若 MOS 管的模型较为精确，那么，仿真所需的时间会变得很长。实际上，数字电路中发挥作用的电平仅有两个：高电平"1"和低电平"0"，没必要像模拟电路那样将电压精确到 mV 级，将电流精确到 μA 级。为解决仿真时间过长的问题，可以使用一些能够调整仿真精度的仿真工具，比如 Hsim、nanosim 等，进行整体仿真的时候，可以将数字电路的精度调至一个较低的水准，用以提高仿真速度。

在一些设计中，设计人员并不进行后仿真这一环节。设计人员首先保证了 RTL 级描述的准确；然后保证 DC 综合后的网表与 RTL 级的描述一致，同时在静态时序分析中，检查是否存在违例的路径；最后使用布局布线工具生成相应版图之后，提取延时信息，并将该延时信息反标到网表之中，再次做静态时序分析，如果分析发现仍然没有违例，那么就认为设计符合要求，可以投片了。

有一种说法是：对于时序电路，在静态时序分析没有违例的情况下，后仿真没有太大意义。然而，后仿真在下面三种情况下是必要的：

（1）异步逻辑设计部分；

（2）ATPG 向量验证；

（3）初始化状态验证。

本文对后仿真是这样设定的：后仿真只需要验证最基本的功能，看功能是否正常，或者与前端仿真存在多大的差异，这种后仿真的目的是检验是否存在最基本的错误，比如版图中电源未接（LVS 中有可能检测不出）。对于数字系统的后仿真，更赞同用 Modelsim 去仿真反标了 sdf 的 netlist 网表，这样认为"基准单元"为数字电路的最底层。如果 sdf 的 netlist 网表准确，就保证了用 netlist 进行后端仿真的真实性，同时，由于电路底层的级别比较高，从而也保证了仿真的速度。

8.8.3　FPGA 验证

FPGA(Field Programmable Gate Array)作为可编程逻辑器件，相比于 ASIC(Application Specific Integrated Circuit)，FPGA 可以重复擦写程序，通常用它来对现有的设计进行仿真验证。

在数字 ASIC 的设计中，由于测试向量的不完备，设计中很有可能存在相应的 Bug。因为每次 ASIC 的投片会花费较大代价，为规避风险，通常会对设计进行 FPGA 验证，FPGA 验证无误后才进行投片、量产。

Altera 公司提供的软件 Quartus Ⅱ 主要是为 FPGA 服务的，从仿真验证，到综合，一直到最后载入 FPGA，Quartus Ⅱ 提供了较为完整的方案。对于 FPGA 型号的选取，主要是参照速度、面积、价格等因素，同时很多厂商都提供 FPGA 开发板，这使得 FPGA 验证这一环节很容易实现。

本设计选择的是 Altera 公司的 EP2C20F484C8 芯片。Altera 公司的 Cyclone 系列 FPGA是目前市场上性价比较高的 FPGA 产品系列，EP2C20F484C8 芯片中所能容纳的逻辑器件也能够满足要求。

FPGA 验证平台主要由 PC 机、ARM 和 FPGA 构成，结构框图如 8 - 38 所示。PC 机中有相应的软件支持，通过 USB 接口向 ARM 传输相应的控制信息，ARM 在控制信息的指导下，与 FPGA 进行交流，同时将相应的信息反馈回 PC。在 PC 的人机交互界面，很容易判定 ARM 与 FPGA 中通信的情况。ARM 中是携带 I^2C 模块的，利用 ARM 中的 I^2C master 来验证 FPGA 中的 I^2C slave 很有说服力。同时还可以从 Quartus Ⅱ 中的 SignalTap Ⅱ Logic Analyzer 中查看 FPGA 中相应的信号线。

图 8 - 38 FPGA 验证平台框架

本设计的 I^2C slave，正常通行的前提是 SDA、SCL 是稳定的信号，对于 SDA、SCL 滤波整形的处理是交由模拟部分完成的。在进行 FPGA 验证的时候，由于 I^2C 的两根总线是用跳线与 ARM 相连的，可能存在较大噪声，所以为验证 I^2C 功能的正确性，同样需要在 FPGA 内部抑制噪声的干扰。可以用 FPGA 提供的高频主时钟分别对 SDA 和 SCL 进行采样，然后用诸如"三选二"的机制来实现对干扰的抑制。

从另一个角度来说，对 FPGA 的验证可以这样理解：FPGA 提供的是一个工艺环境，在 Quartus Ⅱ 的帮助下，生成了一款芯片，该芯片中含有相应功能的电路，通过验证该芯片的功能，来保证设计的正确性。不过实际上，设计会在另一个工艺环境下制成相应芯片。

在通信的另一方存在硬件结构的前提下，比如 ARM 中的 I^2C master，FPGA 可以用来对相应通信模块进行验证，此时，FPGA 主要进行的是功能验证，即对 RTL 设计的验证。在其他情况下，FPGA 验证并不存在决定性的意义。

8.8.4 静态时序分析验证

在 Encounter 布局布线完成后，可以导出 SDF 文件和 SPEF 文件，可以将该文件反标到网表之中，进行静态时序分析。

在 PT 中需要添加相应的约束信息，这与 DC 综合的约束相仿，目的是设置分析的环境。使用"read_sdf"和"read_parasitics"可以分别读入 SDF 和 SPEF 文件，之后可以进行时序分析。图 8 - 39 中展示的是分析的结果，由图可以看出，相应的延时后面被标注了"＊"号，表明延时信息已被反标。由结果看出，不存在违例路径，设计符合要求。

Startpoint:PROX_new_digital/ABC_reg[0]

        (rising edge-triggered flip-flop clocked by OSC_CLK′)

Endpoint:U15(falling clock gating-check end-point clocked by OSC_CLK′)

Path Group:＊＊clock_gating_default＊＊

Path Type:max

Point	Incr	Path
clock OSC_CLK′(rise edge)	175.00	175.00
clock network delay(ideal)	0.50	175.50
PROX_new_digital/ABC_reg[0]/CP　(DFCNS1Q)	0.00	175.50 r
PROX_new_digital/ABC_reg[0]/Q　(DFCNS1Q)	0.80 ＊	176.30 f
U100/ZN(OAI21D0)	0.39 ＊	176.69 r
U15/A1(NR2D0)	0.00 ＊	176.70 r
data arrival time		176.70
clock OSC_CLK′(fall edge)	350.00	350.00
clock network delay(ideal)	0.50	350.50
clock uncertainty	−0.20	350.30
U15/A2(NR2D0)		350.30 f
clock gating setup time	0.00	350.30
data required time		350.30
data required time		350.30
data arrival time		−176.70
slack(MET)		173.60

图 8-39　静态时序分析的部分结果报告

8.8.5　形式验证

形式验证是通过形式证明的方法对一个设计进行验证,它是从数学上对电路的功能进行一个较为全面的验证。形式验证分为三大类:等价性验证、模型验证和理论证明。通常在数字 IC 设计过程中所说的形式验证,往往指的是等价性验证,比较常用的工具有 Formality。

形式验证为验证设计之间的等价性提供了极大的便利:

(1) 形式验证不需要考虑测试向量;

(2) 这是一个覆盖率 100% 的验证。

Synopsys 的 Formality 能够进行"RTL to RTL"、"RTL to netlist"以及"netlist to netlist"的验证,这种等价性验证主要体现在对组合逻辑的验证上。在使用 Formality 的过程中发现,若对设计中的寄存器进行了相应改动,那么,Formality 往往直接认为两者是不一致的。

在设计过程中,主要用 Formality 进行如下验证:

(1) 综合前的 RTL 描述与综合后的网表的验证;

(2) 布局前的门级网表与布局后的网表的验证;

(3) 对 RTL 描述或者网表进行了修改,只要不涉及寄存器的变动,修改前、后的验证均可使用形式验证。

在第一和第二种情况下,一般不会验证出不一致,主要是第三种情况。由于人工的参与,很容易出现各种问题,此时用形式验证工具来保证修改前后的一致性,是非常高效的一种做法。

如图 8-40 所示,这是将 DC 综合后的网表与布局布线后的网表进行形式验证后的结果,Reference 中添加的是 DC 综合后的网表,Implementation 中添加的是 Encounter 布线之后导出的网表,经验证,两者功能是一致的。

```
************************verification Results ********************
Verification SUCCEEDED

_____

Reference design:r:/WORK/digital
Implementation design:i:/WORK/digital
210 Passing compare points

_____
```

Matched Compare Points	BBPin	Loop	BBNet	Cut	Port	DFF	LAT	TOTAL
Passing(equivalent)	0	0	0	0	31	179	0	210
Failing(not equivalent)	0	0	0	0	0	0	0	0

```
*****************************************************************
```
1

图 8-40 形式验证结果报告

第九章 数字集成电路软件的使用

9.1 仿真软件 ModelSim 的使用方法

1. ModelSim 功能简介

（1）编译：可查出基本语法错误，在不影响语义的情况下，可以进行仿真，但很多可综合 RTL 形式的语法错误无法查出，需要使用 Quartus Ⅱ 或 design_compiler 等软件再次编译查错。

（2）仿真：在使用 ModelSim 进行仿真前，通过书写 testbench（测试代码）以产生激励，对设计进行动态仿真。在前仿中，仿真波形主要验证设计中逻辑功能是否正确，输出信号是否符合设计指标等；在后仿中（即加入 sdf 延时文件），仿真波形主要验证设计中是否存在竞争与冒险以及是否会出现 setup time（建立时间）和 hold time（保持时间）的违例等。需要特别强调的是，如果设计需要转化为实际电路，则设计人员必须使用可综合 RTL 代码进行设计。

下面以 I²C 从机为例说明 ModelSim 软件的使用方法。

2. ModelSim 仿真步骤

（1）新建工程，单击 File→New→Project…，打开如图 9-1 所示的对话框。

图 9-1 新建工程对话框

（2）添加 verilog 文件。在 Workspace 的 Project 标签中点击鼠标右键，出现 Add to Project to New File，建立新的文件，编写 I²C 程序，如图 9-2 所示。

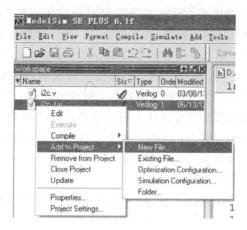

图 9-2 添加文件

（3）I²C 编写完成后进行编译。操作方法：点击图 9-3 中的 Compile，如果没有错误，则添加 testbench 程序，添加过程同（2）。

（4）点击 Compile，编译选中的程序，点击 Compile All 编译工程下的所有程序。

（5）若编译没有错误，则点击图 9-3 中的仿真键开始仿真。

（6）选择设计中的顶层文件，点击 OK 键，进入仿真界面，即可添加需要观察的信号波形。

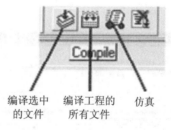

图 9-3 软件工具条

下面给出 I²C 仿真波形（图 9-4）。

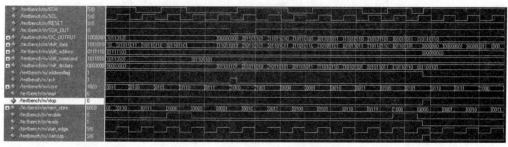

图 9-4 ModelSim 波形仿真结果

分析波形，在 SCL 的高电平，SDA 的下降沿时给出 START 信号，开始传输，接收到正确的地址，这里是"01111100"，如图 9-4 中所示。然后开始传输指令数据，第一个传输的指令数据为"10110101"，第二个传输的指令数据为"01101101"。按照传输规则，之后一直传输数据，而且每移位一次，传输一次，不能漏掉每次显示数据的变化。直到遇到停止位后，输出保持不变同时停止传输，地址寄存器、指令寄存器、数据寄存器初始化。

由上述分析可得，仿真波形图与设计中的逻辑功能完全吻合，说明程序逻辑正确。关于如何确定程序代码是否可以综合，时序是否发生违例，还要通过在 Quartus Ⅱ 软件中编译仿真，以及下载到 FPGA 开发板后得以验证。

9.2　用 Quartus Ⅱ 软件完成 FPGA 验证方法

需要特别指出的是，由于在本例中，验证 I²C 从机的激励源由 ARM 开发板产生并由数据线连接至 FPGA 开发板，所以在 ARM 开发板与 FPGA 开发板的传输过程中易产生毛刺，设计人员需要在仿真 I²C 从机程序之前加入数字滤波器以滤除毛刺。

工具使用步骤：

（1）新建工程 File→New Project Wizard，打开新建工程对话窗口，如图 9-5 所示。注意工程名称与顶层文件的名称一致，如这里顶层文件是 I²C dfilter，则工程名必须为 I²C dfilter，也可以在后期使用 Set as Top-Level Entity 命令指定顶层文件，此时工程名称与顶层文件名称不必一致。

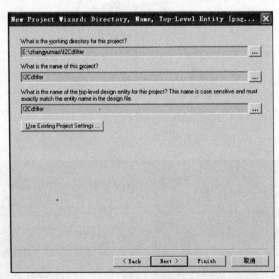

图 9-5　新建工程对话框

建好工程后，把已经编写好的 I^2C 程序代码和滤波器的程序加到工程中。

（2）硬件设置。将硬件设置为当前 FPGA 开发板上 FPGA 芯片的型号，完成该操作后，才可以利用 FPGA 内部资源进行编译。

点击 Assignments→Device 打开 Setting 窗口，窗口名为工程名（I^2C dfilter），如图 9－6 所示，选择相对应开发板上的 FPGA 型号，本例中为 EP2C20F484C8。

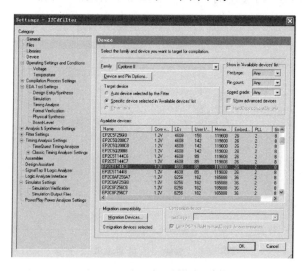

图 9－6　Setting 选项

（3）管脚定义，Assignments→Pins，打开对话窗口，所示芯片为已经在上一步选择好的芯片。在阅读相关 FPGA 开发板的管脚定义说明书的基础上，确定 clock（时钟）、reset（复位）和输入/输出信号应该使用哪些管脚。管脚定义如图 9－7 所示。

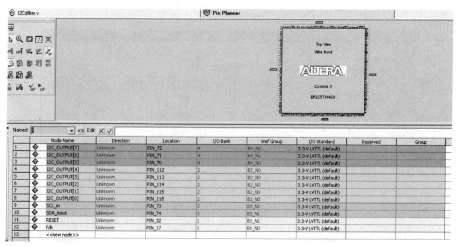

图 9－7　管脚定义

（4）编译 Verilog 程序，选择 I²C dfilter（数字滤波器程序），点击鼠标右键，选择 Set as Top-Level Entity（设置为顶层文件）。然后开始编译，Processing→Start Compilation。

编译结束后，如果没有错误，则可继续以下操作；否则要改正错误。一般错误为语法或硬件设置问题。特别需要查看 Met timing requirement 一项是 Yes 还是 No，保证程序输入 FPGA 中运行时不发生时序违例。图 9-8 为编译结果。

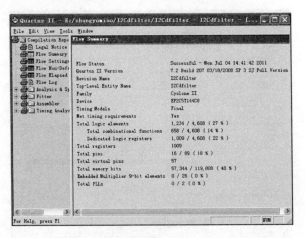

图 9-8　编译完成自动生成报告

（5）以上操作都完成后，可以保证程序的正确性，并可以下载到 FPGA 板子上进行验证。连接 FPGA 开发板到电脑，然后选择 Tools→Programmer，打开如图 9-9 所示的对话框。如果用并行线连接，在 Hardware Setup 中选择 byte-blaster；如果是 USB 口连接，则选择 USB-blaster。注意，必须加载最后一次编译通过的文件。连接设置好后，选择 Start，开始将文件下载到开发板中。

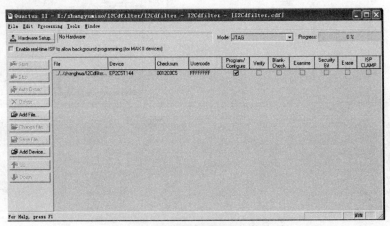

图 9-9　下载程序到开发板的选项

（6）正确下载到板子上后，用 ARM 生成激励的方法，传输数据到 FPGA 开发板上，可以用信号逻辑分析器采样数据，分析生成波形是否正确。执行 Tools→Signal Tap Ⅱ Logic Analyzer 命令，打开信号逻辑分析器，如图 9-10 所示。首先设置触发状态，本例中为 clk 的上升沿触发，亦可设置其他信号的高电平、低电平、上升沿、下降沿为触发状态。然后点击 Run Analysis 开始采集数据，采集满预先设置好的阈值后可自动停止采集数据，或点击 Stop Analysis 也可停止采集数据。

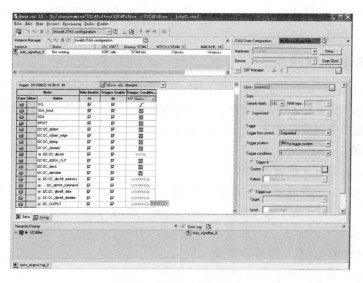

图 9-10　信号逻辑分析器

在停止采集后会生成波形图，有时波形图不正确，有可能是由于触发信号没有发生，这要根据生成的波形图分析结果。如果触发信号产生，数据传输正确，那么硬件综合仿真过程就完成了。图 9-11 为信号采集结果，可以看到 ACK、enable 信号产生正确，在接收正确地址后的确开始了指令传输。同时可以看到传输数据时有毛刺产生，并且被滤除。

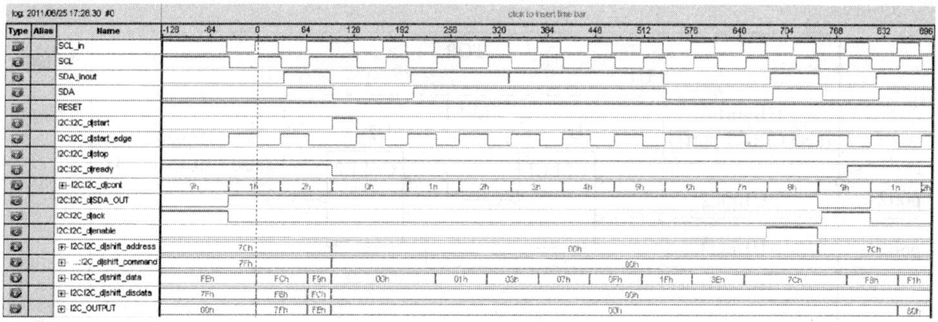

图 9-11　采样结果波形图

9.3 DC综合原理及DC软件使用方法

Synopsys 公司的 DC(Design Compiler)是目前业界最流行的综合工具和实际标准。DC的作用是读取设计的 RTL 代码并且施加约束条件，产生门级网表，该门级网表会应用在之后的设计和仿真中。

DC 尽可能地优化设计以满足指定的约束条件，如果约束不满足，就需要视情况修改设计或放松约束条件。

9.3.1 DC综合原理简介

DC 自 20 世纪 80 年代问世以来，在 EDA 市场的逻辑综合领域就一直处于领先地位。DC支持大量的对象、变量及属性，以使综合过程更加有效。使用这些要素，设计人员可以编写出强大的脚本以使综合过程自动化。所以我们有必要对 DC 的一些基本概念进行介绍。

1. 设计对象

在 DC 中，总共有 8 种设计实体：

设计(Design)：一种能完成一定逻辑功能的电路。设计中可以包含下一层的子设计。

单元(Cell)：设计中包含的子模块的实例。在下面的内容中我们将不对单元和实例区分，均视为单元。

参考(Reference)：单元的参考对象。

端口(Port)：设计的基本输入/输出口。

引脚(Pin)：单元的输入/输出口。

连线(Net)：端口间及管脚间的互连信号。

时钟(Clock)：作为时钟信号源的管脚或端口。

库(Library)：直接与工艺相关的一组单元的集合。

通过下面的一段程序以及插图(图 9 - 12)的解释，相信读者会对设计对象的概念有进一步的理解。

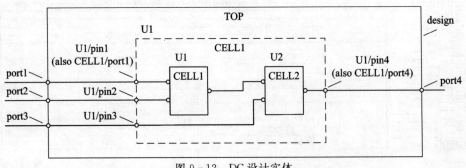

图 9 - 12 DC 设计实体

```
module Top(design)(A,C);
    input A(port);
    output C(port);
    wire B(net);
    INV(reference)u1(cell)( · I(pin)(A), ZN(pin)(B));
    INV(reference)u2(cell)( · I(pin)(A), ZN(pin)(B));
end module
```

2. 变量

变量是 DC 用作存储信息的标示符。DC 预先定义好了一些变量,设计人员可以通过改变这些变量的存储信息控制 DC 的综合与优化过程。

3. 属性

属性在本质上与变量是相似的,两者都用来存储信息,而属性用于存储特定设计对象的信息,如连线、单元、时钟。例如对于一个单元的引脚,它就包含了工艺库中为其定义的"max_transition"属性。设计人员也可从用 DC 提供的一些命令来对设计对象设置一些额外的属性。例如,可以用"set_dont_touch"命令为设计对象设置"dont_touch"属性,组织 DC 对这个设计对象进行改变。下面介绍命令的基本格式,例如寻找设计对象命令。

寻找设计对象命令是 DC 中最常用的命令,命令格式是"get_ * ",执行"get_ * "命令的结果是得到一个设计对象的集合,有了这个集合,设计人员就可以方便地使用 DC 中的一些命令,比如说设置负载电容等。下面我们列出一些常用的"get_ * "命令:

```
get_ports
get_nets
get_pins
get_cells
get_clocks
```

例如我们想得到一个名字中包含字母"U"的单元的集合,就可以执行如下命令:

```
get_cells * U *
```

4. 数据格式

大多的 synopsys 产品都支持和共享一个称为 db 格式的通用内部文件,db 文件是以 RTL 代码编写的已映射的门级网表或者是 synopsys 库本身的代表文本数据的二进制编码形式。db 文件中也可能包含应用于设计的任何约束。此外 synopsys 的工具能识别Verilog、VHDL. EDIF 等格式,且 DC 能对它们进行读写操作。

现在我们较常用的是 Verilog 格式的 HDL 描述,因为它的描述风格类似于大家早已熟悉的 C 语言,而且它不需要使用 IEEE 的软件包,网表很容易从一个厂商工具转换到其他厂商工具。

9.3.2 DC软件使用方法

下面使用 Design vision 对 I²C 进行综合。

（1）在命令窗口中，进入具有 DC 模块目录。输入 dv 命令即进入 Cadence 环境，如图 9 - 13。

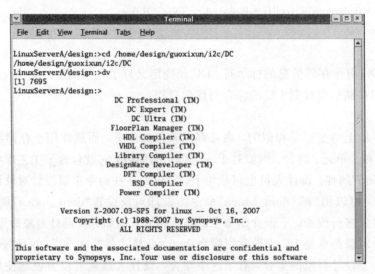

图 9 - 13　进入 Cadence 环境

（2）进入 Cadence 的终端后，出现 GUI 界面，如图 9 - 14 所示。

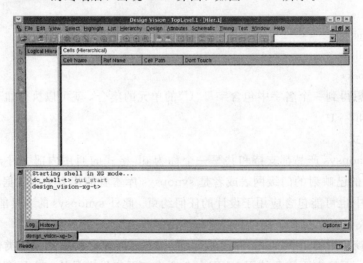

图 9 - 14　DC 图形界面

（3）进入 DC 界面，读入程序，如图 9-15 所示。

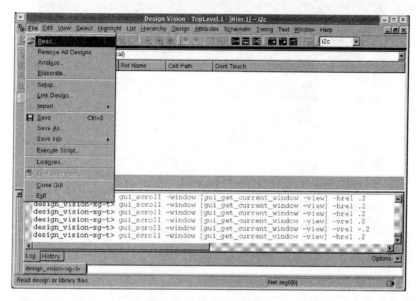

图 9-15　读入设计代码

（4）设置工作环境。点击 Setup，添加路径和 .db、.sdb（可省略）文件，如图 9-16 和图 9-17 所示。

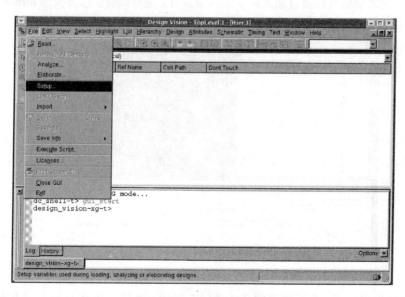

图 9-16　设置工作环境

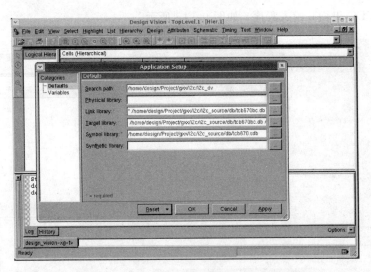

图 9-17　添加工作库

在 Setup 应用窗口中，Search path 就是我们建立工程的路径。target 库添加的库文件（.db 文件）是一般工艺厂商提供 3 个描述标准单元的 .db 文件，分别代表最好、最差、典型模式，link 库在添加 target 库中 3 个描述标准单元的 .db 文件后，添加"＊"代表加入设计中例化的实例。symbol 库添加的是 .sdb 文件，点击 OK 按钮，每次进入后都要重新设置。

（5）设置完之后就可以通过输入命令来约束设计，进行综合。综合报错如图 9-18 所示。

图 9-18　综合报错

如果综合出现错误，有可能说明 Tcl 语句有错误，查错的方法是每条语句依次输入命令行，逐条定位错误。最常见的错误就是缺少空格，或者是路径设置之类的问题。如图

9-18所示。在修改错误时需要查看每条语句的详细语法，此时，可以在命令行输入"man
＜空格＞＜命令＞"。修改完成后重新运行。为了避免前面的错误语句对现在的语句造成
影响，就要用 reset 命令，方法是在命令行输入"reset design"。

　　若要查看综合后的设计是否满足时序，输入命令"report_timing-delay max"，查看
setup time(建立时间)的时序裕量。把 max 换为 min，就得到 hdd time(保持时间)的时序裕
量。若综合报告无错误信息提示，则综合完成。综合结果如图9-19所示。

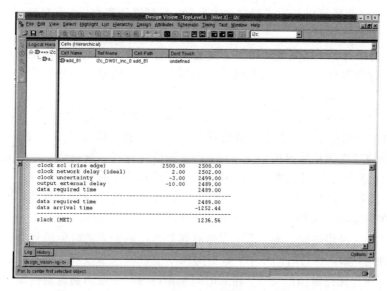

图 9-19　综合完成

9.4　静态时序分析与 PrimeTime 软件使用方法

　　随着 ASIC 设计进入深亚微米时代，其设计规模、复杂度都急速增长，可靠性要求也
越来越高。这对设计的每一个环节都提出了更高的要求，特别是对设计的时序验证环节，
要求验证工具具有更好的性能和更快的速度。在当今的半导体工业中，静态时序分析已经
变成了实现时序验证的一种主要手段。

9.4.1　静态时序分析

　　传统的概念是在验证功能的同时完成时序验证，动态仿真曾一度是主要的手段。动态
仿真是指对待验证的电路加入激励向量，然后通过观察该电路在外部激励向量作用下的反
应来判断该电路能否满足时序要求。随着电路规模的不断扩大，获得激励向量所要付出的
代价是巨大的，而且利用动态仿真对电路的验证很难达到要求的验证覆盖率。目前对于大
规模芯片通常采用静态时序分析的方法进行时序验证。与动态仿真相比，静态时序分析更

快，这是因为它没有去仿真电路的逻辑运算，而且也更加完整，它检查的是所有的时序路径，而不仅仅是那些被一些特定的测试向量所激发的逻辑。

下面我们将对静态时序分析的原理做一个简单介绍。

(1) 静态时序工具(PT)读入网表文件后，将电路转换为时序路径的集合。时序路径就是一个点到点的数据通路，数据沿着时序路径进行传递。它的起点是输入端口或者是寄存器的时钟端，终点是输出端口或者是一个寄存器的数据端。每个路径最多只能穿过一个寄存器，这样，时序路径可以是输入端口到寄存器、寄存器到寄存器、寄存器到输出端口、输入端口到输出端口。

(2) 计算每个路径上的延时。在一个路径上可能包含三类延时：连线延时、组合逻辑单元的延时、寄存器从时钟端到数据输出端的延时，一个路径上的延时是该路径上的所有连线延时与单元延时的综合。

连线延时就是对该连线上的寄生电容进行充放电的时间。因此，连线延时由连线上的寄生电容、寄生电阻决定。而寄生参数的获得在布图前和布图后是不同的。在布图前，寄生参数主要是通过连线负载模型估计出的，而布图后的寄生参数是从实际的电路版图中所提取的。单元延时一般都是根据输入信号的转换时间和单元的负载决定的。

(3) 检查路径是否存在时序违例，我们主要检查的是建立时间和保持时间的违例。建立时间是指在触发器的时钟信号沿到来以前数据稳定不变的时间，如果建立时间不够，数据将不能在这个时钟沿被输入触发器；保持时间是指在触发器的时钟信号沿到来以后数据稳定不变的时间，如果保持时间不够，数据同样不能被输入触发器。数据稳定传输必须同时满足建立时间和保持时间的要求。建立时间和保持时间一般由制造商提供。

根据时钟周期、路径延时、建立时间和保持时间的要求，静态时序分析工具计算出信号实际到达输入端的时间(到达时间)和需要信号到达的时间(需求时间)，将需求时间和到达时间做差，其结果称为时间裕量，若时间裕量为负则时序违例。至此静态时序分析的过程就全部结束了。

静态时序分析也存在问题，由于它不做逻辑上的计算，可能报告逻辑上不实际的路径(这些路径被称做虚假路径)，虚假路径在设计中存在，但是它是不应该被时序分析的逻辑路径，例如，1 条路径存在于 2 个复杂的逻辑块之间，但是这 2 个逻辑块不会在同一时间被选择，所以对这条路径做时序分析是没有意义的。

9.4.2 用 PrimeTime 进行静态时序分析

Synopsys 公司的 Design Compiler 和 PrimeTime(简称 PT)软件都可以完成静态时序分析，不同的是静态时序分析功能只是 Design Compiler 软件功能的一小部分，而 PT 是一个进行静态时序分析的专门工具，它比 DC 更快，占用的内存更少，更适合于超大规模电路的分析。DC 和 PT 中针对静态时序分析的命令大部分都是一致的。在本章后续内容中所涉及的命令，如未特别说明则它在 DC 和 PT 中都是可用的。

下面我们对用 PrimeTime 做静态时序分析的基本流程做一简单介绍。

（1）读入设计数据。

（2）定义设计环境。PrimeTime 允许设定时序分析的运行环境和条件，例如设定工作条件、驱动单元、负载、线载模型等。

（3）设置约束信息。约束信息一般包括时序的约束、设计规则约束和面积约束。

（4）消除虚假路径。

（5）报告分析结果。

完成以上步骤后，我们可以让 PT 报告其分析出的每条路径的时序情况，根据这些报告我们可以对设计进行适当的修改。

PT 的启动与退出步骤如下：

PT 支持用户通过两种不同的方法启动：

（1）输入 pt_shell 命令启动命令行模式的 PT。

输入 pt_shell 后，当 PT 自动完成对 license 的检测后，便会显示如下所示的初始化信息和 PT 的命令提示符，这时就可以在 pt_shell> 后输入命令：

> This program is proprietary and confidential... Initializaing gui preferences...
>
> pt_shell

PT 执行完输入的命令后，会将执行的结果在下一行显示出来。

（2）输入 PrimeTime 命令启动 GUI 模式的 PT。

输入 PrimeTime 后，PT 会启动如图 9-20 所示的图形界面。

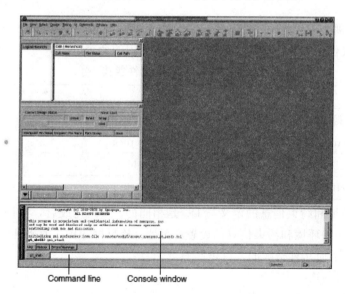

图 9-20　PT 界面

这时就可以在 Command line 命令行中输入所要输入的命令。PT 执行完输入的命令后，会将执行的结果在 Console Windows 中显示出来。当完成所要进行的分析后，输入exit 即可退出 PT。

每一次启动 PT 时，PT 就会寻找名为".synopsys_pt.setup"的文件，并执行包含在 .synopsys_pt.setup 文件中的命令。在启动过程中 PT 以如下的顺序读取 .synopsys_pt. setup 文件：

（1）synopsys 的安装目录；

（2）用户的主目录；

（3）PT 的当前工作目录。

PT 当前工作目录中的设置会覆盖以前目录中的设置。

我们通常在 .synopsys_pt.setup 文件中指定 PT 的工作环境或者设置一些变量。一个典型的 .synopsys_pt.setup 文件应包含的命令如下：

> set search_path{ }
>
> set link_path { }

对变量 search_path 的设置定义了一个路径列表，列表的内容在"{ }"中给出，它指定了当查找设计和设计库时应该查看的路径，免除了当引用设计库和设计时需要键入完整文件路径的麻烦。对变量 link_path 的设置定义了一个库列表，列表的内容在"{ }"中给出，它包含了用于链接设计的单元。这些库可以在 search_path 所指定的路径中查找到。

1. 读入设计

PT 不像 DC 那样可以读取 RTL 源文件，它只能读取映射后的设计。表 9-1 给出了 PT 可以接受的文件类型，以及读入每一种类型所使用的命令。

表 9-1　PT 读入文件类型

PT 可以接受的文件类型	命　　令
数据库文件(.db)	read_db-netlist_only
Verilog 网表文件(.v)	read_verilog
EDIF 网表文件(.edf)	read_edif
VHDL 网表文件(.vhd)	read_vhdl

PT 对设计环境和约束信息的定义与 DC 是相同的。布图完成后，与 DC 相似我们不需要再对电路进行一些环境和约束信息的设置，而是直接反标布图工具产生的实际电路的参数。PT 可以反标下面几种格式的实际电路参数信息：

（1）SDF 格式的连线 RC 延迟。

（2）set_load 格式的连线负载值。

（3）DSPF、RSPF 或 SPEF 文件格式的时钟及其他关键连线的寄生信息。

下面的 PT 命令用于反标上面的信息：

read_sdf：正如其名，该命令用于读取 SDF 文件。

Source：PT 用这个命令读取 Tcl 格式的外部文件，用于反标 set_load 格式的文件。

read_parasitics：反标 DSPF、RSPF 或 SPEF 格式的文件。

在布图后我们使用 set_propagated_clock 命令遍历时钟网络传播时钟，这时时钟延迟、偏差和转换时间由 PT 从时钟网络中计算得出，不需要再进行设置。不过我们还是建议仍使用 set_clock_uncertainty 指定一定的时钟偏差，减少芯片受制造工艺偏差的影响。

2. 消除虚假路径

首先介绍时序弧的概念。PT 是基于路径分析的，每一条路径都是时序弧。

消除虚假路径常用到以下两个命令：

(1) set_false_path

　　　-from<起点>

　　　-to<终点>

　　　-through<中间点>

set_false_path 命令并没有禁止任何单元的时序弧，只是移除指定路径的约束。如果我们对这条路径进行时序分析，将会生成未约束的时序报告。

(2) set_disable_timing

　　　-from<起点>

　　　-to<终点>

　　　<单元名>

set_disable_timing 命令用来禁止个别单元的时序弧，主要是为了防止 PT 在计算路径延迟时，选用这个时序弧。

3. 报告分析结果

使用 report_timing 命令可以报告路径延时信息，report_timing 命令是一个非常灵活和有用的命令，它有很多不同的选项可供设计人员进行选择，下面将对这个命令的格式和一些常用的选项作一介绍：

　　　report_timing

　　　-to <路径终点列表>

　　　-from <路径起点列表>

　　　-nworst <路径数>

　　　-delay_type min|max

　　　-to <路径终点列表>：需要计算延时的路径的终点。

　　　-from <路径起点列表>：需要计算延时的路径的起点。

　　　-nworst <路径数>：报告的路径数，缺省为 1，由时延裕量最小的路径开始报起。

-delay_type min|max：指定生成时序报告的时序检测类型，默认情况下为 max，指对建立时间进行分析，min 指对保持时间进行分析。

在使用 report_timing 命令报告路径时序信息以前，经常会先使用 report_constraint -all_violators 对整个设计的违例情况进行一个总的报告，使设计人员可以对设计的总体情况有个了解。使用 report_constraint -all_violators 命令将会报告设计中所有的违例，包括保持时间违例、建立时间违例以及设计规则的违例。

有时一个设计中可能包含多条共享一个单元的路径，如果这些路径未通过时序分析，那么改变共同的单元有可能移除设计中的所有路径的违例。PT 提供了识别设计中多条违例路径共享的单元的能力，通常把它称为瓶颈分析，通过使用 report_bottleneck 命令来完成。

PT 允许设计人员在不修改原始网表的前提下对设计进行修改，通过对设计进行修改可以方便地看到修改后的时序情况，我们通常使用 insert_buffer 和 swap_cell 对设计进行临时的修改。下面将对这两个命令进行简单的介绍：

- swap_cell ＜单元名＞ ＜库名/参考的设计名＞

单元名：指定要被替换的单元名。

库名/参考的设计名：指定用于替换的单元参考的设计名及其所在的库。

需要注意的是，只有当现有单元的引脚和替换单元的引脚完全相同时才能进行替换。如果替换前后的单元只是尺寸上不同，这时我们使用 size_cell 命令，它的用法与 swap_cell 完全一样，这里我们就不再重复说明。

- insert_buffer ＜引脚名|端口名＞ ＜库名/参考的设计名＞

引脚名|端口名：指定插入单元的引脚名或端口名。

库名/参考的设计名：指定用于插入的单元参考的设计名及其所在的库。

文件导出：

PT 不像 DC 那样可以对设计进行保存，因为在 PT 中不可以对原始的网表进行修改，在 PT 中除了对时序约束文件的导出是用 write_sdf_constraints 命令外，其余用于导出文件的命令与 DC 都是相同的，PT 中的 write_sdf_constraints 命令与 DC 中用于生成 SDF 格式的时序约束文件的 write_constraints 命令在用法上也是相同的。

9.5 形 式 验 证

形式验证(Formality)主要用于验证 DC 综合后的网表与原始设计在逻辑上是否等价，是布局布线前必须进行的步骤。

进入 Cadence 后，输入 formality 进入 Formality 界面(图 9-21)要求 formality 的版本与 DC 的版本持平或比 DC 版本更高。

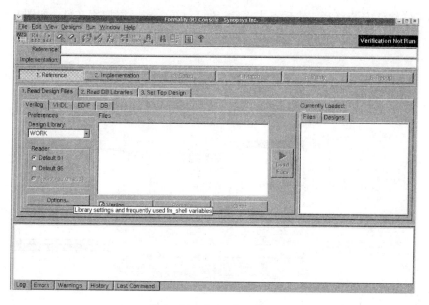

图 9 - 21 Formality 界面

点击 Options，添加 DC 软件的安装路径，如图 9 - 22 所示。

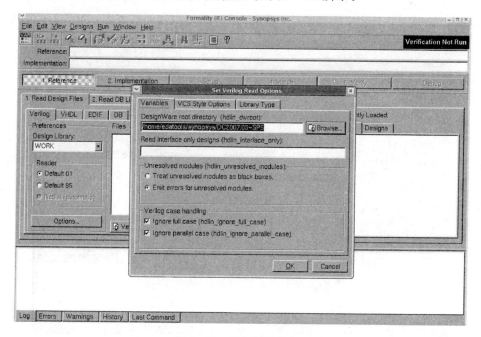

图 9 - 22 添加路径信息 1

添加 DC 软件安装路径，然后点击 VCS Style Options，添加库文件，如图 9-23 所示。

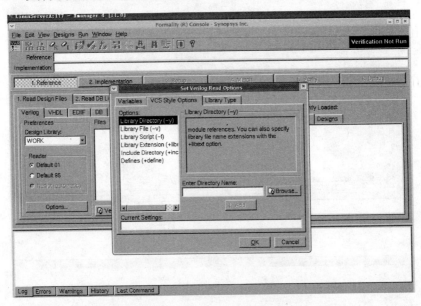

图 9-23　添加路径信息 2

添加 .lib(或 db)工艺库所在路径，点击 Add，然后添加库扩展名，如图 9-24 所示。

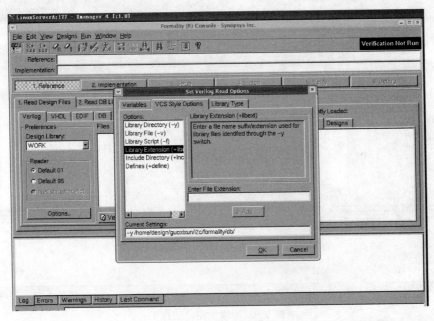

图 9-24　库扩展

库扩展在 Enter File Extension 里面加 .v，点击 Add，点击 OK。库设置工作完成后要添加 verilog 程序，如图 9 - 25 所示。

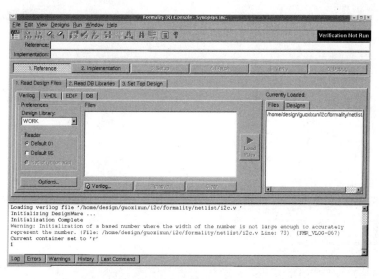

图 9 - 25　添加设计(1)

点击 verilog，加载作为参考的程序，比如我们要验证 DC 后的网表，则最初编写的代码就是现在要添加的。然后点击 Load，再设置顶层文件，如图 9 - 26 所示。

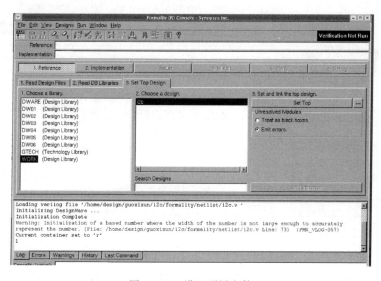

图 9 - 26　设置顶层文件

在这里要设置顶层文件，选中 I^2C，点击 Set Top Design，完成后进入下一步，添加待验证的门级网表文件，如图 9 - 27 所示。

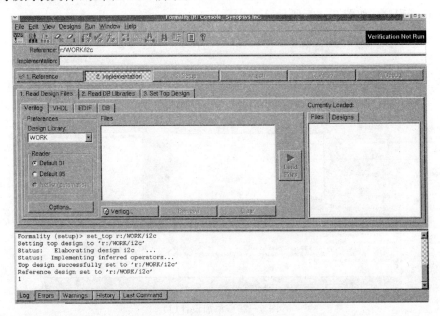

图 9 - 27　设置

设置 Implementation，点击 verilog，添加网表文件，如图 9 - 28 所示。

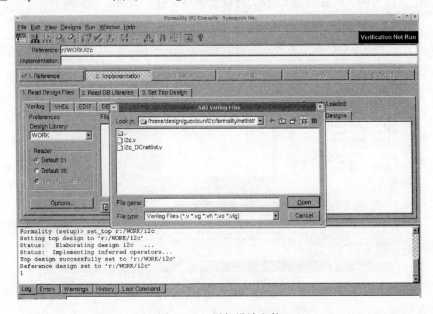

图 9 - 28　添加设计文件

选择综合后的网表 i2c_DCnetlist，选中后点击 Open，然后加载网表，如图 9-29 所示。

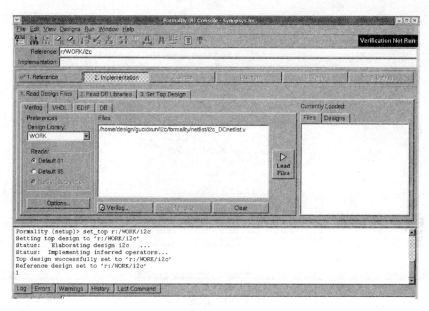

图 9-29 加载设计文件

点击 Load，完成之后，设置网表的顶层文件，如图 9-30 所示。

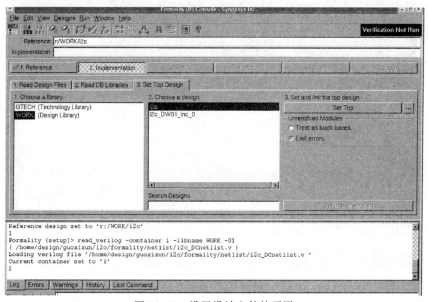

图 9-30 设置设计文件的顶层

跳过 Setup，直接点击 Match，如图 9 - 31 所示。

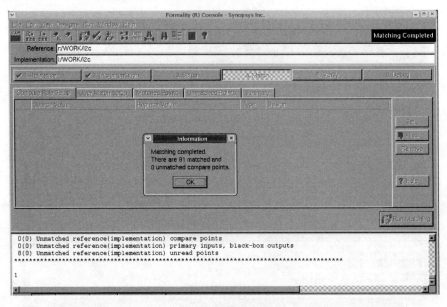

图 9 - 31　匹配结果

匹配成功，进入最后一步。查看 Formality 验证结果，如图 9 - 32 所示。

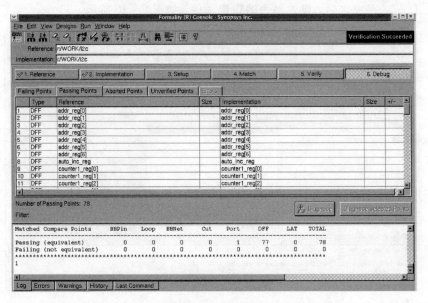

图 9 - 32　验证结果

验证成功，综合后的网表与设计完全等价。判断依据是最后一行全为 0。

9.6 Encounter 布局布线流程

对于 SOC Encounter 而言，后端设计所需的数据主要是标准单元和 I/O Pad 的库文件，它包括物理库、时序库，分别以 .lef、.tlf(或者 .lib)的形式给出，其中 I/O Pad 的相关文件只有在做 Pad 的版图时才需要，否则不需要。这里我们没有 I/O Pad 的相关文件。

(1) 设计输入(Design Import)，读入设计所需的库文件和设计文件。

Design→Import Design 打开 Design Import 对话框，如图 9-33 所示。这里所选择的 Verilog Netlist 是 DC 综合后的网表文件(.v 格式)需自行根据设计添加顶层 module 名称，时序约束文件(Timing Constraint File)为 .sdc 文件，由 DC 或 PT 产生；lef 文件的添加顺序必须是按照先 technology lef 文件，次 cell library lef 文件，最后 antennna lef 文件的顺序添加。

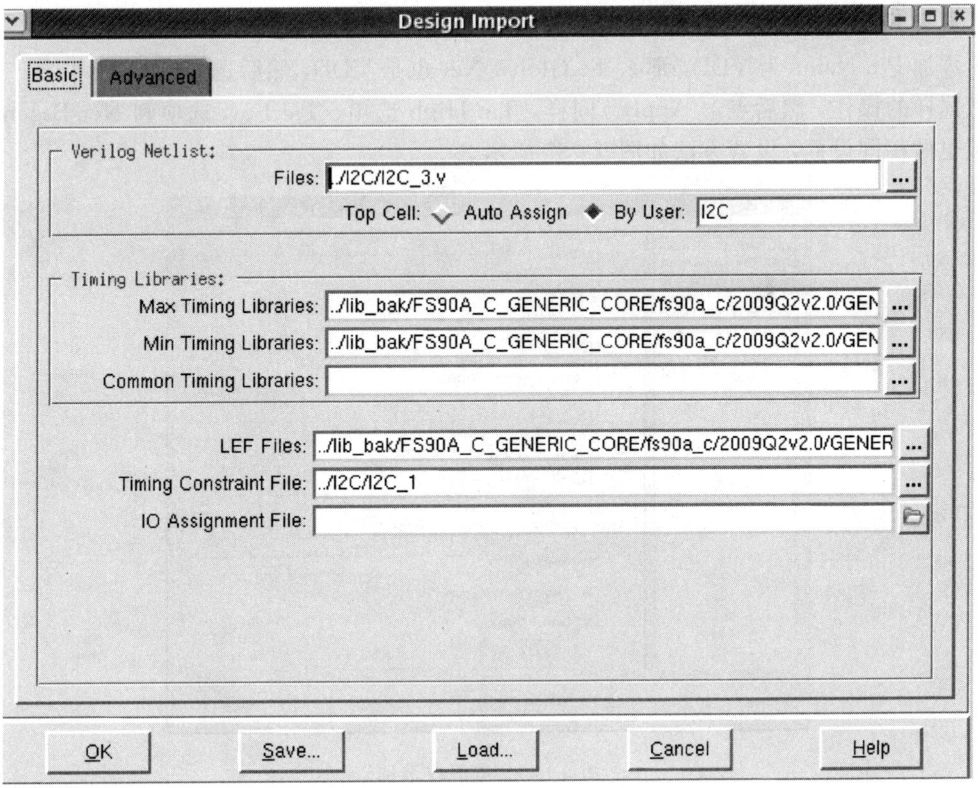

图 9-33 库文件选择对话框

（2）设置 Power，填入版图里电源和地的线名。

将上述所打开的对话框切换到 Advanced，选择 Power，填写的 Power Nets 和 Ground Nets 的名字最好和库里面的标准单元的电源和地的 pin 名一致，这样后面做映射会比较方便。Power 选项设置如图 9-34 所示。

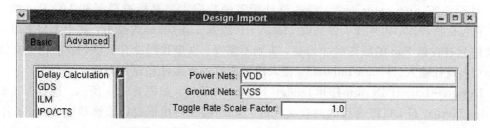

图 9-34　Power 选项

（3）Global Net Connections 把标准单元、电源 Pad 等版图中用到的 cell 的 pin 和电源 net 一一对应起来。

点击 FloorPlan→Connection Global Net…，打开对话框，如图 9-35 所示。

添加 Pin Name 为 VDD，那么 To Global Net 也是 VDD，然后选择 Add To List；对地线做同样的操作，然后点击 Apply。同样，Tie High 选项、Tie Low 选项和 Net Basename 选项也做相同设置，设置方法如图 9-35 所示。

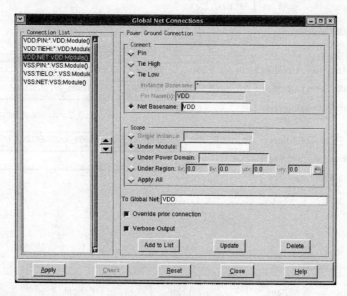

图 9-35　电源线选项

（4）对整个版图进行布局规划。

点击 FloorPlan→Specify Floorplan，打开对话窗口，如图 9-36 所示。

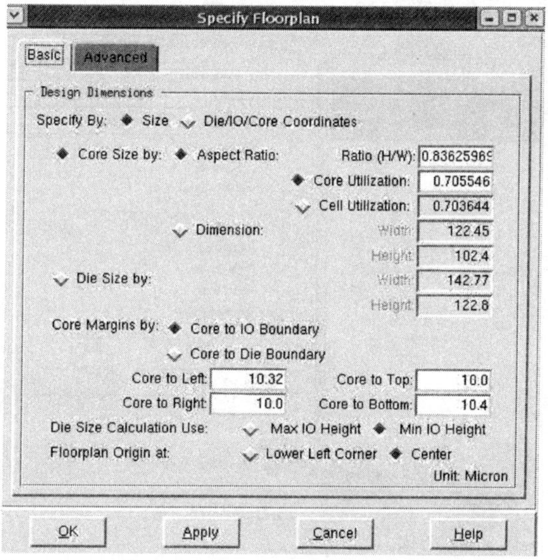

图 9-36　芯片参数设置

Core Utilization 表示 core 面积的利用率，面积允许的话，其数值越低，则芯片面积越大，用于布线的面积越宽松，布线越容易通过，也可以通过定义 core size 的长宽或者 die size 的长宽来定义布局。

Core to IO Boundary 是设置 core 的电源环与芯片边界的距离。这里电源环与四边的距离都为 10。

（5）输入/输出管脚定义。Edit→Pin Editor…。打开管脚定义窗口，在 Side/Edge 选项里选择 Pin 的放置位置，选择 Fixed、Along Entire Edge，说明管脚排列沿着边沿线平均分布。如图 9-37 所示。

（6）Add Power Rings。Power→Power Plannig→Add Rings…，打开添加电源环的窗口。电源环可以提供数字部分的电源和地，如图 9-38 所示。

一般水平和垂直的电源线选择不一样的金属线，方便后续布线。

（7）Add Stripes 选项可以将电源线布置在芯片中，保证供电。由于本芯片规模很小，可以不用添加这个电源线。但考虑到使用功能以及学习的目的，这里分别添加了一条地线和电源线。

一旦添加了电源线和地线，就要考虑到在之后的布线中，很可能有金属线相冲突的可能，我们希望可以在放置标准单元模块的时候避开电源线。所以我们需要在这个对话框的 Advanced 下选定这两条线的区域，设定在 blockage 中，如图 9-39 所示，在放置时就可沿着选定的边缘放置标准单元模块。

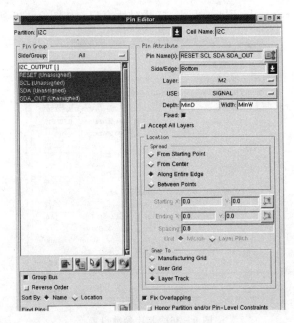

图 9 - 37　管脚放置

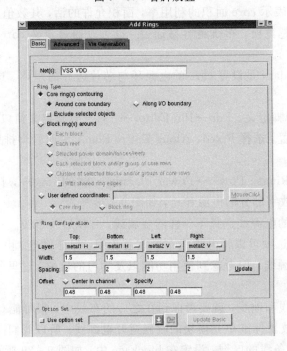

图 9 - 38　电源环选项对话框

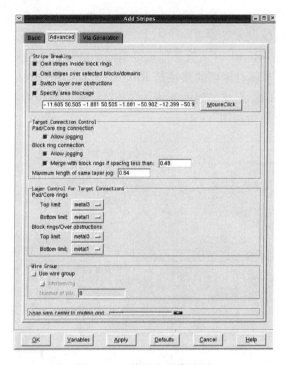

图 9-39　放置电源线选项

　　（8）放置标准单元。Place→Standard Cells，打开窗口，点击 OK 按钮，则自动放置标准单元，而且按照之前的设置，放置时会避开电源线。如图 9-40 所示。

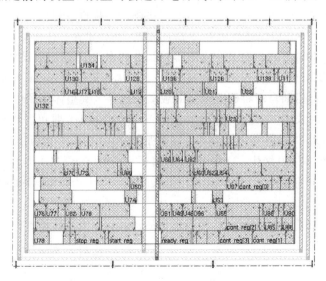

图 9-40　经过以上设置生成的芯片图

放置单元后插入时钟数，设置方法为 Clock→Design Clock。然后进行连线设置。

以下步骤将进行连线设置：

（9）Special Route/SRoute 对话框是把标准单元的电源以及给 core 供电的电源 Pad 和 core 电源环连起来。打开该对话框的路径是 Route→Special Route。

（10）用 Nano Routing 完成细致的布线。打开对话框的路径为 Route→Nano Route。

完成以上布线设置后生成图 9-41。

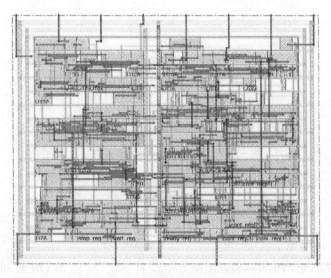

图 9-41　完成布线后的芯片

（11）点击 Verify→Verify Connectivity 对版图的连接进行粗略的 DRC 检查。

（12）添加 filler cell 避免违反诸如 N 阱间距的 DRC 错误，打开对话框的路径为 Place →Physical Cells→Add Filler，在其中选取不同长度的 filler cell 完成设计。

（13）导出 GDSII 文件（Stream-out GDSII）。该文件只包含 metal 层和 via 层的布线信息，需要设计人员在后期自行将标准单元的版图信息导入到整体版图中。

（14）生成网表文件.v，点击 Design→Save→Netlist 即可。该网表是 functional netlist，可用于 ModelSim 中进行后仿真。在添加的 filler cell 中也可能存在包含有 NMOS 管或者 PMOS 管的 decap 结构，这些 NMOS 管或者 PMOS 管在 functional netlist 中不予显示。需要通过手写命令"saveNetlist i2c_physical.v-excludeLogicCell FILLER1-phys"产生专门用于 LVS 的 physical netlist。

布局布线完成之后还要对导出的网表进行后仿真，后仿真通过才可以进行流片。

第十章　集成电路设计实例

本章列举了三个电路实例,分别用于 TFT – LCD 面板驱动芯片、电子镇流器芯片和线性充电器芯片中,针对不同芯片介绍了不同的设计方法,每个实例相比于传统技术都具有显著进步。下面对这三个实例进行详细的介绍,包括应用背景、电路优点、电路结构及工作原理。

10.1　TFT – LCD 面板驱动芯片相关实例

本实例为一种消除薄膜场效应晶体管闪烁和关机残影现象的控制电路,主要解决现有 TFT – LCD 面板工作过程中闪烁和关机残影的问题。该控制电路包括比较模块、输入控制模块和输出控制模块。比较模块通过输入控制模块产生四个输出信号,第一个输出信号连接到 LCD 数据驱动模块,第二、第三个输出信号连接到输出控制模块,第四个输出信号通过输出控制模块连接到 LCD 门驱动模块。通过控制输出控制模块中电容放电电流的大小可调整输出电压的下降斜率,补偿 TFT – LCD 工作过程中的共模误差,消除闪烁现象;通过控制 LCD 数据驱动模块和 LCD 门驱动模块的关断顺序释放 TFT – LCD 中的电荷,消除关机残影。本实例有效地提高了 TFT – LCD 的图像显示质量,可用于 TFT – LCD 显示设备中。

10.1.1　应用背景

薄膜场效应晶体管液晶显示器(TFT – LCD)是有源矩阵类型液晶显示器(AM – LCD)中的一种。由于 TFT – LCD 具有色彩饱和度高、色还原能力强、画质好和响应速度快等优点,迅速成为新世纪的主流产品。随着液晶显示技术的飞速发展,关于液晶方面的研究也越来越受到人们的关注。其中由于 γ 校正技术能够大大改善 TFT – LCD 显示设备画面的质量,已成为 LCD 液晶显示设备校正技术的主流。

TFT – LCD 液晶显示设备的驱动控制器所控制的栅极电路的等效阻抗为一连串的串联 RC 网络,这样,在采用共模电压固定的方式来驱动 TFT – LCD 液晶显示设备时,由于传统的 TFT – LCD 驱动电路输出的是方波信号,会引起因共模电压波动产生的误差。此共模误差会使同一灰度级的电压产生误差,故在不停地切换画面、正负极性交替的情况下,会使人感觉到明显的闪烁现象。同时,在关闭 TFT – LCD 液晶显示设备时,由于内部储存部分电荷,还会引起另一个影响 TFT – LCD 性能的问题——关机残影。可见,如何解决 TFT – LCD 闪烁现象和关机残影,已经成为改善 TFT – LCD 性能,提高其市场竞争力的关键所在。

图 10-1 给出了传统的 TFT-LCD 门宽调制控制电路，其输入信号为使能信号 EN 和开关信号 CTR。该输入信号经过一系列的非门和与非门产生两个频率相同、极性相反的方波信号，一个方波信号通过高压晶体管 HM_1、HM_2、HM_3 和 HM_4 组成的电平移位电路输入到高压晶体管 HM_7 的栅极，另一个方波信号输入到高压晶体管 HM_5 的栅极，HM_7 与 HM_5 的漏极相连作为该控制电路的输出端。当 EN 和 CTR 为高电平时，HM_7 导通，同时 HM_5 截止，输出信号 OUT 为高电平；当 EN 为高电平，CTR 为低电平时，HM_7 截止，HM_5 导通；当 EN 为低电平时，通过三个非门控制高压晶体管 HM_6 导通，输出 OUT 持续低电平。

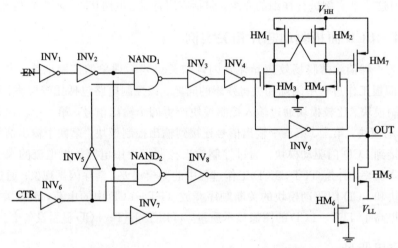

图 10-1　传统的 TET-LCD 门宽调制控制电路

图 10-2 给出了传统的 TFT-LCD 控制电路的输入信号 EN、CTR 和输出信号 OUT 的波形图，可见其输出控制信号 OUT 为完整的方波，该方波信号经栅驱动电路驱动

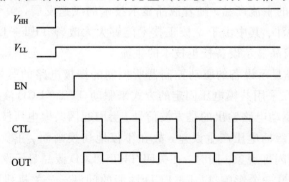

图 10-2　传统的 TFT-LCD 门宽调制控制电路的输出波形图

TFT-LCD,会产生共模误差,引起 TFT-LCD 的闪烁现象;同时,由于传统电路没有做任何消除关机残影的技术处理,故关机残影现象不可避免,导致 TFT-LCD 的图像显示质量降低。

10.1.2 电路优点

本实例与现有技术相比具有以下优点:

(1)本实例由于添加了输出控制模块,以使控制电路的输出可以选择三个不同的状态电平,分别是高电平 V_{CCH}、低电平 V_{CCL} 和零电平;通过控制放电电流的大小可调整高电平 V_{CCH} 到低电平 V_{CCL} 的下降斜率,补偿 TFT-LCD 工作过程中的共模误差,从而消除了由于不停地切换画面而引起的闪烁现象。

(2)本实例由于添加了输入控制模块,在关闭 TFT-LCD 的过程中可控制 LCD 数据驱动电路先关闭,LCD 门驱动电路后关闭,以充分释放 TFT-LCD 中储存的电荷,从而消除了关机残影现象。

10.1.3 电路结构及工作原理

本实例的电路结构框图如图 10-3 所示。

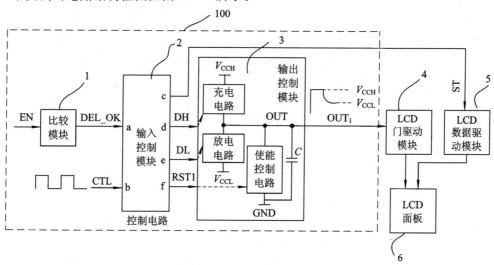

图 10-3 本实例的电路结构框图

本实例包括比较模块 1、输入控制模块 2、输出控制模块 3、驱动模块 4、5 和面板 6。其中,输入控制模块 2 设有两个输入端 a、b 和四个输出端 c、d、e、f;使能信号 EN 通过比较模块 1 连接到输入控制模块 2 的输入端 a,输入控制模块 2 的输入端 b 连接开关信号 CTL;四个输出端 c、d、e、f 分别输出信号 ST、DH、DL 和 RST1;输出端 c 作为整个控制电路的输出端；输出端 d、e、f 均连接到输出控制模块 3。输出控制模块 3 包括充电电路、放电电路、使能控制电路和电容 C；该充电电路一端接高电平 V_{CCH}，另一端通过放电电路连接到低电平 V_{CCL}；充电电路与放电电路的公共端作为输出端 OUT，该输出端的输出信号 OUT_1 为整个控制电路的输出信号；使能控制电路与电容 C 并联跨接于输出信号 OUT 与零电平之间。

其中的控制电路 100 的输出信号为 ST、OUT1。信号 OUT_1 通过 LCD 门驱动模块 4 连接到 LCD 面板 6，用于控制 LCD 门驱动模块 4 的工作与关断；信号 ST 通过 LCD 数据驱动模块 5 连接到 LCD 面板 6，用于控制 LCD 数据驱动模块 5 的工作与关断。

本实例采用的比较模块 1 其电路原理图如图 10-4 所示，它包括比较器 101、任意极之间耐压值小于 5 V 的低压晶体管 M_{101}、电流源 I_{101} 和电容 C_{101}。低压晶体管 M_{101} 的栅极连接使能信号 EN，源极连接零电平，漏极通过电流源 I_{101} 连接到直流电源 V_{cc}；比较器 101 的负输入端连接基准信号 V_{ref3}，正输入端连接低压晶体管 M_{101} 的漏极；比较器 101 的输出信号 DEL_OK 连接到输入控制模块 2；电容 C_{101} 跨接于低压晶体管 M_{101} 的漏极与零电平之间。当使能信号 EN 为高电平时，低压晶体管 M_{101} 导通，电容 C_{101} 通过晶体管 M_{101} 放电，晶体管 M_{101} 的漏极电压 DEL 逐渐降低，当 DEL$<V_{ref3}$ 时，比较器 101 的输出信号 DEL_OK 为低电平；当使能信号 EN 为低电平时，晶体管 M_{101} 截止，电流源 I_{101} 开始给电容 C_{101} 充电，晶体管 M_{101} 的漏极电压 DEL 开始升高，当 DEL$>V_{ref3}$ 时，比较器 101 的输出 DEL_OK 为高电平。从使能信号 EN 开始为低电平到 DEL_OK 变为高电平的时间称为电路的延时时间，通过改变电流源 I101 输出电流和电容 C_{101} 的值，可以调整延时时间的长短。

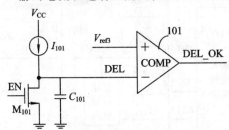

图 10-4   本实例中比较器模块 1 的电路原理图

本实例采用的输入控制模块 2 其电路原理图如图 10-5 所示，它包括分压比较电路 21、第一组合逻辑电路 22 和第二组合逻辑电路 23。其中：输入控制模块 2 中的分压比较电路 21 包括两个比较器 COM_{201}、COM_{202} 和电阻 R_{201}、R_{202}、R_{203}；电阻 R_{201}、R_{202}、R_{203} 串联跨接于直流电源 V_{cc} 与零电平之间，组成分压网络；第一比较器 COM_{201} 的负输入端连接到电阻 R_{201} 与 R_{202} 的公共端，正输入端与基准电平 V_{ref1} 相连，其输出信号 RST_1 作为输入控制模块 2 第四输出端 f 的输出信号；第二比较器 COM_{202} 的负输入端连接到电阻 R_{202} 与 R_{203} 的公共端，正输入端与基准电平 V_{ref1} 相连，输出信号 RST_2。

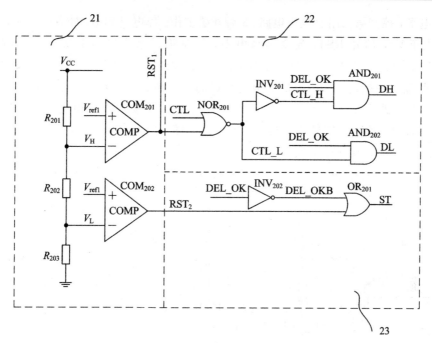

图 10-5 本实例中输入控制模块 2 的电路原理图

输入控制模块 2 中的第一组合逻辑电路 22 包括两个二输入与门 AND$_{201}$、AND$_{202}$，二输入或非门 NOR$_{201}$ 和反相器 INV$_{201}$。其中，二输入或非门 NOR$_{201}$ 的第一输入端作为输入控制模块 2 的第二输入端 b，连接开关信号 CTL；二输入或非门 NOR$_{201}$ 的第二输入端与第一比较器 COM$_{201}$ 的输出信号 RST$_1$ 连接，其输出信号 CTL_L 通过反相器 INV$_{201}$ 连接到二输入与门 AND$_{201}$ 的第一输入端。二输入与门 AND$_{201}$ 的第二输入端与二输入与门 AND$_{202}$ 的第一输入端相连并作为输入控制模块 2 的第一输入端 a，连接到比较模块 1 的输出端。二输入与门 AND$_{201}$ 的输出信号 DH 作为输入控制模块 2 第二输出端 d 的输出信号；二输入与门 AND$_{202}$ 的第二输入端连接二输入或非门 NOR$_{201}$ 的输出信号 CTL_L；二输入与门 AND$_{202}$ 的输出信号 DL 作为输入控制模块 2 第三输出端 e 的输出信号。

输入控制模块 2 中的第二组合逻辑电路 23 包括反相器 INV$_{202}$ 和二输入或门 OR$_{201}$；比较模块 1 的输出端通过反相器 INV$_{202}$ 连接到二输入或门 OR$_{201}$ 的第一输入端；该二输入或门 OR$_{201}$ 的第二输入端连接第二比较器 COM$_{202}$ 的输出信号 RST$_2$；二输入或门 OR$_{201}$ 的输出信号 ST 作为输入控制模块 2 的第一输出端 c 的输出信号。

上电过程中，随着电压 V_{CC} 的上升，由于第一比较器 COM$_{201}$ 的负输入端电压 V_H 始终大于第二比较器 COM$_{202}$ 的负输入端电压 V_L；故第一比较器 COM$_{201}$ 的输出信号 RST$_1$ 先变为低电平，控制第一组合逻辑电路 22 先开始工作，第二比较器 COM$_{202}$ 的输出信号 RST$_2$

后变为低电平，控制第二组合逻辑电路 23 后开始工作。掉电过程中，随着电压 V_{CC} 的下降，由于 V_H 大于 V_L，信号 RST$_2$ 先变为高电平，控制第二组合逻辑电路 23 先关断，信号 RST$_1$ 后变为高电平，控制第一组合逻辑电路 22 后关断。第一组合逻辑电路 22 的输出信号 DH、DL 用于控制输出控制模块 3 中电容 C 的充电和放电；第二组合逻辑电路 23 的输出信号 ST 连接到外部 LCD 数据驱动模块块 5，控制 LCD 数据驱动模块 5 的工作与关断。

本实例采用的输出控制模块 3 其电路原理图如图 10-6 所示，主要包括充电电路、放电电路、使能控制电路和电容 C。

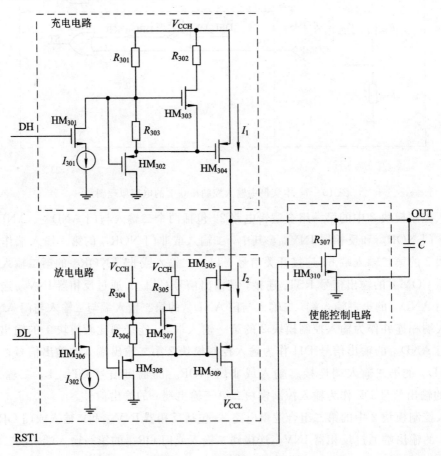

图 10-6　本实例中输出控制模块 3 的电路原理图

输出控制模块 3 中的充电电路包括源、漏极之间耐压值大于 12 V 的四个高压晶体管 HM$_{301}$、HM$_{302}$、HM$_{303}$、HM$_{304}$，电流源 I_{301} 和电阻 R_{301}、R_{302}、R_{303}。第一高压晶体管 HM$_{301}$ 的栅极与输入控制模块 2 的第二输出端 d 相连，源极通过电流源 I_{301} 连接到零电平，漏极与第三高压晶体管 HM$_{303}$ 的栅极相连。第二高压晶体管 HM$_{302}$ 的漏极与零电平相连，

源极通过电阻 R_{303}、R_{301} 接到高电平 V_{CCH}，栅极与 R_{301} 和 R_{303} 的公共端相连并连接到第三高压晶体管 HM303 的栅极。第三高压晶体管 HM_{303} 的漏极通过电阻 R_{302} 与高电平 V_{CCH} 相连，源极与第二高压晶体管 HM_{302} 的源极相连并连接到第四高压晶体管 HM_{304} 的栅极。第四高压晶体管 HM_{304} 的源极与高电平 V_{CCH} 相连，漏极通过电容 C 连接到地为 C 提供充电电流。

输出控制模块 3 中的放电电路包括五个高压晶体管 HM_{305}、HM_{306}、HM_{307}、HM_{308}、HM_{309}，电流源 I_{302} 和电阻 R_{304}、R_{305}、R_{306}。第一高压晶体管 HM_{306} 的栅极与输入控制模块 2 的第三输出端 e 相连，源极通过电流源 I_{302} 连接到零电平，漏极与第三高压晶体管 HM_{307} 的栅极相连。第二高压晶体管 HM_{308} 的漏极与零电平相连，源极串联电阻 R_{306}、R_{304} 接到高电平 V_{CCH}，栅极与 R_{304} 和 R_{306} 的公共端相连并连接到第三高压晶体管 HM_{307} 的栅极，用于为 HM_{307} 提供偏置电压。第三高压晶体管 HM_{307} 的漏极通过电阻 R_{305} 与高电平 V_{CCH} 相连，源极与第二高压晶体管 HM_{308} 的源极相连并连接到第四高压晶体管 HM_{309} 和第五高压晶体管 HM_{305} 的栅极。第四高压晶体管 HM_{309} 的漏极与低电平 V_{CCL} 相连，源极连接到第五高压晶体管 HM_{305} 的源极。第五高压晶体管 HM_{305} 的漏极连接到电容 C 与输出端 OUT 的公共端，为 C 提供放电电流。

输出控制模块 3 中的使能控制电路包括高压晶体管 HM_{310} 和电阻 R_{307}。高压晶体管 HM_{310} 的源极与零电平相连，漏极通过电阻 R_{307} 连接到输出端 OUT，栅极与输入控制模块 2 的输出端 f 相连。当输出端 f 输出的信号为低电平时，输出控制模块 3 正常工作；反之，该模块关断。

TFT-LCD 工作过程中各输出信号波形如图 10-7 所示。本实例的具体工作原理是：当使能信号 EN 为高电平时，比较模块 1 的输出信号 DEL_OK 为低电平，输入控制模块 2 输出信号 ST 为高电平，控制 LCD 数据驱动模块 5 关断，TFT-LCD 无图像输出；当使能信号 EN 为低电平时，比较器模块 1 的输出信号 DEL_OK 为高电平，电路开始启动。使能信号 EN 为低后，输入控制模块 2 中的第一组合逻辑电路 22 开始工作，输出开关信号 DH 和 DL。当输入开关信号 CTL 为高电平时，开关信号 DH 为高电平、DL 为低电平，控制输出控制模块 3 中的充电电路以电流 I_1 为电容 C 充电，输出端 OUT 的电压 OUT_1 升高。由于本实例设计的电流 I_1 较高，可以把 OUT 端的电压 OUT_1 迅速拉至高电平 V_{CCH}。当输入开关信号 CTL 为低电平时，开关信号 DH 为低电平，DL 为高电平，控制输出控制模块 3 中的放电电路以电流 I_2 释放电容 C 中的电荷，通过控制放电电流的大小可调整高电平 V_{CCH} 到低电平 V_{CCL} 的下降斜率，补偿 TFT-LCD 工作过程中地共模误差，从而消除了由于不停地切换画面而引起的闪烁现象。

在 TFT-LCD 面板关闭过程即电压 V_{CC} 降低的过程中，输入控制模块 2 中的分压比较电路 21 的输出信号 RST2 先变为高电平，输出信号 RST1 后变为高电平。当信号 RST2 为高电平时，输入控制模块 2 的输出信号 ST 为高电平，控制 LCD 数据驱动模块 5 关断。当信号 RST1 为低电平时，输出控制模块 3 正常工作，LCD 门驱动模块 4 正常工作；当信号

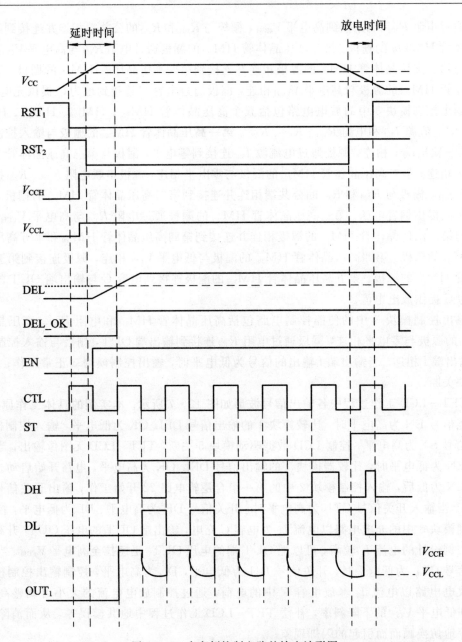

图 10-7 本实例控制电路的输出波形图

RST1 为高电平时，输出控制模块 3 关断，LCD 门驱动模块 4 关断。因此在 LCD 面板关闭过程中，LCD 数据驱动模块 5 先关闭，LCD 门驱动模块 4 后关闭，充分释放了 TFT-LCD 中储存的电荷，从而消除了关机残影现象。

10.2　电子镇流器相关实例

　　本实例为一种抑制噪声的电平移位电路，主要解决现有技术的共模噪声和差模噪声难以完全消除以及电路结构复杂，占用芯片面积大的缺点。该电路包括双脉冲转换电路、高压电平移位对管、欠压检测电路、电流采样电路以及驱动信号恢复电路。双脉冲转换电路将驱动方波信号转换成双脉冲电压信号，再由电平移位电路将该双脉冲电压信号转换成电流信号，电流信号采集电路直接采集该电流信号并提供给驱动信号恢复电路，驱动信号恢复电路去除该电流信号中包含的共模和差模噪声并直接输出恢复的电压驱动信号。本实例不仅可以消除共模噪声，还可以消除差模噪声，电路结构简单，节省芯片面积，可用于电子镇流器等具有浮动电位结构的芯片。

10.2.1　应用背景

　　传统的电子镇流器等中，通常用变压器驱动的逆变电路，这种用变压器驱动的逆变电路不但功耗和占用面积较大，而且开关特性欠佳。利用芯片内集成的电平移位电路可以在无需传统变压器的情况下将低压控制信号传递给高压驱动电路，产生所需的高压驱动信号，能够节省功耗和面积，且开关特性较好。

　　但是，片内集成的电平移位电路由于通过浮动电源供电，当高端功率管导通时，浮动电源 V_B 和 V_S 剧烈变化，在电平移位对管的寄生电容上产生击穿效应，从而在电平移位对管的输出支路分别产生一个尖峰电流噪声。如果电平移位对管的两条电平移位输出支路完全匹配，则两条支路同时引入相同的尖峰噪声，此种噪声称为共模噪声。如果两条电平移位支路不完全匹配，则两条支路中引入的尖峰噪声有差别，此种情况下的噪声称为差模噪声。高压集成电路中的电平移位电路通过两支完全匹配的电平移位支路来实现，一条支路用于置位，一条支路用于复位，两条支路中均通过窄脉冲信号。这两支窄脉冲信号来自驱动信号的两个边沿，通过双脉冲转换电路分别产生代表驱动信号上边沿的置位信号和代表驱动信号下边沿的复位信号。当电平移位后，将脉冲信号转换恢复成为驱动信号。共模噪声的大小和时间长度往往同窄脉冲信号相比拟，若不处理将会带来误触发，从而使驱动信号无法恢复。差模噪声过大时也会产生误触发，因此也要加以抑制。

　　现有技术主要有三种电路抑制噪声并将置位、复位脉冲信号恢复成为驱动信号。

　　第一种电路是在电平移位对管的输出支路与浮动高电平 V_B 之间加入匹配电阻，将置位、复位脉冲信号和噪声脉冲均转换为电压信号，再通过电路调节将置位和复位信号脉冲拉长，使信号脉冲的持续时间大于噪声的持续时间，再通过后续的滤波电路，将噪声持续时间长度内的所有脉冲滤除，未被完全滤除的信号脉冲经过 RS 触发器恢复成为驱动信号。该电路的缺点是：当电路外部环境变化时，滤波器的滤除时间长度和信号及噪声脉冲的宽度变化较大，因此带来噪声不完全滤除或信号完全被滤除的隐患，同时脉冲信号需要单独的 RS 触发器恢复成驱动信号，使得该电路的规模很大。

第二种电路也是在电平移位对管的输出支路与浮动高电平 V_B 之间加入匹配电阻后，通过复杂结构再将产生的电压信号转化为电流信号，通过大量并联差分对管对该电流进行差分放大，从而去除共模噪声，再通过电阻电容无源滤波器电路结构将差模信号消除，最后将处理后的脉冲信号通过 RS 触发器恢复成为驱动信号。由于电路中信号转换次数较多，噪声消除电路复杂，还需要独立的 RS 触发器恢复驱动信号，因此该电路的规模特别巨大，不利于电路集成。

第三种电路采用电流信号直接比较的方法抑制共模噪声，再将电流信号转换成电压信号后通过滤波结构消除差模噪声，处理后的脉冲信号还要经过 RS 触发器恢复成为驱动信号。由于电路中抑制共模噪声的电路抑制能力有限，当外界环境变化时容易造成共模噪声未被完全抑制的隐患，同时电路规模也较大，不利于电路集成。

10.2.2　电路优点

本实例与现有技术相比具有以下优点：

（1）本实例由于采用高压电平移位对管的输出端与电流采样电路相连，以直接采集带有噪声的电流信号，因而无需增加额外电流、电压转换结构，减少了晶体管和无源元件的数量，进而减小了芯片面积。

（2）本实例中由于通过连接在电流采样电路与驱动电路之间的驱动信号恢复电路，使噪声的消除和驱动信号的恢复实现了复用，同时减少了晶体管和无源元件的使用，从而大幅度减少了芯片面积。

（3）本实例中由于采用电流采样电路与驱动信号恢复电路，以两电路中电流镜像相互抵消的方式消除共模噪声，由于电流的镜像关系不会因外界环境而发生变化，保证了共模噪声完全被消除。

（4）本实例中由于电流采样电路中电流镜像时成一定比例缩小，抑制了差模噪声，同时电流采样电路中的晶体管与驱动恢复电路中的电容形成的 RC 滤波器进一步滤除噪声，从而使差模噪声被完全消除。

10.2.3　电路结构及工作原理

本实例的电路结构框图如图 10-8 所示。

本实例包括双脉冲转换电路 1、高压电平移位对管 2、欠压检测电路 3、驱动电路 4、电流采样电路 5 和驱动信号恢复电路 6。其中，高压电平移位对管 2 连接在双脉冲转换电路 1 与电流采样电路 5 之间；驱动信号恢复电路 6 的输入与电流采样电路 5 的输出相连，其输

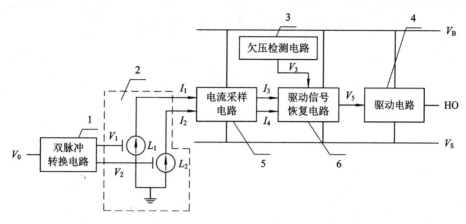

图 10-8 本实例的电路结构框图

出端与驱动电路 4 的输入相连；欠压检测电路 3 为驱动信号电路 6 提供欠压指示电压信号 V_3。双脉冲转换电路 1 的输入端接入原始低端电压驱动信号 V_0，其两路输出端分别输出脉冲电压信号 V_1 和 V_2。高压电平移位对管 2 的 LDMOS 管 L_1 和 L_2 分别将两路电压信号 V_1 和 V_2 转换成第一电流信号 I_1 和第二电流信号 I_2；该两路电流信号 I_1 和 I_2 输入到电流采样电路 5 中进行等比例缩小，输出第三电流信号 I_3 和第四电流信号 I_4，第三电流信号 I_3 和第四电流信号 I_4 输入到驱动信号恢复电路 6 中，经过去除噪声和转化形成电压驱动信号 V_5。欠压检测电路 3 为驱动信号恢复电路 6 提供欠压指示信号 V_3，欠压状态下该指示信号 V_3 通过驱动信号恢复电路 6 中的逻辑使电压驱动信号 V_5 拉低为 V_S 的电位，正常工作状态下信号 V_3 无效，电压驱动信号 V_5 正常输出。驱动电路 4 将 V_5 增强驱动能力后输出为驱动信号 HO。

本实例中的主要电路模块如图 10-9 所示。

各模块工作原理如下所述：

高压电平移位对管 2 包括耐 200 V 以上高压的 LDMOS 管 L_1 和 L_2，L_1 和 L_2 管相匹配，且两管漏极与源极之间的导通电阻 R_1 与 R_2 阻值设定为大于 2 MΩ。脉冲电压信号 V_1 接入第一 LDMOS 管 L_1 的栅极，当 V_1 为高电平且 $V_1 = 5$ V 时，第一 LDMOS 管 L_1 导通；当 V_1 为低电平且 $V_1 = 0$ V 时，L_1 管关断，L_1 管中流过电流记作第一电流信号 I_1。脉冲电压信号 V_2 接入第二 LDMOS 管 L_2 的栅极，当 V_2 为高电平且 $V_2 = 5$ V 时，该第二 LDMOS 管 L_2 导通；当 V_2 为低电平且 $V_2 = 0$ V 时，L_2 管关断，L_2 管中流过电流记作第二电流信号 I_2。电流信号 I_1 和 I_2 均小于 100 μA，且分别在 LDMOS 管 L_1 和 L_2 的漏极输出。在电流信号 I_1 和 I_2 通过上述高压电平移位对管 2 的过程中，由于浮动电源在 LDMOS 管 L_1 和 L_2 的寄生电容 C_2 和 C_3 上变化，产生两个相等的共模噪声电流信号 I_6 和 I_7，其值表示为第八电流信号 I_8，可用如下公式表示：

$$I_8 = I_6 = I_7 = C_2 \times \frac{\mathrm{d}V}{\mathrm{d}t} = C_3 \times \frac{\mathrm{d}V}{\mathrm{d}t} = C_0 \times \frac{\mathrm{d}V}{\mathrm{d}t} \qquad (10-1)$$

其中，C_2 为 LDMOS 管 L_1 的寄生电容容值；C_3 为 LDMOS 管 L_2 的寄生电容容值；C_0 为 C_2 和 C_3 的平均值；$\mathrm{d}V$ 为浮动电源的电压变化量；$\mathrm{d}t$ 为浮动电源电压变化时的对应时间长度。

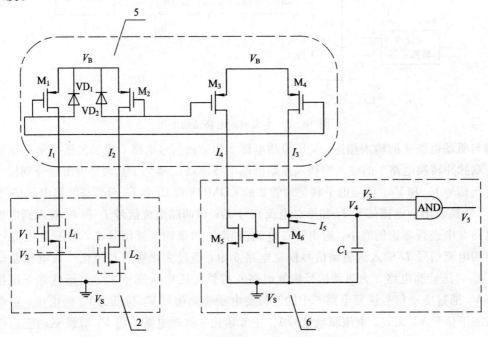

图 10-9 本实例中主要模块的电路原理图

当 LDMOS 管 L_1 和 L_2 并未完全匹配时，电容 C_2 与 C_3 的容值不同，因此引起两路电流噪声大小不同，它们的差值就是差模噪声，表示为第九电流信号 I_9，其大小用如下公式表示：

$$I_9 = |\, I_6 - I_7 \,| = \left| (C_2 - C_3) \cdot \frac{\mathrm{d}V}{\mathrm{d}t} \right| = 2 \times \left| \Delta C \cdot \frac{\mathrm{d}V}{\mathrm{d}t} \right|$$

其中

$$\Delta C = |\, C_2 - C_0 \,| = |\, C_0 - C_3 \,| = \frac{1}{2} \times |\, C_2 - C_3 \,| \qquad (10-2)$$

电流采样电路 5 包括 PMOS 管 M_1、M_2、M_3、M_4 以及两个齐纳二极管 VD_1 和 VD_2。其中，PMOS 管 M_1 和 M_2 相匹配，分别构成两个电流源，分别采集第一电流信号 I_1 和第二电流信号 I_2。第一齐纳二极管 VD_1 的阳极、阴极分别与 PMOS 管 M_1 的漏极、源极相连，保护 PMOS 管 M_1 不被噪声信号击穿；第二齐纳二极管 VD_2 的阳极、阴极分别与 PMOS 管 M_2

的漏极、源极相连，保护 PMOS 管 M_2 不被噪声信号击穿；PMOS 管 M_3 和 M_4 相匹配，其源极与电源 V_B 相连，栅极分别与 PMOS 管 M_2 和 M_1 相连，构成两个电流镜，分别将第一电流信号 I_1 和第二电流信号 I_2 镜像到 PMOS 管 M_3 和 M_4 的漏极，通过漏极分别输出第三电流信号 I_3 和第四电流信号 I_4。第一电流信号 I_1 和第三电流信号 I_3 的比例 $U_1 = I_1/I_3$ 大于 2，第二电流信号 I_2 和第四电流信号 I_4 的比例 $U_2 = I_2/I_4$ 大于 2，且保证 $U_1 = U_2$；PMOS 管 M_4 的漏极与源极之间产生有寄生导通电阻 R_4。

噪声信号在经过电流采样电路 5 后，也由于成比例镜像作用发生变化，则经过该电流采样电路 5 后，共模噪声的值变化为第十电流信号 I_{10}，用以下公式表示：

$$I_{10} = \frac{I_9}{U_1} = \frac{I_9}{U_2} \tag{10-3}$$

差模噪声的值变化为第十一电流信号 I_{11}，用以下公式表示：

$$I_{11} = \frac{I_8}{U_1} = \frac{I_8}{U_2} \tag{10-4}$$

驱动信号恢复电路 6 包括 NMOS 管 M_5 和 M_6、电容 C_1 及与门 AND。该 NMOS 管 M_5 与 M_6 匹配，其漏极分别与 PMOS 管 M_3 和 M_4 的漏极相连，栅极互相连接并与 NMOS 管 M_5 的漏极相连，源极均与 V_S 相连，第四电流信号 I_4 经过 NMOS 管 M_5 的漏极采集并通过 NMOS 管 M_6 的漏极等比例镜像输出第五电流信号 I_5；NMOS 管 M_6 的漏极与源极之间产生有寄生导通电阻 R_6。PMOS 管 M_4 和 NMOS 管 M_6 的漏极分别输出第三电流信号 I_3 和第五电流信号 I_5，两管漏极相连并连接在电容 C_1 上，以消除共模噪声。PMOS 管 M_4 的导通电阻 R_4 和 C_1 组成 RC 滤波器，NMOS 管 M_6 的寄生导通电阻 R_6 与电容 C_1 组成 RC 滤波器，用于滤除第三电流信号 I_3 和第五电流信号 I_5 中的差模噪声，以在电容 C_1 上恢复电压驱动信号 V_4。

共模噪声去除的原理为：由 PMOS 管 M_4 流出的第三电流信号 I_3 和由 NMOS 管 M_6 流出的第五电流信号 I_5 中均含有大小相等且为 I_{10}、方向相反的共模噪声信号，两路信号在电容 C_1 的一端交汇且相互抵消，从而消除了共模噪声，在电容 C_1 上不形成电压变化。

差模噪声去除的原理为：差模噪声信号被电流采样电路 5 抑制，缩小为原来的 $1/U_1$，从而使其大小变化为第十一电流信号 I_{11}。由 PMOS 管 M_4 的导通电阻 R_4 和 C_1 组成 RC 滤波器，滤除流过 PMOS 管 M_4 的差模噪声；由 NMOS 管 M_6 的寄生导通电阻 R_6 与电容 C_1 组成 RC 滤波器，滤除流过 NMOS 管 M_6 的差模噪声。

图 10-10 为实例的时序图。参照图 10-9 和图 10-10，恢复驱动信号的原理可叙述如下：

图 10-10(a)给出了原始驱动信号 V_0。当该驱动信号 V_0 经过双脉冲转换电路 1 转换成脉冲，经过高压电平移位对管 2 提升电压，并去除共模噪声和差模噪声后分别形成如图 10-10(b)所示的第三电流信号 I_3 和如图 10-10(c)所示的第五电流信号 I_5。当第三电流信号 I_3 不

为零时，由 PMOS 管 M_4 流过电流为电容 C_1 充电，电容 C_1 上电压升到高电平 V_B；当第五电流信号 I_5 不为零时，由 NMOS 管 M_6 流过的电流使 C_1 放电，使电容 C_1 上电压降至 V_S 电平，不断重复此过程，即可恢复出驱动电压信号 V_4。V_4 输出前需先同欠压指示信号 V_3 在与门 AND 处进行逻辑处理。当在欠压状态时，V_3 为低电位即 $V_3 = V_S$，与门 AND 输出的电压驱动信号 V_5 保持为低电位；当在正常工作状态时，V_3 为高电位 $V_3 = V_B$，此时电压驱动信号 $V_5 = V_4$，如图 $10-10$(d) 所示。再经驱动电路 4 增强驱动能力后输出驱动信号 HO，如图 $10-10$(e) 所示。

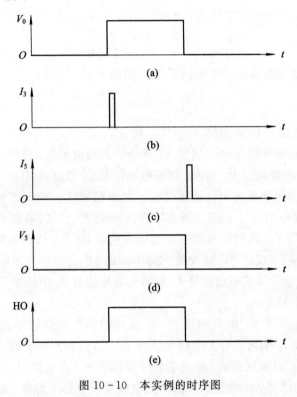

图 $10-10$　本实例的时序图

10.3　线性充电器相关实例

本实例为一种恒流充电电路，主要解决现有技术在充电时采用热关断而导致的充电时间过长的问题。该电路包括恒流调制电路、温度采样电路、第二运算放大器 OP2 和 PMOS 管 M_2。PMOS 管 M_2 的源极接电源电压，栅极接恒流调制电路的输出，PMOS 管 M2 的漏极为充电器输出。恒流调制电路设有两个输入端，第一输入端 A 接基准电压 V_A，以在正常温度下进行恒流充电时产生恒定的输出电流 I_0；第二输入端 B 通过第二运算放大器 OP2

连接温度采样电路，以构成温度反馈控制环路。本实例能够在芯片温度偏高时降低输出电流，使芯片温度稳定在调制温度 T_1，可继续充电，避免了采用热关断所导致的充电时间过长的问题。该电路可应用于线性充电器中。

10.3.1 应用背景

线性充电器主要是利用线性稳压电源技术给电池充电的系统，充电方式一般为典型的恒流/恒压模式。充电时主要是通过恒定电流给电池快速补充电量，当电池接近充满时，切换为恒压模式，充电电流开始减小，直至充满。

图 10-11 给出了现有线性充电器的恒流充电电路，主要包括运算放大器 OP、电阻 R、PMOS 管 M_1 和 M_2。运算放大器 OP 的正向输入端连接到电阻 R 的一端，并同时连接到 PMOS 管 M_1 的漏极，电阻 R_1 的另一端接地，运算放大器 OP 的反向输入端接基准电压 V_A，运算放大器 OP1 的输出连接到 PMOS 管 M_1 和 M_2 的栅极，PMOS 管 M_1 和 M_2 的源极接电源电压，以使 PMOS 管 M_1 和 M_2 构成电流镜。

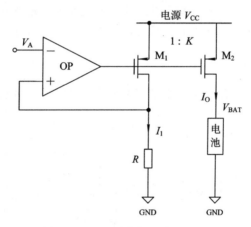

图 10-11 现有的恒流充电电路

线性充电器的优点在于结构简单，缺点在于能量效率低，在充电过程中，由于功率管消耗功率，会使功率管的结温升高，过高的结温将使半导体器件工作不可靠，甚至被烧毁。

线性充电管理芯片的温度可由下面的公式计算：

$$T_J = T_A + (V_{CC} - V_{BAT}) \cdot I_O \cdot K_A \tag{10-5}$$

其中：T_J 是芯片的温度；T_A 是芯片的环境温度；V_{CC} 是输入电压；V_{BAT} 是电池电压；I_O 是充电电流；K_A 是芯片的热阻。

由式(10-5)可以看出，当芯片的环境温度较高，或者输入电压与电池电压的电压差较大或者充电电流比较大时，芯片的温度会有明显的升高。在典型的单节锂电池应用中，一节充满电的锂电池电压为 4.2 V，通常认为没有充满时的电压为 3.3 V，有些过放电的锂电池电压甚至会小于 2 V。当 5 V 电源以 1 A 的电流给一块完全没电的电池(电压为 2 V 的电池)充电时,电源消耗的功率为 5 W,电池存储的功率为 2 W,即调整管需要消耗 3 W 的功率,这样就会使得芯片过热,严重的情况下会导致芯片烧毁。传统的解决方法是采用热关断控制,即当芯片温度超过设置的最高温度阈值时停止充电。芯片经过一段时间的自然冷却后才能重新开始充电,通常热关断温度为 160 ℃。由于电池电压不会快速上升,因此过温恢复后功率管消耗功率并未减少,所以电路又会发生过温关断,进入一个关断和恢复的循环之中。由于冷却时间的存在,将极大地延长电池充电的时间。另外,频繁的过温也会影响电路的可靠性。

10.3.2　电路优点

本实例与现有技术相比具有如下优点:

本实例由于在恒流调制电路的输入端通过第二运算放大器 OP2 连接温度采样电路,构成了温度反馈控制环路,使得当芯片内温度超过调制温度 T_1 时,可减小输出电流,将芯片内温度稳定在调制温度 T_1,能继续充电,不仅避免了电路进入热关断和恢复的循环所导致的充电时间过长的问题,同时也不会因为频繁的过温而影响电路的可靠性。

10.3.3　电路结构及工作原理

本实例中的恒流充电电路主要由恒流调制电路、温度采样电路、第二运算放大器 OP2 和 PMOS 管 M_2 组成,其结构如图 10-12 所示。

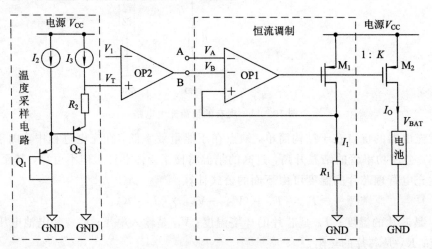

图 10-12　本实例的恒流充电电路

温度采样电路的输出连接第二运算放大器 OP2 的正向输入端,第二运算放大器 OP2 的反向输入端接基准电压 V_1,其输出连接到恒流调制电路的第二输入端 B,恒流调制电路的输出连接到 PMOS 管 M_2 的栅极，PMOS 管 M_2 的漏极为充电电路的输出端。

恒流调制电路控制恒流充电时的输出电流，它包括第一运算放大器 OP1、PMOS 管 M_1 及电阻 R_1。其中，第一运算放大器 OP1 的正向输入端连接到电阻 R_1 的一端，并同时连接到 PMOS 管 M_1 的漏极，电阻 R_1 的另一端接地，PMOS 管 M_1 的源极接电源电压。第一运算放大器 OP1 采用复合运算放大器，设有两个反向输入端，作为恒流调制电路的两个输入端 A 和 B，分别连接基准电压 V_A 和第二运算放大器 OP2 的输出 V_B，第一运算放大器 OP1 的输出连接到 PMOS 管 M_1 的栅极，并作为恒流调制电路的输出。PMOS 管 M_2 的栅极也接到第一运算放大器 OP1 的输出，PMOS 管 M_2 的源极接电源电压并和 PMOS 管 M_1 组成了电流镜，PMOS 管 M_2 的宽长比和 PMOS 管 M_1 的宽长比是 K_1，以放大 PMOS 管 M_1 中的电流 I_1。该恒流调制电路中的第一运算放大器 OP1 设有两个反向输入端 A 和 B，当第一输入端 A 的电压 V_A 高于第二输入端 B 的电压 V_B 时，运算放大器 OP1 的输出由第二输入端 B 的电压 V_B 和正向输入端电压之间的差值决定；当第一输入端 A 的电压 V_A 小于第二输入端 B 的电压 V_B 时，运算放大器 OP1 的输出由第一输入端 A 的电压 V_A 和正向输入端电压之间的差值决定。因此，对于恒流调制电路，流经电阻 R_1 的电流 I_1 为

$$I_1 = \frac{\min(V_A, V_B)}{R_1} \tag{10-6}$$

其中，$\min(V_A, V_B)$ 表示基准电压 V_A 和第二运算放大器 OP2 的输出 V_B 中电压值较小的一个。

PMOS 管 M_2 的宽长比和 PMOS 管 M_1 的宽长比是 K_1，故输出电流 I_O 为

$$I_O = K_1 I_1 = \frac{K_1 \times \min(V_A, V_B)}{R_1} \tag{10-7}$$

温度采样电路包括第一 PNP 管 Q_1、第二 PNP 管 Q_2、第一电流源 I_2、第二电流源 I_3 和电阻 R_2。第一 PNP 管 Q_1 的集电极和基极均接地，发射极接第一电流源 I_2，并连接到第二 PNP 管 Q_2 的基极，第二 PNP 管 Q_2 的集电极接地，发射极接电阻 R_2 的一端，电阻 R_2 的另一端接第二电流源 I_3 和第二运算放大器 OP2 的正向输入端，并作为温度采样电路的输出，产生温度电压 V_T：

$$V_T = V_{EB1} + V_{EB2} + I_3 R_2 \tag{10-8}$$

其中，V_{EB1} 是第一 PNP 管 Q_1 的发射极-基极电压；V_{EB2} 是第二 PNP 管 Q_2 的发射极-基极电压；I_3 是第二电流源的电流值；R_2 亦代表电阻 R_2 的值。

由于第一 PNP 管 Q_1 和第二 PNP 管 Q_2 的发射极-基极电压具有负温度系数，在常温下，它们的发射极-基极电压为 750 mV 时，温度系数为 -1.5 mV/℃，同时它们的两个发射极-基极电压是叠加的，故温度电压 V_T 的温度系数为 -3 mV/℃。通过选择合适的电阻 R_2 和电源 I_3 的值，可保证当芯片温度达到调制温度 120 ℃时，温度电压 V_T 的值等于基准电压 V_1。

本实例通过在恒流调制环路中引入温度反馈控制，避免恒流充电过程中出现过温关断现象，其整个恒流充电电路的工作原理如下：

充电器输出接入电池后，开始充电，正常情况下芯片内的初始温度 T_A 低于调制温度 T_1，温度采样电路的输出温度电压 V_T 高于基准电压 V_1，第二输入端 B 的电压 V_B 高于恒流调制电路的第一输入端 A 的基准电压 V_A。根据公式（10-7），输出电流 I_O 由基准电压 V_A 决定，同时也是输出电流的最大值 $\dfrac{K_1 V_A}{R_1}$，温度采样电路和第一运算放大器 OP1 并不会影响恒流调制环路的正常工作。此时，PMOS 管 M_2 上消耗的功率为

$$P = (V_{CC} - V_{BAT}) \frac{K_1 V_A}{R_1} \qquad (10-9)$$

其中，V_{CC} 为电源电压；V_{BAT} 为电池电压。

假设芯片的热阻为 K_A℃/W，即 1 W 的功耗使芯片内温度上升 K_A℃，则芯片充电时的温度 T_J 为

$$T_J = T_A + K_A P = T_A + K_A \frac{K_1 (V_{CC} - V_{BAT}) V_A}{R_1} \qquad (10-10)$$

其中，T_A 为充电开始时芯片内的初始温度。

如果此时电源电压 V_{CC} 和电池电压 V_{BAT} 的差值较大或初始温度 T_A 偏高，芯片内温度将会超过热调制温度 T_1。此时温度电压 V_T 降至基准电压 V_1 之下，从而使第一运算放大器 OP1 的输出电压 V_B 下降。当电压 V_B 降至基准电压 V_A 之下时，温度反馈环路开始工作，进行热调制。根据公式（10-7），输出电流 I_O 由基准电压 V_B 决定为 $\dfrac{K_1 V_B}{R_1}$。由于此时电压 V_B 小于基准电压 V_A，故此时输出电流 I_O 相应降低，PMOS 管 M_2 上的功耗也随之降低，使芯片内温度开始下降。经过温度反馈环路的调节，最终芯片温度会稳定在调制温度 T_1，为 120 ℃～125 ℃。

随着充电过程的持续，电池电压 V_{BAT} 缓慢上升，在相同的充电电流情况下，PMOS 管 M_2 上的功耗会随之下降。但是在热调制的过程中，温度稳定在调制温度 T_1，PMOS 管 M_2 上的功耗不变，而电源电压 V_{CC} 和电池电压 V_{BAT} 的压差逐渐减小，因此输出电流 I_O 上升，直到达到最大值 $\dfrac{K_1 V_A}{R_1}$，脱离热调制过程，进入正常的恒流充电过程中。

参 考 文 献

[1] 张兴. 基于嵌入式技术的 SOC 是微电子科学发展的重要方向[J]. 电子技术展望，2007：64－65.

[2] 冯亚林，张蜀平. 面向工程的 SOC 技术及其挑战[J]. 计算机工程，2006，32(23)：229－231.

[3] 林鸿溢，李映雪. 微电子技术的进展与挑战[J]. 科技前沿与学术评论，21(4)：31－38.

[4] 罗胜钦. 系统芯片(SoC)设计原理[D]. 北京：机械工业出版社，2011.

[5] 王志功，窦建华. CMOS 数字集成电路——分析与设计[M]. 3 版. 北京：电子工业出版社，2009.

[6] 夏宇闻，等，译. 数字逻辑基础与 Verilog 设计[M]. 北京：机械工业出版社，2007.

[7] 蒋安平，王新安，陈自力. 数字集成电路分析——深亚微米工艺[M]. 3 版. 北京：电子工业出版社，2005.

[8] 吴继华，王成. Verilog HDL 设计与验证[M]. 北京：人民邮电出版社，2006.

[9] 维恩·斯蒂芬斯，布雷特·沃尔特斯. 高速 I^2C 总线[P]. 2009. 09. 02.

[10] Hu Zhengwei. I2C Protocol Design for Reusability[C]. Third International Symposium on Information Processing，2010：83－86.

[11] THE I^2C-BUS SPECIFICATION VERSION[S]. 2000，01.

[12] 沈理. SOC/ASIC 设计、验证和测试方法学[M]. 广州：中山大学出版社，2006.

[13] 夏宇闻. Verilog 数字系统设计教程[M]. 北京：北京航空航天大学出版社，2003.

[14] Michael D. Verilog HDL 高级数字设计[M]. 北京：电子工业出版社，2004.

[15] 李玉山，来新泉. 电子系统集成设计导论[M]. 西安：西安电子科技大学出版社，2008.

[16] Erik Brunvand. Digital VLSI Chip Design with Cadence and Synopsys CAD Tools [M]. 北京：电子工业出版社，2009.

[17] 黄伟，马成炎，叶甜春. 高性能 10W D 类音频功率放大器设计[J]. 华中科技大学学报：自然科学版，2010，4：26－30.

[18] 叶强，来新泉，代国定，等. 一种新颖的 D 类音频功率放大器驱动电路[J]. 半导体学报，2007，9：1477－1481.

[19] 孙煜晴，武传欣，金杰. 一款高效率、高保真的 D 类音频放大器设计[J]. 微电子学与计算机，2010，3：154－147.

[20] 孙肖子，张企民，赵建勋，等. 模拟电子电路与技术基础[M]. 2 版. 西安：西安电子科技大学出版社，2008.

[21] 杨颂华，冯毛管，孙万蓉，等. 数字电子技术基础[M]. 西安：西安电子科技大学出版社，2000.

[22] 丁玉美，高西全. 数字信号处理[M]. 2 版. 西安：西安电子科技大学出版社，2001.

[23] Udo Zölzer. Digital Audio Signal Processing[M]. New York：JohnWiley & Sons Ltd. 2008：21 – 220.

[24] STMicroelectronics. STA331 High Efficiency Class D with Integrated Audio Processing[R]. 2007.

[25] B. Blesser. Audio dynamic range compression for minimum perceived distortion [J]. IEEE Transactions on Audio and Electro acoustics，1969：22 – 32.

[26] 张亮. 数字电路设计与 Verilog HDL[M]. 北京：人民邮电出版社，2000.

[27] 张雅绮，等，译. Verilog HDL 高级数字设计[M]. 北京：电子工业出版社，2006.

[28] 蔡美琴. MCS – 51 系列单片机原理及其应用系统[M]. 北京：高等教育出版社，2004.

[29] 公茂法，黄鹤松，扬学蔚，等. MCS – 51/52 单片机原理与实践[M]. 北京：北京航空航天大学出版社，2008.

[30] Synposys corp. Prime Time User's Guide，2004.

[31] Synposys corp. Design Compiler User's Guide，2004.

[32] 韩雁，等. 集成电路设计制造中的 EDA 工具实用教程[M]. 杭州：浙江大学出版社，2007.

[33] David A. Hodges，Horace G. Jackson，Resve A. Saleh. Analysis and Design of Digital Integrated Circuits In Deep Submicron Technology[M]. Third Edition. 北京：清华大学出版社，2004.

[34] Wayne wolf. Modern VLSI Design：IP on – Based Design [M]. fourth Edition. 北京：电子工业出版社，2009.

[35] 吴天麟. 智能接口芯片 UPD7210 及其应用[J]. 电子测量技术，1989（1）.

[36] 葛滋煊. 自动测试系统及其接口技术[M]. 上海：同济大学出版社，1987.

[37] 王亭. 基于 NAT7210APD 的 GPIB 接口设计方法[J]. 仪器仪表天地. 2009.

[38] 孙海平，丁键，等，译. 系统芯片（SOC）验证方法与技术[M]. 北京：电子工业出版，2005.

[39] 张世箕，等. 可程控测量仪器的一种接口系统标准教程电子[M]. 北京：工业部标准化研究所，1984.

[40] Higher performance protocol for the standard digital interface for programmable in-

strumentation(IEEE488. 1) http：//www. standards. ieee. org.

[41] GPIB Software User's Manual. 2 000. Revision3. Measurement Computing.

[42] AndyPurcell，the Search For a G PIB Replacement，Measurement IEEE Instrument and Technology Conference，1999：169 - 177.

[43] VDHANUNIAYA，Microcomputer Based Instrument Control System Using GPIB：169 - 172.

[44] 鲁昌华，等. GPIB 自动测试系统的同步方法[J]. 电测与仪表. 2000. 10，37 (418)：8 - 11.

[45] Garrido，A. Manuel. GPIB Modular Instrumentation System For the Transfer Function，Characterization，Measurement IEEE Instrumentand Technology Conference，1998：267 - 269

[46] 李锦林，译，IEEE488 通用接口母线——它的不足之处和发展前途. 国外电子测量技术[J]，1981(2).

[47] 毕查德·拉扎维. 模拟 CMOS 集成电路设计[M]. 程军，译. 西安：西安交通大学出版社，2003.

[48] 王志华，邓仰东. 数字集成系统的结构化设计与高层次综合[M]. 北京：清华大学出版社，2000.

[49] Cadence Abstract Generator User Guide. Version 5. 1. 41 June 2004.

[50] Synposys corp. PrimeTime User Guide：Fundamentals. Version Y - 2006，June 2006.

[51] 李玉山，来新泉，贾新章. 电子系统集成设计技术[M]. 北京：电子工业出版社，2002.

[52] 王庆有，陈晓东，等. 光电传感器应用技术[M]. 北京：机械工业出版社，2007.

[53] 王丽婷. 光电检测电路的设计及实验研究. 吉林大学硕士学位论文. 2007.

[54] 来新泉. 专用集成电路设计实践[M]. 西安：西安电子科技大学出版社，2008. 131 - 141.

[55] Alan B. Grebene. Bipolar and MOS Analog Integrated Circuit Design. Hoboken，N. J. Wiley-Interscience，2003.

[56] Lewis S H. 10b 20MS/s analog-to-digital converter. IEEE Solid-Stage Circuits，2005，7(12)：351-358.

[57] Behzad Razavi，Wooley Bruce A. A 12 - b 5 - Msample/s Two - Step CMOS A/D Converter. IEEE Solid-State Circuits，1992，27(12)：1667 - 1678.

[58] 朱正涌. 半导体集成电路[M]. 北京：清华大学出版社，2000.

[59] 李祖贺. GPIB 接口总线控制芯片的研究与设计[D]. 西安电子科技大学，2010，1：

66－67.

[60] 孔德立. 数字集成电路设计方法的研究[D]. 西安电子科技大学，2012，1.

[61] 李敬华. 数字串行IO接口研究[D]. 西安电子科技大学，2013，1.

[62] 章华. 数字音频处理器芯片的后端设计与验证[D]. 西安电子科技大学，2013. 1.

[63] 刘宁. D类音频功放中数字脉宽调制器的研究与设计[D]. 西安电子科技大学，2012，1.

[64] 刘玉芳. 抑制环境噪声的红外接近传感器PX3062的设计[D]. 西安电子科技大学，2012，1.

[65] 侯晴. 一款应用于音频播放系统中的数字音频处理器的设计与研究[D]. 西安电子科技大学，2011，1.

[66] 姚土生. 一款兼容MCS－51指令8位微控制器的研究与设计[D]. 西安电子科技大学，2011，1.

[67] 来新泉. 消除薄膜场效应晶体管闪烁和关机残影现象的控制电路：中国，CN201110442831. 0 [P]. 2012－06－27.

[68] 来新泉. 抑制噪声的电平移位电路：中国，CN201110091737. 5 [P]. 2011－11－23.

[69] 来新泉. 应用于线性充电器的恒流充电电路：中国，CN201110404418. 5 [P]. 2012－04－11.

图书在版编目(CIP)数据

混合信号专用集成电路设计/来新泉主编. —西安：西安电子
科技大学出版社，2014.1
ISBN 978 - 7 - 5606 - 3123 - 3

Ⅰ. ① 混⋯　Ⅱ. ① 来⋯　Ⅲ. ① 混合信号—集成电路—
电路设计　Ⅳ. ①TN911.7

中国版本图书馆 CIP 数据核字(2013)第 287175 号

策划编辑　李惠萍
责任编辑　李惠萍
出版发行　西安电子科技大学出版社(西安市太白南路 2 号)
电　　话　(029)88242885　88201467　　邮　　编　710071
网　　址　www. xduph. com　　　　电子邮箱　xdupfxb001@163.com
经　　销　新华书店
印刷单位　陕西华沐印刷科技有限责任公司
版　　次　2014 年 1 月第 1 版　2014 年 1 月第 1 次印刷
开　　本　787 毫米×960 毫米　1/16　印张　22.5　彩插　2
字　　数　459 千字
印　　数　1～3000 册
定　　价　45.00 元
ISBN 978 - 7 - 5606 - 3123 - 3/TN

XDUP　3415001 - 1

＊＊＊如有印装问题可调换＊＊＊

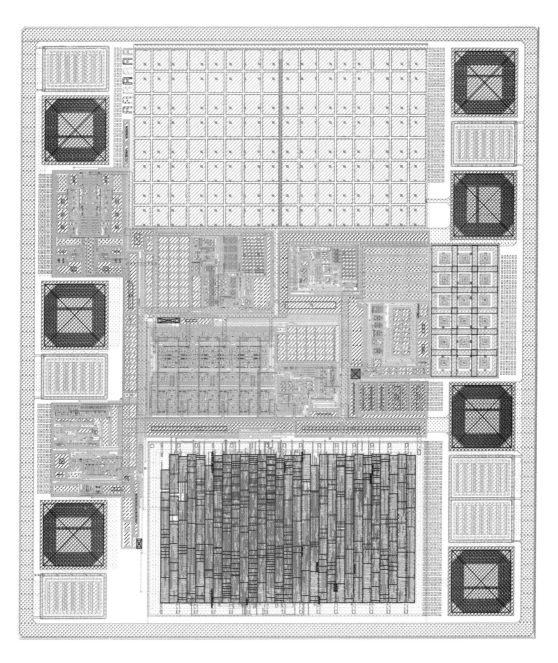

混合信号专用集成电路CMOS Light Sensor版图

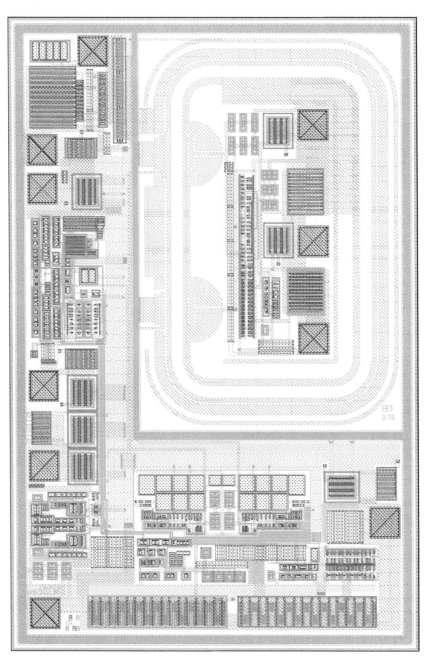

700V36V5V BCD 工艺下混合信号专用集成电路版图

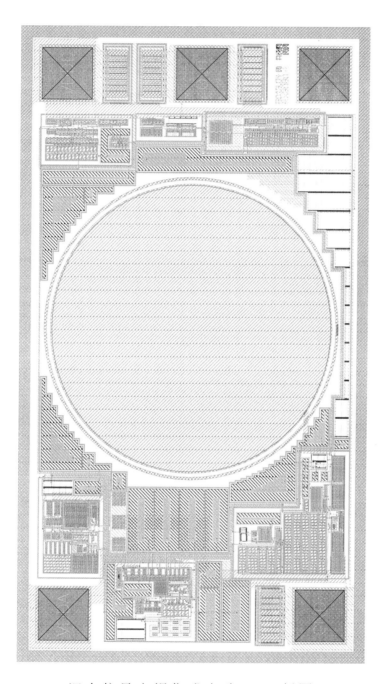

混合信号光耦集成电路CMOS 版图

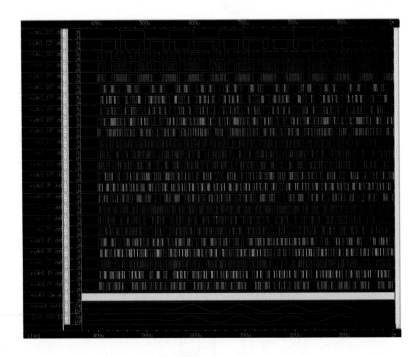

混合信号专用集成电路Class-D Hspice仿真图

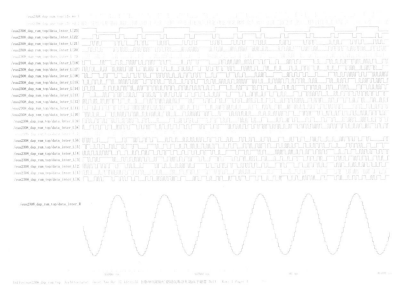

混合信号专用集成电路Class-D ModelSim仿真图